国家示范（骨干）高职院校建筑工程技术重点建设专业成果教材

建筑工程图绘制与识读

- 主　编　黄正东　周慧兰
- 副主编　周艳红　刘　军　张　扬　郭丽丽

WUHAN UNIVERSITY PRESS
武汉大学出版社

图书在版编目(CIP)数据

建筑工程图绘制与识读/黄正东,周慧兰主编 . —武汉:武汉大学出版社,
2013.8
国家示范(骨干)高职院校建筑工程技术重点建设专业成果教材
ISBN 978-7-307-11328-2

Ⅰ.建… Ⅱ.①黄… ②周… Ⅲ.建筑工程—建筑制图—识别—高等
职业教育—教材 Ⅳ.TU204

中国版本图书馆 CIP 数据核字(2013)第 154663 号

责任编辑:胡 艳 责任校对:王 建 版式设计:马 佳

出版发行:**武汉大学出版社** (430072 武昌 珞珈山)
(电子邮件:cbs22@whu.edu.cn 网址:www.wdp.com.cn)
印刷:湖北省荆州市今印印务有限公司
开本:787×1092 1/16 印张:18.25 字数:438 千字 插图:9 插页:1
版次:2013 年 8 月第 1 版 2013 年 8 月第 1 次印刷
ISBN 978-7-307-11328-2 定价:36.00 元

前　言

本书是国家骨干院校建设成果教材之一，也是建筑工程技术专业精品课程配套教材之一。该课程作为高职高专土建类建筑工程专业群的一门专业基础课，目的是使学生掌握投影原理、建筑制图和房屋建筑的基本知识，掌握一般民用建筑的构造原理和常用构造做法，掌握建筑施工图的基本知识及识图方法，并在此基础上采用具体工程进行实训，培养学生的建筑制图能力、建筑构造基本设计能力、建筑施工图识图能力，为进一步学习建筑结构、建筑施工技术和建筑工程计量与计价等相关课程和以后的工作打下坚实的基础。

本书在编写过程中，以系统性、针对性、适用性和简明性为主旨，紧贴工程实践，采用国家最新规范，选用多套实际工程施工图，理论知识与实际应用紧密相结合。本书主要内容包括：导论，介绍课程概况、课程作用、课程定位等；学习情境一，建筑形体表达技法，主要介绍投影的形成与分类、基本元素的投影及其规律、轴测投影、建筑形体表达与投影图识读技法；学习情境二，建筑节点构造图识读，主要介绍房屋组成基本知识、房屋各组成部分的基本构造知识；学习情境三，建筑施工图识读，主要介绍工程图识读的基本知识、建筑总平面图、建筑设计总说明、建筑施工图的形成与作用、图示内容与要求，并以实际工程案例为例介绍识读步骤；学习情境四，素质拓展与综合能力训练，主要介绍施工图绘制的一般知识，采用实际工程案例设置针对性、操作性强的实训任务，对学生应具备的建筑制图能力、构造设计能力、识图能力和基本知识的掌握予以强化训练。

本书由黄冈职业技术学院黄正东副教授、周慧兰副教授联合主编，刘晓敏教授审稿。为本书编写提供素材和参与编写的还有黄冈职业技术学院"建筑工程图绘制与识读"精品课程小组成员周艳红、张扬、郭丽丽和山河建设集团有限公司刘军等同志。

在本书编写过程中查阅并参考了大量文献著作，我们全体编写人员在此一并对这些文献著作的作者表示深深的谢意。

本书综合性强，内容丰富，但由于编者的水平有限，时间仓促，书中不妥和错误之处在所难免，恳请广大读者批评指正，以便日后再版。

编　者

2013 年 3 月

目　录

导　论 ……………………………………………………………………………… 1

学习情境一　建筑形体表达技法 ……………………………………………………… 5
　　任务一　投影的形成及分类 ………………………………………………… 5
　　任务二　形体基本元素投影技法 ………………………………………… 10
　　任务三　建筑形体投影技法 …………………………………………… 20
　　任务四　建筑形体表达技法 …………………………………………… 32
　　任务五　轴测投影技法 ………………………………………………… 42

学习情境二　建筑节点构造图识读 ……………………………………………… 50
　　任务一　民用建筑构造认知 …………………………………………… 50
　　任务二　基础与地下室节点构造图识读 ……………………………… 60
　　任务三　墙体节点构造图识读 ………………………………………… 73
　　任务四　楼地层节点构造图识读 ……………………………………… 103
　　任务五　楼梯节点构造图识读 ………………………………………… 120
　　任务六　门窗节点构造图识读 ………………………………………… 133
　　任务七　屋顶节点构造图识读 ………………………………………… 158
　　任务八　变形缝节点构造图识读 ……………………………………… 183

学习情境三　建筑施工图识读技法 ……………………………………………… 191
　　任务一　建筑施工图识读基本知识 …………………………………… 191
　　任务二　建筑平面图识读 ……………………………………………… 201
　　任务三　建筑立面图识读 ……………………………………………… 209
　　任务四　建筑剖面图识读 ……………………………………………… 211
　　任务五　建筑详图识读 ………………………………………………… 213

学习情境四 素质拓展与综合能力训练………………………………………………… 216

  任务一 建筑制图的基本知识与技能……………………………………………… 216

  任务二 建筑构造节点设计训练…………………………………………………… 240

  任务三 建筑施工图识读能力训练………………………………………………… 248

  任务四 建筑施工图绘制能力训练………………………………………………… 252

  任务五 素质拓展与综合能力测试………………………………………………… 259

参 考 文 献………………………………………………………………………………… 285

导　　论

一、课程概述

"建筑工程图绘制与识读"是一门既有理论学习又有实践训练的课程，主要包括四部分内容：建筑形体投影图的绘制与识读、建筑施工图识读与绘制、建筑节点构造图识读与绘制、基本训练。本课程教学安排由浅入深、循序渐进、理论与实践相结合，符合一般的认知规律。

(一)课程作用

通过本课程的学习，一是培养学生掌握投影原理、建筑制图和房屋建筑的基本知识，掌握房屋建筑的构造原理及构造方法，掌握建筑施工图识图的基本知识；二是培养学生的空间想象能力、建筑施工图的绘制能力、建筑构造的基本设计能力以及建筑施工图的识图能力；同时，该课程也为后续课程的学习奠定了基础。

(二)课程定位

建筑工程图绘制与识读是建筑工程技术人员必备的基本能力，识图能力的高低反映出学生对施工图理解和实施的水平，因此，识图能力的培养直接关系到学生的就业竞争力和顶岗能力。该课程是一门专业基础课，重在培养学生运用投影原理、建筑制图和建筑构造知识正确识读建筑施工图的能力，为学生职业能力的发展打下良好的专业基础。该课程的设置具有很强的实用性、必要性、重要性。

(三)学习方法

(1)熟练掌握制图工具和仪器的使用方法，熟记常用的线型和符号、图例。

(2)重视基本概念，习惯空间思维，并能根据几何原理分析问题和解决问题。

(3)坚持理论联系实际，注意多观察、多练习，适当结合模型和参观，加强实践性环节。

(4)严格按照制图标准绘图，掌握房屋的构造方面的有关现行标准。

(5)熟悉各种建筑材料的特点和应用，注意掌握建筑装饰材料的应用和发展动向。

(6)注意房屋建筑方面的新结构、新材料、新构造方法及新的发展方向。

二、中国建筑发展简史

建筑，从广义上讲，是建筑物与构筑物的总称。

住宅、学校、办公楼、影剧院等直接供人们生活、居住、工作、学习、娱乐的人工创造的空间环境，称为建筑物。

水坝、水塔、储油罐、烟囱等间接供人们生活、居住、工作、学习、娱乐的人工创造的空间环境，称为构筑物。

　　无论是建筑物还是构筑物，都以一定的空间形式存在，是人们日常生活和从事生产活动不可缺少的场所。建筑既具有实用性，属于社会物质产品，又具有艺术性，并反映特定的社会思想意识、民族习俗、地方特点，所以建筑又是一种精神产品。

　　人类的建筑活动从新石器时代发展到今天，从穴居、巢居到现代摩天大楼，经历了漫长的岁月。人类的祖先原始人过着游牧、渔猎的生活，为躲避风雨和野兽的侵袭，他们不得不居住在树上和天然的洞穴中；到了新石器时代，人们学会了从事农牧业生产，开始定居下来，采取挖洞穴，用树枝、木材建造简单的房屋，从此人类开始了建筑活动——这就是建筑的起源。

　　中国建筑的发展概括起来经历了古代建筑、近代建筑和现代建筑三个时期。

　　（一）古代建筑发展概况

　　我国古代建筑经历了原始社会、奴隶社会和封建社会三个历史阶段，其中，封建社会是形成我国古典建筑的主要阶段。

　　1. 原始社会建筑

　　原始社会建筑时期是从六七千年前到公元前 21 世纪，它的发展是极缓慢的，在漫长的岁月里，我们的祖先从艰难地建造穴居和巢居开始，逐步地掌握了营建地面房屋的技术，创造了原始的木架建筑，满足了最基本的居住和公共活动要求。

　　我国境内已知的最早人类住所是天然的岩洞。旧石器时代原始人居住的岩洞在北京、辽宁、贵州、广东、湖北、江西、江苏、浙江等地都有发现，可见，天然洞穴是当时用做住所的一种较普遍的方式。

　　2. 奴隶社会建筑

　　奴隶社会建筑时期是从公元前 2070 年到前 476 年，在奴隶社会里，大量奴隶劳动和青铜工具的使用，使建筑有了巨大发展，出现了宏伟的都城、宫殿、宗庙、陵墓等建筑。这时，以夯土墙和木构架为主体的建筑已初步形成，但前期在技术上和艺术上仍未脱离原始状态，后期出现了瓦屋彩绘的豪华宫殿。经过长期的封建社会，中国古代建筑逐步形成了一种成熟、独特的体系，不论在城市规划、建筑群、园林、民居等方面，还是在建筑空间处理、建筑艺术与材料结构的和谐统一、设计方法、施工技术等方面，都有卓越的创造与贡献。

　　夏商周时期，随着生产力的发展，开展了大规模的建筑活动，出现了宏伟的都城、宫殿、宗庙、陵墓等类型的建筑。商代创造了夯土和版筑技术，用来修筑城墙和房屋台基，房屋上部结构多采用木构架。由于土和木的运用，在几千年前，我国就用"土木"一词作为建筑的代名词。到了西周时期，又出现了陶瓦，说明当时的屋面防水技术已相当进步。同时，建筑的布局已形成了严整的四合院格局，初步体现了中国古建筑体系的某些特征。

　　3. 封建社会建筑

　　封建社会时期是从公元前 475 年至 1911 年，典型的建筑主要有宫殿、庙宇、教堂、庄园、城堡、钟楼等。这些建筑的艺术与技术比奴隶社会有了相当大的发展，形成了许多各具特色的建筑形式，并彼此相互影响。在漫长的封建社会里，中国古建筑逐步发展，形成了独特的建筑体系，无论在城市规划、园林，还是在民居方面，都形成了独特的建筑体系，体现了当时的建筑技术与建筑艺术成就，如阿房宫、秦始皇陵墓、万里长城、都江堰等，都是历史上著名的建筑。汉代建筑艺术与技术有显著的进步，已初步形成了中国古代建筑的外形特征：屋顶、屋身、台基三段式的立面造型。魏晋南北朝的建筑特征主要突出表现在佛教建筑上。北魏时期河南的嵩岳寺塔是我国现存最早的砖塔。隋唐宋时期是我国封建社会的鼎盛时期，其建筑技术和艺术也趋于成熟，在城市建设、木构架建筑、砖石建筑、建筑装饰、设计与施工技术等方面都有巨大的发展，如河北赵县安济桥建于隋代，是世界上现存最早的敞肩式石拱桥。唐朝的砖建筑也有很大的进步，如西安的大雁塔就是一座高64米的典型阁楼式砖塔。宋代的建筑突出表现在城市建设上，打破以往的集中市场制度，采取沿街两旁布置商店、茶楼、戏棚、旅馆的规划布局，城市面貌出现了空前的繁荣景象。宋代在建筑史上的一个重大成就是在总结隋唐宋建筑成就的基础上，编著了我国历史上第一部建筑专著《营造法式》。明清两代的建筑特征主要表现在造园艺术和建筑装饰上，如北京的故宫、颐和园、天坛等建筑群，集中表现了我国古代建筑艺术的光辉成就。

综上所述，我国古代建筑已经形成了一个独特的体系，主要特征就是：平面布置、结构形式、建造外形、造园艺术、建筑装饰、建筑色彩和群体布局七大部分，并对周边国家建筑业产生了重大影响。

（二）近代建筑发展概况

从1840年鸦片战争开始，中国进入了半殖民地半封建社会，中国的建筑也就转入了近代时期，开始了近代化的历史进程。这一历程大致可分为以下三个发展阶段：

1. 近代建筑早期

这一时期是指从19世纪中叶至19世纪末，在这一时期，因外国资本主义的渗入和中国资本主义的发展，引起了中国社会各方面的变革，预示着封建王朝即将崩溃。中国城乡各地逐步引入了西方建筑，出现了外国领事馆、洋房、欧式风格建筑等。这些新建筑无论在类型上、数量上，还是在规模上，都十分有限，但它标志着中国建筑开始突破封闭状态，迈开了向近代转型的步伐。通过西方近代建筑的被动输入和主动引进，使中国近代建筑体系初步形成。

2. 近代建筑鼎盛期

这一时期是指从19世纪末至20世纪30年代末，在这一时期，各主要资本主义国家先后进入帝国主义阶段，中国被纳入世界市场范围，设立外国银行、修建铁路、开放口岸、城市建设、工业建筑等活动大为频繁，推进了各类型建筑的转型速度。1923年，苏州工业专门学校设立建筑科，迈出了中国人创办建筑学教育的第一步。

在这样的历史背景下，中国近代建筑的类型也大大丰富了。居住建筑、公共建筑、工业建筑的主要类型已大体齐备，水泥、玻璃、机制砖瓦等新建筑材料的生产能力有了明显发展，近代建筑工人队伍壮大了，施工技术和工程结构也有较大提高，相继采用了砖石钢骨混合结构和钢筋混凝土结构。这些表明，到20世纪20年代，近代中国的新建筑体系已经形成，并在这个发展基础上，从1927年到1937年的10年间达到了近代建筑活动的繁盛期，也是中国建筑师成长的最活跃时期。刚刚登上设计舞台的中国建筑师，一方面探索着西方建筑与中国建筑固有形式的结合，试图在中西建筑文化碰撞中寻找合宜的融合点；另一方面又面临着走向现代主义建筑的时代挑战，要求中国建筑师紧跟先进的建筑潮流。可惜的是，这个活跃期十分短暂，到1937年"七七"事变爆发就中断了。

3. 近代建筑停滞期

这一时期是指20世纪30年代末到40年代末，中国陷入了战争状态，近代化进程趋于停滞，建筑活动很少。

抗日战争期间，国民党政治统治中心转移到西南，全国实行战时经济统制。一部分沿海城市的工业向内地迁移，近代建筑活动开始扩展到内地的偏僻县镇，但建筑规模不大，除少数建筑外，一般多是临时性工程。

（三）现代建筑发展概况

1949年10月1日中华人民共和国成立，标志着中国进入全新的伟大历史进程。同时，中国建筑也进入了现代建筑时期，这一时期，中国建筑又可分为自律和开放两个时期。

1. 现代建筑自律期

这一时期是指1949—1978年，因历史环境原因，中国人民不得不依靠自主力量来完成建立国家工业的基础性任务。这期间，中国建筑经历了百废初兴阶段（1949—1952年三年经济恢复阶段）、复兴与探索阶段（1953—1957年，第一个五年计划阶段）、再探索与挫折阶段（1958—1965年"大跃进"与设计革命阶段）和全面倒退与局部突破阶段（1966—1978年）。这一时期主要是围绕"国防第一、工业第二、普通建设第三、一般修缮第四"的规定开展现代建筑的，发展了国防与工业，但制约了城市建设的发展，影响了人民的物质需求和生活质量的提高。

2. 现代建筑开放期

这一时期是指1979年之后至今，标志性的转折就是中国共产党的第十一届三中全会的胜利召开，掀开了中国改革开放的历史新篇章，深圳经济特区的试办预示着中国现代建筑进入了新的开放期。

这期间，建筑业内部发生了脱胎换骨的变化，建筑设计体制、施工项目的投资与管理由公有制或集体所有制逐步转向民营制，并推行了注册师制度，让房地产业从建筑业中分离出来，形成了中国国情化的国际接轨，从而实现了工业与交通建筑、城乡居住建筑、公共建筑等的快速发展，有些甚至超越了世界先进水平。

学习情境一　建筑形体表达技法

任务一　投影的形成及分类

【知识目标】

1. 掌握投影的基本概念、形成和方法；
2. 掌握正投影法方法、特性及三面投影图形成的原理和规律；
3. 熟悉投影图的一般绘图规则。

【能力目标】

1. 能识读简单形体的投影图；
2. 能完整绘制简单形体的投影图。

【学习重点】

1. 掌握正投影法方法、特性及三面投影图形成的原理和规律；
2. 能熟练绘制简单形体的三面投影图。

一、投影的形成

(一)投影的形成

我们都了解日常生活中的影子现象，它是在阳光或灯光的照射下，形体在地面或墙壁上呈现的影像。在灯光下形成的影子要比实物大，而在阳光下形成的影子一般与实物相等。

影子是一片黑影，只能反映形体的轮廓，而不能表达形体的真面目，因此，人们对这种自然现象做出科学的总结与抽象：假设光线能透过形体而将形体上的各个部位的特征清晰地反映在承影面上，这样产生的影子称为投影，我们把用这种方法形成的图形称为投影图，其中，把能够产生光线的光源称为投影中心，光线称为投影线，承接影子的平面称为投影面。

由此可知，形成投影的三要素是：投影线、形体(或几何元素)、投影面，如图 1.1.1 所示。

(二)投影的分类

根据投影中心距离投影面远近的不同，可将投影分为中心投影和平行投影两类。

1. 中心投影

投影中心 S 在有限的距离内，由一点发射的投影线所产生的投影，称为中心投影，如图 1.1.2(a)所示。

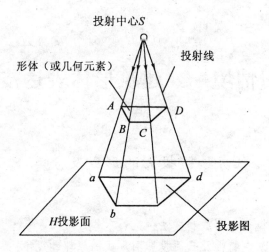

图 1.1.1　投影的形成

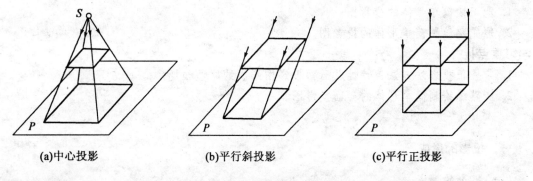

(a)中心投影　　　　(b)平行斜投影　　　　(c)平行正投影

图 1.1.2　投影的分类

中心投影的特点：投影线相交于一点，投影图的大小与投影中心的距离投影面远近有关，在投影中心 S 与投影面 P 距离不变的情况下，形体离投影中心 S 越近，投影图越大，反之越小。

用中心投影法绘制形体的投影图称为透视投影图，如图 1.1.3(a)所示，其特点是直观性强、形象逼真，常用作为建筑方案设计图和效果图，但不能直接在图中度量，不能作为施工图用。

2. 平行投影

把投影中心 S 移到离投影面无限远处，则投影线可视为互相平行，由此产生的投影，称为平行投影，如图 1.1.2(b)、(c)所示。

平行投影的特点：投影线互相平行，所得投影的大小与形体离投影中心的远近无关。

根据互相平行的投影线与投影是否垂直，平行投影又分为斜投影和正投影。

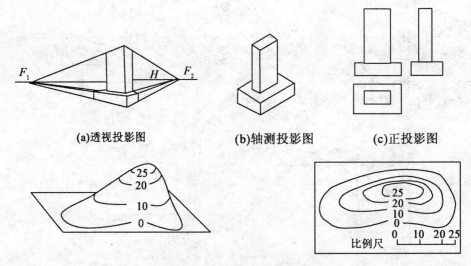

(a)透视投影图　　　　　　(b)轴测投影图　　　　　(c)正投影图

(d)标高投影图

图1.1.3　工程上常用的几种图示方法

1)斜投影

投影线斜交投影面所作形体的平行投影，称为斜投影。用斜投影法可绘制斜轴测图，如图1.1.3(b)所示。

2)正投影

投影线与投影面垂直所作的平行投影称为正投影，也称为直角投影，如图1.1.2(c)所示。

用正投影法在三个互相垂直相交并平行于形体主要侧面的投影面上所作形体的多面正投影图，按一定规则展开在一个平面上，如图1.1.3(c)所示，用以确定形体。用正投影法可绘制工程设计图，还可绘制标高投影图和地形图，如图1.1.3(d)所示。

(三)正投影特性

构成形体的最基本元素是点，点移动可形成直线，点和直线可形成平面，因此在学习正投影法时，一定要搞清楚点、直线和平面的正投影特性。

1. 平行性

空间两平行直线在同一投影面上的投影仍然平行，如图1.1.4(a)所示。

2. 定比性

如果点分直线成一定比例，那么点的正投影分直线的投影为相同的比例，如图1.1.4(b)所示。

3. 度量性

当空间直线或平面平行于投影面时，其正投影反映实长和实形，如图1.1.4(c)所示。

4. 类似性

当空间直线或平面倾斜于投影面时，其正投影仍然是直线或平面形，但不反映实长和实形，如图1.1.4(d)所示。

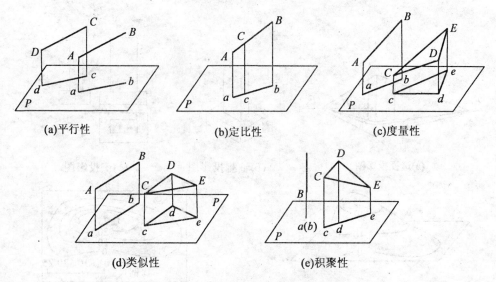

图1.1.4 平行投影特性

5. 积聚性

当空间点、直线或平面垂直于投影面时，其正投影分别积聚成了一个点或一条直线，如图1.1.4(e)所示。

二、三面正投影图的形成

(一)三面正投影图的形成

1. 投影体系的建立

当投影方向、投影面确定后，形体的某个面在一个投影面上的投影图是唯一的，但一个投影图却能反映多个形体上形状各异的面。因此，要准确而全面地表达形体的形状和大小，一般需要两个或两个以上的投影图。因此，我们可以把三个互相垂直相交的平面作为投影面，由这三个投影面组成的投影面体系称为三投影面体系，如图1.1.5所示。处于水平位置的投影面，称水平投影面，用 H 表示；处于正立位置的投影面，称为正立投影面，用 V 表示；处于侧立位置的投影面，称为侧立投影面，用 W 表示。三个互相垂直相交投影面的交线称为投影轴，分别是 OX、OY轴、OZ轴，三个投影轴 OX、OY、OZ 相交于一点 O，称为原点。

2. 三面投影图的形成

如图1.1.5(a)所示，将长方体放置于三投影面体系中，使长方体上、下面平行于 H 面；前、后面平行于 V 面；左、右面平行 W 面。再用正投影法将长方体分别向三面投影，得到长方体的三个投影图，称为长方体的正投影图。

如果长方体的六个面的形状各不相同，就要画出六个面的正投影图，并分别称为俯投影图、仰投影图、正立面图、背立面图、左侧立面图、右侧立面图。

3. 投影面的展开

图1.1.5(a)是长方体的正投影图形成的立体图，为了使三个投影图绘制在同一平面

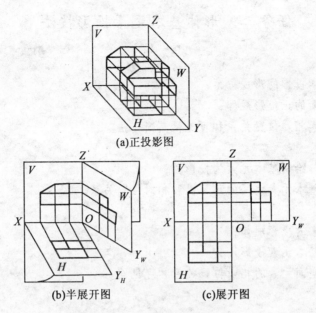

(a)正投影图

(b)半展开图　　　　(c)展开图

图1.1.5 三面正投影图的形成

图纸上，方便作图，需将三个垂直相交的投影面展开到同一平面上。

展开原则是：V面不动，H面绕OX轴向下旋转$90°$；W面绕OZ轴向后旋转$90°$，使它们与V面展在同一平面上。这时Y轴分为两条：一根随H面旋转到OZ轴的正下方，与OZ轴在同一直线上，用OY_H表示；另一根随W面旋转到OX轴的正右方，与OX轴在同一直线上，用OY_W表示，如图1.1.5(b)所示。

H面、V面、W面面的位置是固定的，投影面的大小与投影图无关，因此，在实际绘图时，可不必画出投影面的边框。对投影知识熟知后，也可不画投影轴，如图1.1.5(c)所示。

(二)三面正投影的基本规律

从图1.1.5(b)中可以看出，形体三面投影的基本规律是：

1. 长对正

水平投影图和正面投影图在X轴方向都反映长方体的长度，它们的位置左右应对正，即为"长对正"。

2. 高平齐

正面投影图和侧面投影图在Z轴方向都反映长方体的高度，它们的位置上下应对齐，即为"高平齐"。

3. 宽相等

水平投影图和侧面投影图在Y轴方向都反映长方体的宽度，这两个宽度一定相等，即为"宽相等"。

任务二　形体基本元素投影技法

【知识目标】

　　1. 掌握基本元素投影的形成方法；

　　2. 掌握基本元素的正投影规律；

　　3. 熟悉空间元素相对位置关系和可见性判断方法。

【能力目标】

　　1. 能正确识读与绘制基本元素的投影图；

　　2. 能正确判断基本元素之间的可见性和相对位置关系。

【学习重点】

　　1. 掌握基本元素的投影规律；

　　2. 能熟练绘制基本元素投影图；

　　3. 能熟练判断空间元素的相对位置关系和可见性。

一、点的投影

(一)点的三面投影及其标注

　　如图 1.2.1(a)所示，H 面、V 面、W 面组成了一个三投影面体系，在该投影体系中作出点 A 的三面正投影图 a、a'、a''，其中 a 称为水平投影图，a' 称为正面投影图，a'' 称为侧面投影图。如图 1.2.1(b)所示，将三个投影面展开在一个平面上，图中投影面边框线未画，且不必画出，45°斜线是作图辅助线，用来保证 H 投影和 W 投影的对应关系。显然，空间点 A 和三面投影 a、a'、a'' 有一一对应关系。

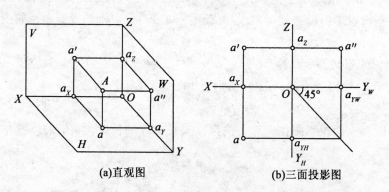

(a)直观图　　　　　　　　　　(b)三面投影图

图 1.2.1　点的三面投影

(二)点的投影规律

　　从图 1.2.1 可得出点的三面投影的投影规律：

　　(1)点的投影仍然是一点；

　　(2)点的相邻投影的连线垂直于相应的投影轴，如 $aa' \perp OX$、$a'a'' \perp OZ$；

（3）点的相邻投影到同一投影面的距离相等，如 $aa_X = a''a_Z$。

这三条投影规律，就是被称为"长对正、高平齐、宽相等"的三等关系。它也说明，点的投影仍为点，点的每两个投影都有一定的联系。因此，只要给出点的任何两面投影，就可以求出第三个投影。

【例1.2.1】如图1.2.2（a）所示，A、B、C、D 四点分别位于投影面和投影轴上，求作各点的三面投影图。

【解】从直观图上可看出，点 A 在 H 面上，其水平投影 a 与点 A 重合，正面投影 a' 和侧面投影 a'' 分别在 OX 轴和 OY 轴上；点 B 在 V 面上，其正面投影 b' 与点 B 重合，水平投影 b 和侧面投影 b'' 分别在 OX 轴和 OZ 轴上；点 C 在 W 面上，其侧面投影 c'' 与点 C 重合，正面投影 c' 和水平投影 c 分别位于 OZ 轴和 OY 轴上；点 D 在 OX 轴上，其正面投影 d' 与水平投影 d 与点 D 重合在 OX 轴上，侧面投影 d'' 在原点 O 上。作图如图1.2.2（b）所示。

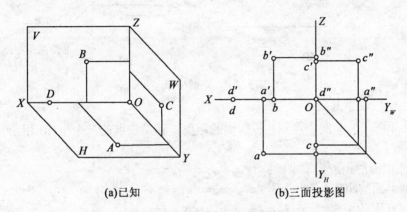

(a)已知 　　　　(b)三面投影图

图1.2.2　特殊位置点的投影

【例1.2.2】如图1.2.3（a）所示，已知 A、B 两点的两面投影求作其第三投影。

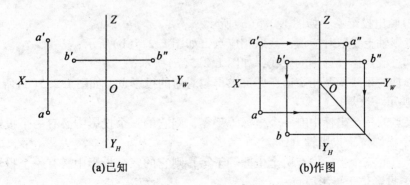

(a)已知 　　　　(b)作图

图1.2.3　求点的三面投影

【解】过 a' 向 OZ 轴画水平线，过 a 画水平线与45°分角线相交并向上引铅垂线，两线相交于 a''。通过 b' 向 OX 轴画铅垂线，过 b'' 向下画铅垂线与45°分角线相交，向左引水平线，两线相交于 b。作图如图1.2.3（b）所示。

(三)点的坐标与投影关系

在三投影面体系中，空间点及其投影的位置也可以用坐标来确定。我们把三投影面体系看做空间直角坐标系，投影轴 OX、OY、OZ 相当于坐标系 X、Y、Z 轴，投影面 H、V、W 相当于三个坐标面，投影轴原点 O 相当于坐标原点。

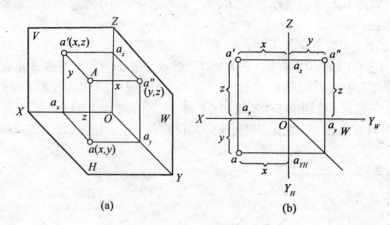

图 1.2.4   点的坐标

如图 1.2.4 所示，空间一点到三投影面的距离，就是该点的三个坐标(用小写字母 x、y、z 表示)，即：

空间点到 W 面的距离为 x 坐标：$Aa'' = a'a_z = aa_{YH} = x$；

空间点到 V 面的距离为 y 坐标：$Aa' = aa_x = a''a_z = y$；

空间点到 H 面的距离为 z 坐标：$Aa = a'a_x = a''a_{YW} = z$。

空间点及投影位置即可用坐标方法表示，如点 A 的空间位置是(z，y，z)。应用坐标，能较容易地求出点的投影和指出点的空间位置。

【例 1.2.3】已知点 A 的坐标 $x = 20$，$y = 15$，$z = 10$，即：$A(20，15，10)$，求作点 A 的三面投影图。

【解】(1)画出投影系，如图 1.2.5(a)所示；

(2)在投影轴上量取对应值，截取相应点，如图 1.2.5(b)所示；

(3)分别过截点作投影轴的垂线，如图 1.2.5(c)所示；

(4)投影轴的垂线两两相交后，即可求得相对应的投影点，如图 1.2.5(d)所示。

本例反映了一个规律：

(1)如果点的三个坐标中有一个坐标等于零，则它的三个投影中必有一个投影位于投影面上，两个投影位于投影轴上；

(2)如果点的三个坐标中有两个坐标等于零，则它的三个投影中必有一个投影位于投影轴上，两个投影位于投影原点；

(3)如果点的三个坐标中有三个坐标等于零，则它的三个投影都位于投影原点；

(4)如果点的三个坐标都不等于零，则它的三个投影必分别位于相应投影面上。

(四)空间点的相对位置关系

1. 两点的相对位置判断

空间两个点具有前后、上下、左右六个方位，其相对位置关系可根据两点在投影图中

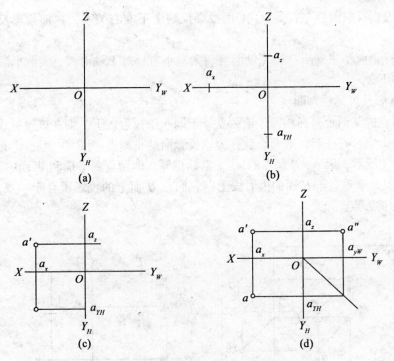

图 1.2.5 根据点的坐标作三面投影图

各同面投影来判断。

在三面投影图中规定：以 OX 轴向左、OY 轴向前、OZ 轴向上为正方向。X 轴可判断左右位置，Y 轴可判断前后位置，Z 轴可判断上下位置。

【例 1.2.4】如图 1.2.6 所示，判断 A、B 两点的相对位置。

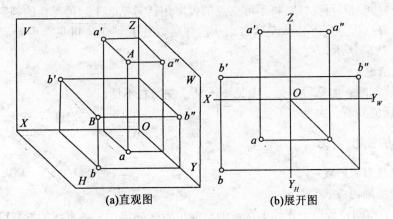

图 1.2.6 两点的相对位置

从 V 面或 H 面投影可知，空间点 A 在 B 的右边；从 V 面或 W 面投影可知，A 在 B 的上方，从 H 面或 W 面投影可知，A 在 B 的后方，因此，空间点 A 在 B 的右后上方。

由此可得结论：

(1)H 面投影反映前后左右关系，V 面投影反映上下左右关系，W 面投影反映上下前后关系；

(2)按坐标值大小来判断：对 X 轴而言，大左小右；对 Y 轴而言，大前小后；对 Z 轴而言，大上小下。

2. 点的重影及可见性判断

当空间两点的某两个坐标相等，该两点处于同一条投射线上，则在该投射线所垂直的投影面上的投影重合在一起，这两点就称为该投影面的重影点。

如图 1.2.7 所示，因 A、B 两点的 x，y 坐标相等，即两点到 V 面和 W 面的距离相等，所以 A、B 两点处于垂直于 H 面的投射线上，它们在 H 面上的投影重合于一点，A、B 两点称为 H 面的重影点。

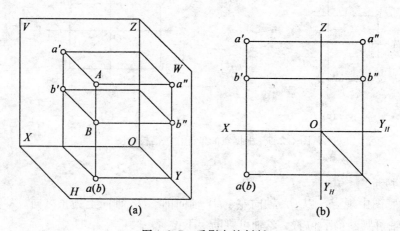

图 1.2.7 重影点的判断

重影点需要判别其可见性，将不可见点的投影用括号括起来。可见性的判别原则与人的视线方向一致：从上到下、从左到右、从前往后，先看到者为可见，后看到者为不可见，如图 1.2.7(b)所示。

由此可得结论：

(1)按方位判断：前见后不见、上见下不见、左见右不见；

(2)按坐标值判断：大见小不见。

二、直线的投影

(一)直线投影的形成

1. 直线投影的形成

一条直线的空间位置可由直线上两点的空间位置来确定。一条直线的投影可由直线上两点的投影来确定。对一条直线段而言，一般用线段的两个端点的投影来确定直线的投影。如图 1.2.8 所示，直线 AB 的三面投影分别用 ab、a'b'、a"b"来表示。

2. 直线对投影面的倾角

如图 1.2.8(a)所示，一条直线对投影面 H、V、W 的夹角称为直线对投影面的倾角。

直线对 H 面的倾角为 α 角，α 角的大小等于直线 AB 与水平投影 ab 的夹角；直线对 V 面的倾角为 β 角，β 角的大小等于直线 AB 与正面投影 $a'b'$ 的夹角，直线对 W 面的倾角为 γ 角，γ 角的大小等于直线 AB 与侧面投影 $a''b''$ 的夹角。

（二）各种位置直线的投影

1. 直线的位置关系

直线对投影面的相对位置有一般位置和特殊位置两种。一般位置直线简称一般线；特殊位置直线有两种，即投影面垂直线和投影面平行线。

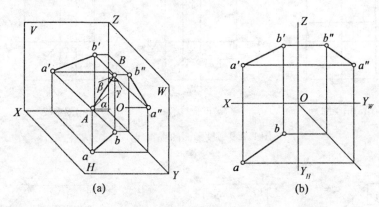

图 1.2.8 直线的投影

2. 直线的投影规律

1）一般位置直线

对三个投影面都倾斜的直线，称为一般位置直线，其投影如图 1.2.8 所示。

投影规律为：

（1）在三个投影面上的投影都倾斜于投影轴，反映直线实形，但比实长短，具有类似性；

（2）三个投影与相应投影轴之间的夹角不反映空间直线与投影面之间的倾角大小。

2）投影面垂直线

垂直于一个投影面、垂直而平行于另两个投影面的直线，称为投影面垂直线。它包括三种位置关系直线：直线垂直 H 面称为铅垂线，直线垂直 V 面称为正垂线，直线垂直 W 面称为侧垂线，如图 1.2.9 所示。

投影规律为：

（1）在它所垂直的投影面上的投影积聚为一点，具有积聚性；

（2）在另外两个投影面上的投影反映直线实长，具有真实性，且同时垂直于积聚投影所在投影面的投影轴而平行于第三投影轴。

3）投影面平行线

平行线与一个投影面平行而倾斜于另两个投影面的直线，称为投影面平行线。它包括三种位置关系直线：直线平行于 H 面而倾斜于 V 面和 W 面，称为水平线；直线平行于 V 面而倾斜于 H 面和 W 面，称为正平线；直线平行于 W 面而倾斜于 H 面和 V 面，称为侧平线，如图 1.2.10 所示。

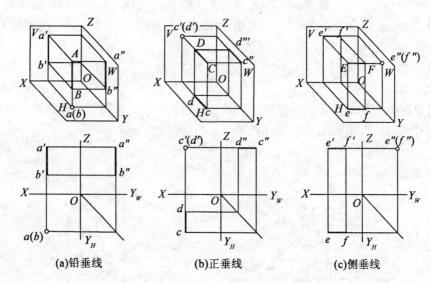

(a)铅垂线　　　　　　(b)正垂线　　　　　　(c)侧垂线

图 1.2.9　投影面的垂直线

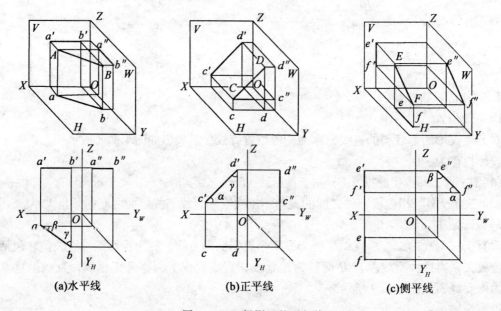

(a)水平线　　　　　　(b)正平线　　　　　　(c)侧平线

图 1.2.10　投影面的平行线

投影规律为：

（1）在直线所平行的投影面上的投影反映直线实长，具有真实性；该投影与相应投影轴之间的夹角反映直线与相应投影面之间倾角的真实大小；

（2）另两个投影反映直线实形，但比实长短，具有类似性；

（3）另两个投影同时平行于直线所平行的投影面上的两个投影轴而垂直于第三投影轴；

4)直线上点的投影规律

(1)直线上点的投影依然在直线的投影上，具有从属性；

(2)直线上点的投影与直线的投影成一定比例，具有定比性。

三、平面的投影

(一)平面的形成

平面的形成方法有两种：一种是用几何元素表示平面，另一种是用迹线表示平面。

1. 用几何元素表示平面

如图 1.2.11 所示，平面可用下列五种方式表示：

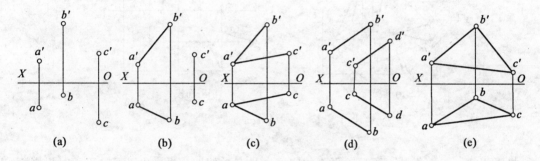

图 1.2.11 几何元素表示平面图

(1)不在同一直线上的三个点；

(2)直线和直线外一点；

(3)两条相交直线；

(4)两条平行直线；

(5)平面图形，如三角形、四边形。

2. 用迹线表示平面

空间平面 P 与 H、V、W 三个投影面相交，交线分别为 P_H、P_V、P_W，则 P_H 称为水平迹线，P_V 称为正面迹线，P_W 称为侧面迹线，如图 1.2.12 所示。

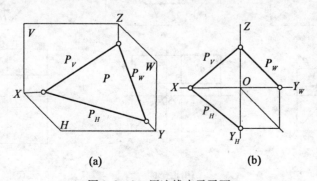

图 1.2.12 用迹线表示平面

（二）平面与投影面位置关系

平面对投影面的相对位置可分为一般位置平面和特殊位置平面，特殊位置平面又可分为投影面平行面和投影面垂直面。

（三）各种位置关系平面的投影

1. 一般位置平面

对三个投影面都倾斜的平面，称为一般位置平面，如图 1.2.13 所示。

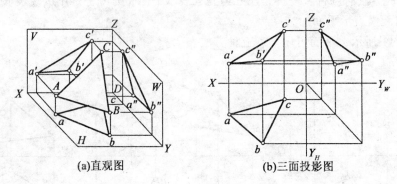

(a)直观图   (b)三面投影图

图 1.2.13   一般位置平面投影

投影规律：三面投影都不反映平面的实形，具有类似性，投影也不反映平面对投影面倾角的真实大小。

2. 投影面平行面

平行于一个投影面而与另两个投影面垂直的平面，称为投影面平行平面。它包括三种位置关系平面：平面平行 H 面，称为水平面；平面平行 V 面，称为正平面；平面平行 W 面，称为侧平面，如图 1.2.14 所示。

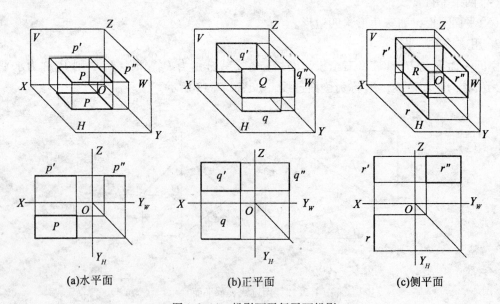

(a)水平面   (b)正平面   (c)侧平面

图 1.2.14   投影面平行平面投影

投影规律：

（1）在所平行的投影面上的投影反映实形，具有真实性；

（2）在另两个投影面上的投影积聚成直线，具有积聚性，且同时平行于所平行的投影面的投影轴，而垂直于第三投影轴。

3. 投影面垂直面

垂直于一个投影面而倾斜于另两个投影面的平面，称为投影面垂直平面。它包括三种位置关系：平面垂直 H 面且与 V 面、W 面倾斜，称为铅垂面；平面垂直 V 面且与 H 面、W 面倾斜，称为正垂面；平面垂直于 W 面且与 H 面、V 面倾斜，称为侧垂面，如图 1.2.15 所示。

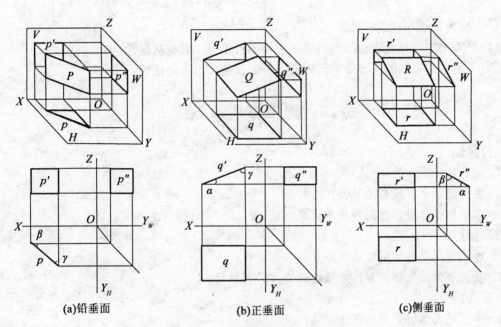

图 1.2.15　投影面垂直平面的投影

投影规律：

（1）在它所垂直的投影面上的投影积聚成一条直线，具有积聚性；积聚投影与相应投影轴之间夹角反映平面与相应投影面之间倾角的大小；

（2）另外两个投影面上的投影反映平面形状，且比实形小，具有类似性。

【例 1.2.5】已知等边三角形 ABC 为一水平面，如图 1.2.16（a）所示，已知 ab、a'，且点 C 在点 A 的前方。求作三角形的三面投影。

【解】因为三角形是水平面，其水平投影反映实形仍为等边三角形，ab 反映 AB 实长，据此，在 H 面上可作出三角形 ABC 的水平投影，根据水平面的 V、W 面投影积聚成水平线的特点，由三角形 ABC 的水平投影可求出其正面投影和侧面投影。

如图 1.2.16（b）所示，在 H 面上，分别以 a、b 为圆心、ab 之长为半径，向前方画圆弧，得一交点 c，连接 ac、bc，过 a' 作一水平线，在水平线上根据点的投影规律分别求得 b'、c'、a''、b''、c''，连接 a'、c'、b'，连接 a''、b''、c''。△abc、△$a'b'c'$、△$a''b''c''$ 即为所求。

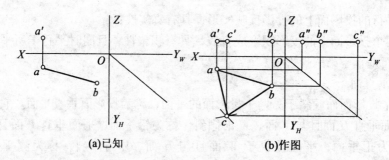

(a)已知   (b)作图

图 1.2.16　求作平面的投影

4. 平面上的点和直线的投影

(1)平面上的点和直线的投影仍然在平面的投影上，具有从属性；

(2)平面上的直线的投影分平面图形成一定比例，具有定比性。

任务三　建筑形体投影技法

【知识目标】

  1. 熟悉建筑形体的特性；

  2. 掌握建筑形体投影的特性；

  3. 掌握组合体投影图的形成与识读方法。

【能力目标】

  1. 能正确运用形体投影规律分析组合体投影；

  2. 根据形体的已知投影，能熟练识读并补图补线。

【学习重点】

  1. 掌握组合体投影图的识读方法；

  2. 掌握补图补线的方法技巧。

一、平面体的投影

建筑物常常由各种各样的基本形体通过叠加、切割、相交组合而成，一般包括基本体和组合体两种。

(一)平面立体的形成与分类

常见的基本体分为平面立体和曲面立体。

平面立体是由多个多边形平面围成的立体，其代表形体如棱柱、棱锥棱台等。在投影图中，不可见的棱线用虚线表示。

(二)平面体的投影

1. 棱柱体的投影

棱柱的基本特征是：

(1)所有的棱线平行且相等，上、下底面平行且相等；

(2)底面的边数(N)＝侧面数(N)＝侧棱数(N)；

(3)表面总数＝$N+2$($N\geqslant3$)。

当棱柱的上、下底面与棱线垂直时，称为直棱柱；当棱柱的上、下底面与棱线倾斜时，称为斜棱柱。

如图1.3.1(a)所示为一个正三棱柱，垂直于H面放置。其上、下底面是水平面，后棱面是正平面，左、右两个棱面是铅垂面，该正三棱柱的三面投影图如图1.3.1(b)所示。

从图1.3.1分析可知：

(1)三棱柱的水平投影是上、下底面的重合投影，并反映实形。垂直于H面的三个棱面的投影积聚为一条直线。三个顶点是垂直于H面的三条棱线的积聚投影。

(2)正面投影是三棱柱的左、右两个侧棱面的投影，反映平面形状，具有类似性。上、下底面的投影积聚为一直线。三条竖棱的投影反映实长。

(3)侧面投影是三棱柱的左、右两个侧棱面的投影，反映平面形状，具有类似性。后棱面及上、下底面的投影积聚为一直线。

综上所述，正三棱柱三面投影图符合"长对正、高平齐、宽相等"的"三等关系"。

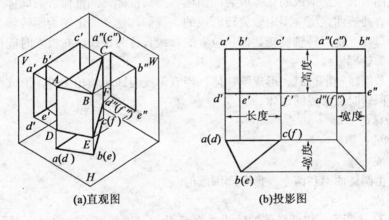

(a)直观图   (b)投影图

图1.3.1 正三棱柱的三面投影

2. 棱锥体的投影

棱锥的基本特征是：

(1)底面是多边形，各侧面是三角形，所有的棱线必交于一点(顶点)；

(2)底面的边数(N)＝侧面数(N)＝侧棱数(N)；

(3)表面总数＝$N+1$($N\geqslant3$)。

棱锥由棱面和一个底面组成，棱面上各条棱线交于一点，称为锥顶。如图1.3.2所示为三棱锥，底面是水平面，后棱面是侧垂面，左、右两个侧面是一般位置平面。

从图1.3.2分析可知：

(1)三个棱面的水平投影不反映实形，具有类似性；底面的水平投影反映实形，具有真实性。

(2)在另两个投影面中，三个棱面的投影不反映实形，具有类似性；底面的投影积聚为一直线，具有积聚性。

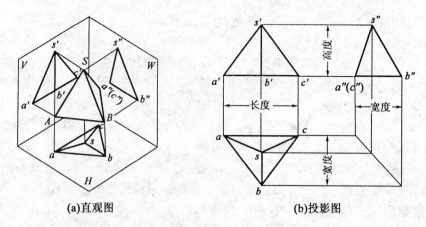

(a)直观图　　　　　　　　　(b)投影图

图 1.3.2　三棱锥的三面投影图

二、曲面立体的投影

(一)曲面立体的形成与分类

由曲面或曲面和平面围成的立体成为曲面体,如圆柱体、圆锥体、圆球体等。

曲面是由直线或曲线绕一固定轴旋转而成的,我们称这一固定轴为回转轴,称运动的直线或曲线为母线。绕回转轴旋转到任一位置的母线,称为素线;在投影时能构成形体轮廓的素线,称为轮廓素线。

当直母线与回转轴平行时,形成圆柱体;当直母线与回转轴相交时,形成圆锥体;当曲母线绕直径回转时,形成圆球体。

(二)曲面体的投影

1. 圆柱体的投影

1)形体组成

圆柱体是由圆柱曲面和两个圆形底面围成的。

2)位置摆放

如图 1.3.3(a)所示,将圆柱体的轴线垂直于 H 面,使相互平行的两底面平行于 H 面放置在三面投影体系中,圆柱的三面投影如图 1.3.3(b)所示。

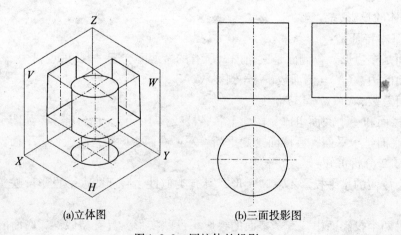

(a)立体图　　　　　　　　　(b)三面投影图

图 1.3.3　圆柱体的投影

3)投影分析

圆柱的 H 面投影是一个圆,它既是圆柱的顶面和底面重合的投影,反映了顶面和底面的实形,又是圆柱面的积聚投影。

圆柱的 V 面、W 面投影都是一个矩形,上、下两条水平线分别为顶面和底面的积聚投影,长度与顶圆和底圆的直径相同。矩形中,与 H 面垂直的两条线为圆柱体的轮廓素线,也是圆柱面上可见与不可见的分界线。

2. 圆锥体的投影

1)形体组成

圆锥体是由圆锥曲面和一个圆形底面围成的。

2)位置摆放

如图1.3.4(a)所示,将圆锥体的轴线垂直于 H 面,并使其底面平行 H 面放置在三面投影体系中,圆锥体的三面投影如图1.3.4(b)所示。

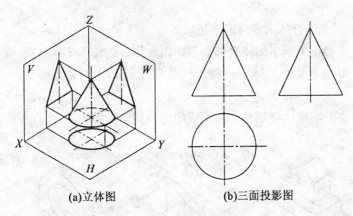

(a)立体图   (b)三面投影图

图1.3.4 圆锥体的投影

3)投影分析

圆锥体的 H 面投影是一个圆,它既是底面的投影,反映底面的实形,又是圆锥面的投影,它们重影为一个圆,圆锥体顶点与底面圆的圆心重影,常用两条中心线的交点表示。

圆锥体的 V 面、W 面投影都是等腰三角形,底边是底面圆的积聚投影,长度与底圆直径相同。两条腰线是圆锥体的轮廓素线,也是圆锥体上可见与不可见的分界线。

3. 球的投影

从图1.3.5中我们可以看到,球的三面投影是三个大小相同的圆,其直径即为球的直径,圆心分别是球心的投影。由此我们也可以想象到,球在任一投影面上的投影都是大小相同的圆。

三、组合体的投影

(一)组合体的形成与分类

无论多么复杂的形体都可以看成是由若干个基本几何形体叠加或切割而成的,根据组

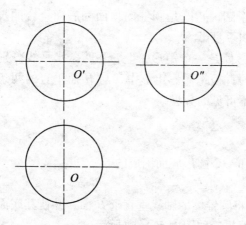

图1.3.5 球体的投影

合体的形成方式不同，组合体大致可以分成以下三类：

（1）叠加型：由若干个基本形体叠加而成的组合体，如图1.3.6(a)所示。

（2）切割型：由一个基本形体被一些不同位置的截面切割后而形成的组合体，如图1.3.6(b)所示。

（3）综合型：由基本形体叠加和切割而成的组合体，如图1.3.6(c)所示。

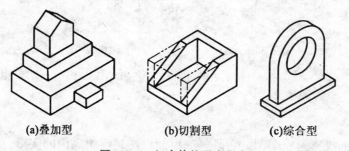

(a)叠加型   (b)切割型   (c)综合型

图1.3.6 组合体的形成方式

（二）组合体的分析方法

分析组合体构成的基本方法就是形体分析法，它是假想组合体是由一些基本形体按照上述方法进行组合而成的，其目的就是对组合体进行简化，简言之，就是化繁为简、化难为易。运用这种方法的优点是：可以迅速、准确地绘制组合体的三面投影图，可以帮助我们快速阅读各种复杂的图形，方便我们准确标注组合体尺寸。

（三）组合体的三面正投影图

作组合体的三面投影图之前，应先分析形体构成。

1. 形体的分析

如图1.3.7所示，这个组合体可以看成是由一个四棱柱经过两次三棱柱的切割而成的，也可以看成是由两个四棱柱和一个三棱柱叠加而成的。

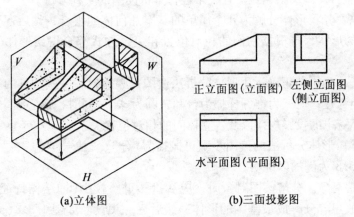

(a)立体图　　　　　　　　(b)三面投影图

图 1.3.7 组合体投影图

2. 形体在三面投影体系中的位置

为了作图方便,可以将这一组合体摆放在如图 1.3.7 所示的位置,即使形体的底面平行于 H 面,背面平行于 V 面,右侧面平行于 W 面。这样作出的图形能尽可能多地反映形体的形体特征,减少图形中虚线的出现。

3. 作形体的三面投影图

(1)选比例、定图幅、布图面;

(2)画作图用的基准线,即建立投影体系;

(3)根据形体的投影规律打底稿;

(4)检查无误,加深;

(5)尺寸标注。

四、建筑形体投影识读

通过看投影图而去想象与之对应的形体的形状和结构的过程,称为投影图识读,简称读图。读图能力的培养是学习投影和识图的主要任务之一,也是初学者的学习难点之一。掌握正确的读图方法,可为今后阅读专业图样打下良好的基础。

根据建筑形体投影图识读其形状,必须掌握下面的知识:

(1)掌握三面投影图的投影关系,即"长对正、高平齐、宽相等";

(2)掌握在三面投影图中各基本体的相对位置,即上下关系、左右关系和前后关系;

(3)掌握基本体的投影特点,即棱柱、棱锥、圆柱、圆锥和球体等基本体的投影特点;

(4)掌握点、线、面在三面投影体系中的投影规律;

(5)掌握建筑形体投影图的画法。

(一)建筑形体投影图形体分析

识读形体投影图的一般方法有形体分析法、线面分析法和综合分析法。

1. 形体分析法

形体分析法是读图方法中最基本和最常用的方法。形体分析法就是指根据形体的投影特性，通过对形体的投影及其相互位置关系进行分析读图的一种方法。

(1)分析思路。先将形体分解为几个简单的基本几何体的组合，然后逐个想象出各基本几何体及部分的形状，再根据它们的相对位置和组合方式综合得出形体的总体形状及结构。

(2)投影特征。为了能正确运用形体分析法读图，必须熟悉一些常见的基本几何体投影特征，即"矩矩为柱，三三为锥，梯梯为台和三圆为球"。同时，还必须牢固掌握"长对正，宽相等，高平齐"的投影规律以及各立体间的相对位置关系。

(3)读图步骤。形体分析法的读图步骤可概括为"分"、"找"、"想"、"合"、"查"五个字。现以图1.3.8为例加以说明。

①分——分解对象。分解读图对象时，应从投影重叠较少(即结构特征较明显)的视图着手，将形体假想着分解成最基本的形体，然后逐一识读。如图1.3.8(a)所示，假想将形体分解为P、Q、R三个基本形体，从中可以看出，W面投影重叠较少、特征明显，可以按图线框将其分解为p''、q''和r''。

②找——找对应投影。根据"长对正，宽相等，高平齐"的投影规律找出对应的投影图。如图1.3.8(a)所示，根据W面投影p''、q''和r''，可以在H投影面中找出对应投影p、q和r；可以在V投影面中找出对应投影p'、q'和r'。

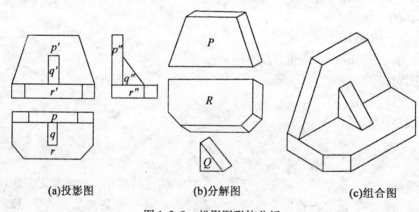

(a)投影图　　　　(b)分解图　　　　(c)组合图

图1.3.8　投影图形体分析

③想——想形体特征。根据基本形体的投影特征和所找到的对应投影，想象各假想的基本形体投影特征，如图1.3.8(b)所示，可以看出：P为一竖向放置的梯形台侧板，R为一水平放置的带有两个倒角的棱柱体底板，Q为一横向放置的三棱柱支撑板。

④合——合起来想整体。"合"是一个综合思考投影与形体位置对应关系的过程，是初学者正确识读投影图的难点。根据W面投影可以判定：底板R在最下面，P板在R板的后上方，而Q板则在R板的上方，同时在P板的前方。再由V面投影补充得到：P板的下底边与R板长度相等，而Q板左右居中放置，如图1.3.8(c)所示。

⑤查——查漏补缺。根据前面分析结果形成了投影与形体映像后，再综合运用形体投影规律、基本形体投影特征和相对位置关系，检查是否有遗漏或多余的图线，如有遗漏或多余图线，应及时修正。

2. 线面分析法

线面分析法就是指根据直线、平面的投影特性，通过对形体上的线或面的投影进行分析读图的一种方法。

1)分析思路

与形体分析法相比，形体分析法是以基本形体为读图单元，而线面分析法则是将几何元素中的直线和面(尤其是平面)作为读图单元。

2)点、图线和线框的含义

正确理解投影图中点、图线和线框的含义是线面分析法的关键。现以图1.3.9所示形体投影图为例，说明点、图线和线框的含义。

投影图中点的含义：①代表形体上的一点；②代表形体上的一直线。

投影图中的图线的含义：①代表形体上具有积聚性的表面；②代表形体上两表面的交线；③代表形体上曲表面的轮廓素线。

投影图中图框的含义：①代表形体上一个平面；②代表形体上一个曲面；③代表孔、洞、槽。

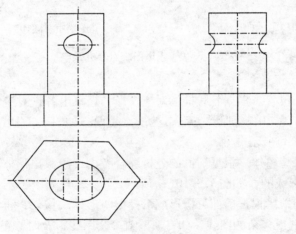

图1.3.9　点、图线、线框的含义

3)读图步骤

线面分析法读图的步骤可归纳为"分"、"找"、"想"、"合"、"查"五个字，现以图1.3.10为例加以说明。

(1)分——分解线框。分解线框时，为了避免漏读某些线框，通常应从线框最多的投影图入手，进行线框的划分。如图1.3.10(a)所示，H面投影图中的大矩形框内有三个小线框，因此，先从线框最多的H面投影入手，将它分解为r、s、t三个线框，然后在V面投影中分解为p'、q'。

(2)找——找对应投影。根据平面的投影特性可知，除非积聚，否则平面各投影均为"类似形"。因此，可得到"无类似形则必定积聚"的规律。

根据正投影规律和上述规律，便可找到各线框所对应的另外两面投影，如图1.3.10(b)、(c)、(d)所示。

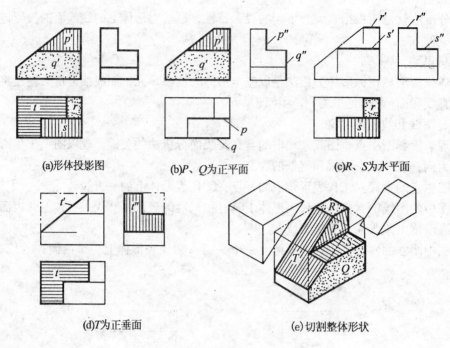

(a)形体投影图　　　　　(b)P、Q为正平面　　　　(c)R、S为水平面

(d)T为正垂面　　　　　　(e)切割整体形状

图 1.3.10　投影图线面分析

（3）想——想特征位置。根据各线框的对应投影，想象出各自对应的形状和位置：P、Q 为一正平面，如图 1.3.10（b）所示；R、S 为一水平面，如图 1.3.10（c）所示；T 为一正垂平面，如图 1.3.10（d）所示。

（4）合——合起来想整体。根据前面的分析综合考虑，想象出形体的真实形状是由一长方体经两次切割所形成的，如图 1.3.10（e）所示。

（5）查——查漏补缺。根据前面分析形成了投影与形体映像后，再综合运用形体投影规律，检查是否有遗漏或多余的图线，如有遗漏或多余图线，及时修正。

3. 综合分析法

当运用形体分析法或线面分析法还是难以正确分析建筑形体投影图时，可以考虑将两种分析方法结合起来分析，这种方法称为综合分析法。

对于较复杂的建筑形体投影图，一般是运用综合分析法来分析，对于投影图中较简单的部分，可采用形体分析法分析；对于较复杂的部分，可采用线面分析法分析；然后将两种分析方法所得到的空间映像综合起来，想象完整的建筑形体。

（二）建筑形体投影图的识读方法

1. 一组投影图结合看

在读图时，应充分利用已知的投影图结合识读，不能只盯着一个视图看。如图 1.3.11 所示，已知形体的两面投影图，如果单看其中某一投影图，有可能得出其中有不同的投影图表达同一形体的结论；如果两个投影结合起来看，则可看出图中五种不同的形体。

2. 特征投影图重点看

在一组视图结合看的基础上，要重点看那些能反映形体形状特征或位置特征的投影

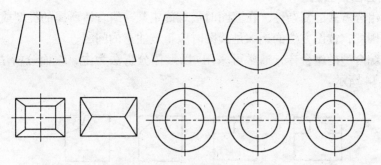

图 1.3.11 一组不同形体的投影图

图。如图 1.3.12(a)所示的三个投影图中，H 面投影图反映了底板的倒角和方孔形状。如图 1.3.12(b)所示的 W 面投影图则清晰地反映了形体的位置特征是：前半部为半个凹方槽，后半部为半个凸方柱，因此，在读图时，这两个投影图均应作为重点看。

3. 虚线实线要分清看

在形体的投影图中，虚线和实线所表示的含义完全不同，正确分析与比对虚线、实线，能更好地帮助读图。

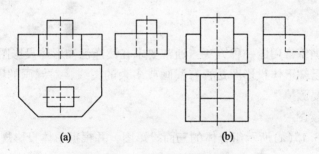

图 1.3.12 明显特征形体投影

如图 1.3.13 所示，两个形体的投影图很相似，唯一的区别就是 V 面投影图，图(a)中是实线，图(b)中是虚线，正是这一微小的差别，就决定了两个形体是完全不同的，所以在读图过程中，要特别重视虚线、实线的分析。

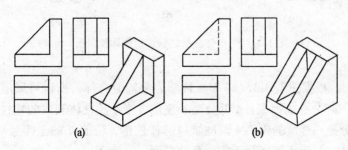

图 1.3.13 虚线、实线效果区别

4. 读图的方法恰当选

因组合体组合方式的复杂性，在读图时很难确定某一组合体所属的类型或无法确定它的读图方法。因此，读图方法的选取是读图时应重点注意的问题。

对于那些综合型的组合体，通常可采用"以形体分析法为主，线面分析法为辅"的方法，如图 1.3.14 所示。

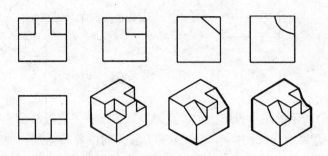

图 1.3.14　复杂形体投影图比较

(三)建筑形体投影图读图技法

加强读图技法训练对初学者来说非常重要，方法也很多，但关键是两种：补删图线和补画投影图。

1. 补删图线

这是读图技法训练常用的一种方法。通常要求在读懂已知形体投影图后，根据形体投影规律分析判断，已知形体投影图是否有漏画或多余的图线，对漏画的图线一定要补上，对多余的图线一定要删掉。

1)形体分析法读图

试分析如图 1.3.15(a)所示组合体的三面投影图，并根据形体投影规律补删图线。

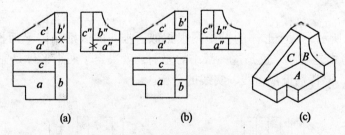

图 1.3.15　形体分析法识读组合体投影图

(1)分析投影。根据图 1.3.15(a)初步判断为叠加组合体，所以可采用形体分析法读图。该组合体由三部分叠加而成：A 部分是一左前方带小棱柱体缺口的棱柱体，位于组合体的下部；B 部分是一竖放的带 1/4 圆柱缺口的棱柱体，位于 A 的上部且与 A 右端平齐；C 部分为一三棱柱，位于 A 的正后上方、B 的左侧。

(2)阅读图线。根据投影图分析结果，对比阅读检查图线。

①查轮廓线。按照组合体的构成，逐部分检查形体的各轮廓线。如图 1.3.15(a)中 A 部分的 V、W 面投影没体现缺口的投影，B 部分的 H、V 面投影没表达的 1/4 圆柱形缺口，A、C 部分在 V 投影面和 B、C 部分在 H 投影面的轮廓交线，都属漏画线。

②查表面交线。根据组合体的组合方式，检查各表面交线和分界线。如图 1.3.15(a)中打"×"的图线，都属多画线。

③补删图线。根据检查的结果，正确补删图线，如图 1.3.15(b)所示。

(3)对照验证。将想象出的形体绘制草图进行验证，若无误，则说明读图正确，如图 1.3.15(c)所示。

2)线面分析法读图

已知形体投影图如图 1.3.16(a)所示，初步判断为以切割为主的组合体，故可采用线面分析法读图。

(1)分析投影。首先假想将 H 面投影图中的缺角补上，如图 1.3.16(a)所示中的点画线部分，这时得到的是一横放的 L 形柱；然后再分析被截切部分的情况，最后再想象出组合体的形状。

(2)阅读图线。根据投影图分析与想象的结果，对比阅读检查图线。

对于用线面分析法求解的组合体，查漏线的重点应放在检查各表面的投影上，特别是被切割后所形成的新表面及被切后遗留下的表面。

检查方法采用类似形法。检查发现，形体左右两个侧面的 H 面投影中漏线较多，另外，底板上矩形槽后表面的 W 面投影也被漏画了。

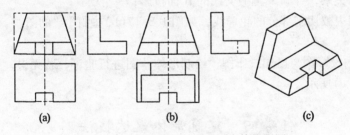

(a)　　　　　　　(b)　　　　　　　(c)

图 1.3.16　线面分析法识读组合体投影图

(3)补漏画线。由前面的分析，先按照未切割的 L 形柱，补画出它的水平投影，再根据"无类似形必定积聚"的原则，确定切割后左右两端面的 V 面投影积聚为两条斜线，其 H 面投影则一定是 W 面投影的类似形，如图 1.3.16(b)所示。

根据"宽相等"补画底板矩形槽在 W 面投影图上所漏的虚线，如图 1.3.16(b)所示。

(4)对照验证。绘制想象中形体草图进行验证，若无误则说明读图正确，如图 1.3.16(c)所示。

2. 补图投影图

补图投影图是训练读图最为常见的一种方法。通常要求根据已有的两个投影图，想象出形体的形状和结构，并正确地补画出第三幅投影图。

1)分析投影

根据图 1.3.17(a)初步判断为先切割后叠加形成的组合体，可采用综合分析法读图。

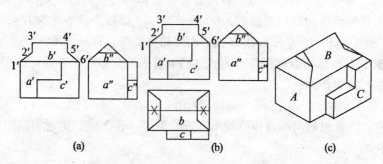

图1.3.17　综合分析法识读形体投影图

首先，利用形体分析法将形体分解为三部分：A 为一个四棱柱体；B 为一个两端被切割后的三棱柱体，横向放置在 A 的正上方；C 为一个六棱柱体，放置在 A 的右前方，与 A 的底部和右侧平齐，如图1.3.17(c)所示。

然后，在想象出形体大致空间形状后，再运用线面分析法确定 B 的两端被切割的形状，如图1.3.17(b)所示，B 是由左右对称的两组共四个平面所截切。因这四个切平面均垂直于正面，故在其上的投影应积聚为线，如图1.3.17(a)中的 1′、2′、3′、4′、5′、5′、6′。由投影规律找到对应的侧面投影，它们两两重合，分别为三角形和梯形。

2)读图补图

(1)假想 B 未被切割的情况下，补画出 A、B、C 三部分的 H 面投影；

(2)根据三等关系，补画 B 上截交线的 H 面投影；

(3)检查后擦去被切割部分的轮廓线，如图1.3.17(b)中打"×"的图线。

3)对照验证

联想补画出的投影图与已知投影图，绘制形体草图进行验证，若无误，则说明读图正确，如图1.3.17(c)所示。

任务四　建筑形体表达技法

【知识目标】

1. 熟悉剖面图与断面图的形成原理和分类；

2. 掌握剖面图与断面图的识读与绘制方法；

3. 掌握简化画法的表达方式。

【能力目标】

能熟练识读与绘制剖面图与断面图。

【学习重点】

掌握剖面图与断面图的识读与绘制方法。

对于较复杂的建筑形体，仅用前面所述的三面正投影的方法还不能准确、恰当地在图纸上表达形体的内外形状。为此，《房屋建筑制图统一标准》(GB/T50001—2010)规定了多种表达方法，现对其中常用的表示方法予以介绍。

一、剖面图

(一)剖面图的概念

图 1.4.1 所示是杯形基础的两面投影图，基础内孔投影出现了虚线，使图面不清楚。

假想用剖切面(平面或曲面)剖开形体，将处在观察者和剖切面之间的部分移去，将其余部分向投影面投射所得的图形，称为剖面图，如图 1.4.2 所示。

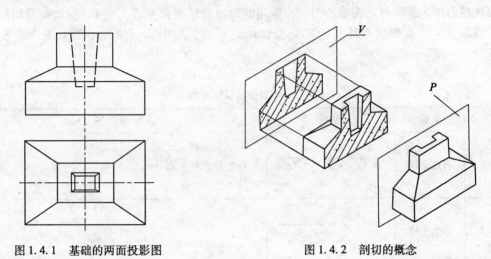

图 1.4.1 基础的两面投影图   图 1.4.2 剖切的概念

假想用一个通过基础前后对称面的平面 P 将基础剖开，如图 1.4.2 所示。移去观察者与平面之间的部分，而将其余部分向 V 面投射，得到剖面图，剖开基础的平面 P 称为剖切面。

(二)剖面图的画法

如图 1.4.3 所示，杯形基础被剖切后，其内孔可见，应用粗实线表示，避免了画虚线，这样使杯形基础的内部形状的表达更清晰。

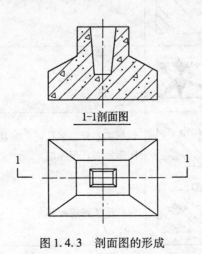

1-1剖面图

图 1.4.3 剖面图的形成

画剖面图时应注意以下几点：

（1）剖切是一个假想的作图过程，因此一个投影图画成剖面图，其他投影图仍应完整画出；

（2）剖切面一般选在对称面上或通过孔洞的中心线，使剖切后的图形完整，并反映实形；

（3）剖切面与形体的接触部分称为剖切区域。剖切区域的轮廓用粗实线绘制，并在剖面区域内画上表示材料类型的图例，常用的建筑材料图例见表 1.4.1。剖切面没切到，但沿投影方向可看到的形体其他部分投影的轮廓线，用中实线绘制。剖面图中一般不画虚线。

表 1.4.1 　　　　　　　　　　　　　　常用建筑材料图例

序号	名称	图例	备注
1	自然土壤		包括各种自然土壤
2	夯实土壤		
3	砂、灰土	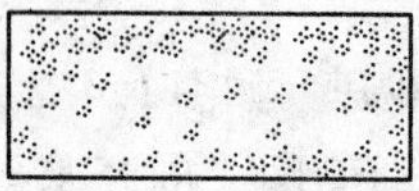	靠近轮廓线绘较密的点
4	砂砾土、碎砖三合土	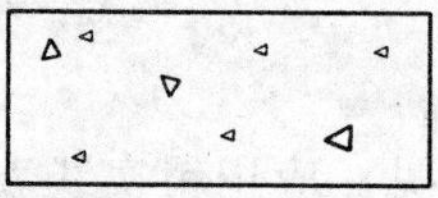	
5	石材	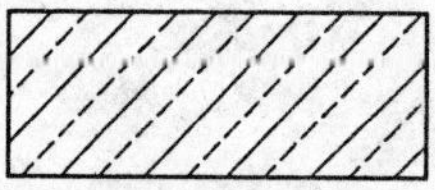	
6	毛石	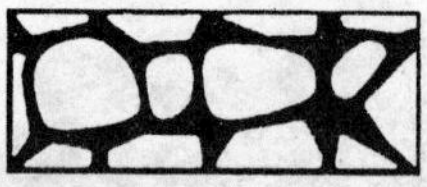	
7	普通砖	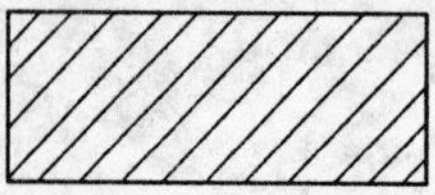	包括实心砖、多孔砖、砌块等砌体，断面较窄不易绘出图例线时，可涂红
8	耐火砖	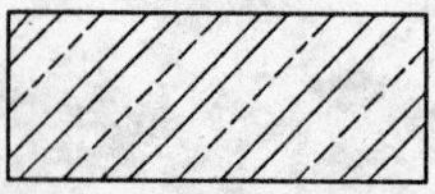	包括耐酸砖等砌体

序号	名称	图例	备注
9	空心砖	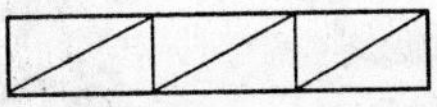	指非承重砖砌体
10	饰面砖		包括铺地砖、马赛克、陶瓷锦砖、人造大理石等
11	焦渣、矿渣	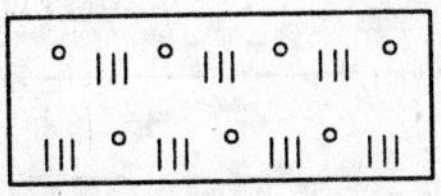	包括与水泥、石灰等混合而成的材料
12	混凝土	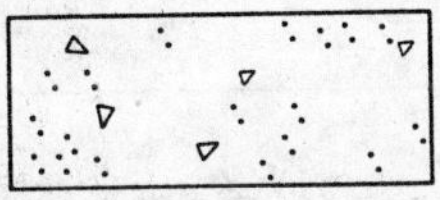	本图例指能承重的混凝土及钢筋混凝土，包括各种强度等级、骨料、添加剂的混凝土
13	钢筋混凝土	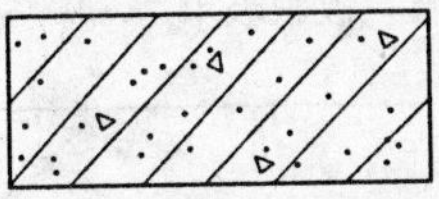	在剖面图上画出钢筋时，不画图例线。断面图形小，不易画出图例线时，可涂黑
14	多孔材料		包括水泥珍珠岩、沥青珍珠岩、泡沫混凝土、非承重加气混凝土、软木、蛭石制品等
15	纤维材料	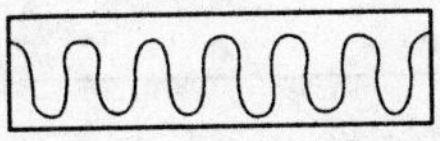	包括矿棉、岩棉、玻璃棉、麻丝、木丝板、纤维板等
16	泡沫塑料材料	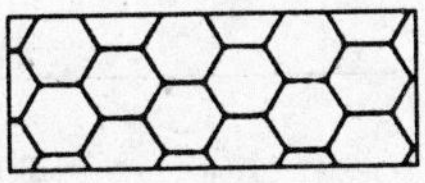	包括聚苯乙烯、聚乙烯、聚氨酯等多孔聚合物类材料
17	木材		1. 上图为横断面，上左图为垫木、木砖或木龙骨 2. 下图为纵断面
18	胶合板	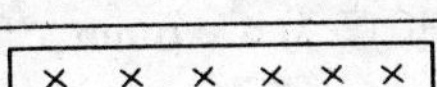	应注明为×层胶合板
19	石膏板	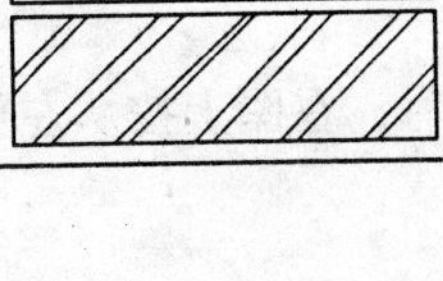	包括圆孔、方孔石膏板、防水石膏板等

序号	名称	图例	备注
20	金属		1. 包括各种金属 2. 图形小时，可涂黑
21	网状材料		1. 包括金属、塑料网状材料 2. 应注明具体材料名称
22	液体	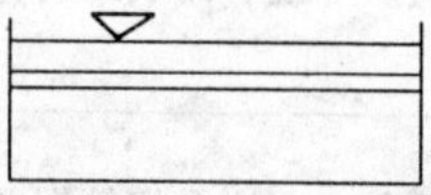	应注明具体液体名称
23	玻璃	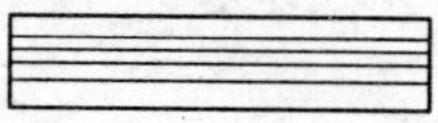	包括平板玻璃、磨砂玻璃、夹丝玻璃、钢化玻璃、中空玻璃、加层玻璃、镀膜玻璃等
24	橡胶		
25	塑料		包括各种软、硬塑料及有机玻璃等
26	防水材料		构造层次多或比例大时，采用上面图例
27	粉刷	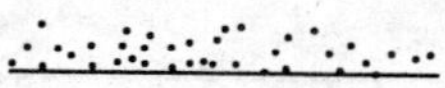	本图例采用较稀的点

（三）剖面图标注

如图 1.4.4 所示，剖面图标注要求有以下几点：

1）剖切符号

剖面图的剖切符号应由剖切位置线和投射方向线组成，均用粗实线绘制，剖切位置线长度为 6～10mm。投射方向线应与剖切位置线垂直，长度为 4～6mm，剖切符号不应与图线相交。

2）剖切符号编号

剖切符号的编号采用阿拉伯数字从小到大连续编写，在图上按从左至右、由上到下的顺序进行编号。

3）剖面图的标注

（1）在剖切平面的迹线的起、迄、转折处标注剖切位置线，在图形外的位置线两端画出投射方向线，如图1.4.4所示。

（2）在投射方向线端注写剖切符号编号，如图1.4.4中"1-1"。如果剖切位置线需要转折时，应在转角外侧注上相同的剖切符号编号，如图1.4.4中"3-3"。

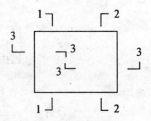

图1.4.4　剖面图的标注

（3）在剖面图下方标注剖面图名称，如"×-×剖面图"，在图名下绘一水平粗实线，其长度应以图名所占长度为准，如图1.4.3中的"1-1剖面图"。

（四）剖面图的类型

由于形体内部形状变化复杂，常选用不同数量、位置的剖切面来剖切形体，才能把它们内部的结构形状表达清楚，常见的剖面图有以下几类：

1. 全剖图

用剖切面完全地剖形体所得的剖面图称为全剖面图，如图1.4.3所示。

2. 半剖面图

当形体具有对称平面时，在垂直于对称平面的投影面上所得的投影，可以对称中心线为界，一半绘制成剖面图，另一半绘制成投影图，这样的剖面图称为半剖面图，如图1.4.5所示。

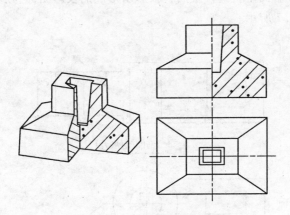

图1.4.5　半剖面图的形成

画半剖面图时，应注意投影图与剖面图的分界线应是中心线，不可画成粗实线。

3. 阶梯剖面图

形体内部结构层次较多时，用单一剖切面剖开形体还不能将形体内部全部显示出来，可以用几个平行的剖切面剖切形体，用这种方法形成的剖面图称为阶梯剖面图，如图1.4.6所示。

采用阶梯剖切画剖面图时，应注意以下两点：

（1）画剖面图时，应把几个平行的剖切平面视为一个剖切平面，在剖面图中，两平行的剖切面所剖到的两断面在转折处的分界线不可画出；同时，剖切平面转折处不应与图形

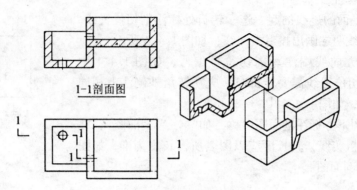

图1.4.6　阶梯剖面图的形成

轮廓线重合。

（2）在剖切平面起、迄、转折处都应画上剖切位置线，投射方向线与图形外的起、迄剖切位置线垂直，每个符号处应注上同样的编号。

（3）由于剖切面是假想的，所以不能把剖切面转折投影画到剖面图上。

4. 展开剖面图

采用两个相交的剖切面（交线垂直于某一投影面）剖切形体，然后将剖切面后的形体绕交线旋转到与基本投影面平行的位置后再投影所形成的投影图称为展开剖面图，也称为旋转剖面图，如图1.4.7所示。

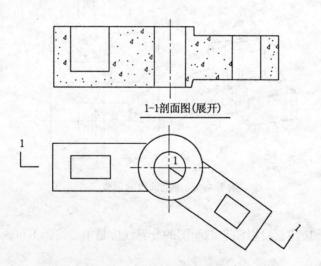

图1.4.7　展开剖面图的形成

画图时，应先旋转，后投影作图，并在图名后注明"展开"或"旋转"字样。

5. 局部剖面图

用剖切面局部地剖开形体所得的剖面图称为局部剖面图，如图1.4.8所示。

剖切平面的范围与位置应根据形体实际而定，剖面图与原投影图用波浪线分开，波浪线表

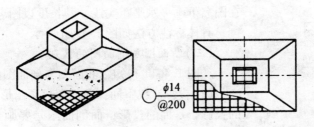

图 1.4.8　局部剖面图的形成

示形体断裂处的边界线的投影，因而波浪线应画在形体的实体部分，不应与任何图线重合。

6. 分层剖面图

用几个互相平行的剖切平面分别将形体局部剖开，把几个局部剖面图重叠画在同一投影图上，用波浪线将各层的投影分开，这样形成的剖面图称为分层剖面图，如图 1.4.9 所示。分层剖面图主要用来表达形体各层不同的构造作法，分层剖切一般不标注。

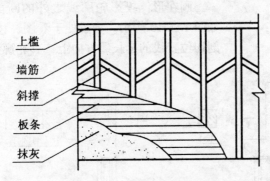

图 1.4.9　分层剖面图的形成

二、断面图

（一）断面图的概念

假想用剖切面将形体某部分剖切开，仅画出该剖切面与形体接触部分的图形，称为断面图，简称断面，常用来表示形体局部断面形状，如图 1.4.10 所示。

（二）断面图的标注

1）剖切符号

断面图中剖切符号由剖切位置线表示。剖切位置线用粗实线绘制，长度为 6～10mm。

2）剖切符号编号

剖切符号编号与剖面图相同。

3）断面图的标注要求

（1）在剖切平面的迹线上标注剖切位置线；

（2）在剖切位置线一侧注写剖切符号编号，编号所在一侧表示该断面剖切后的投射方向；

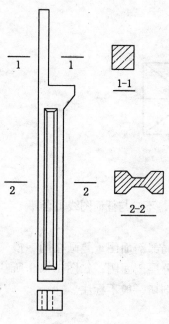

图 1.4.10　断面图

（3）在断面图下方标注断面图名称，如"×–×"。并在图名下画一水平粗实线，其长度以图名所占长度为准。具体标注方法如图 1.4.10 所示。

（三）断面图与剖面图的区别

从图 1.4.11 得知，断面图与剖面图的区别主要是：

（1）投影对象不同：断面图只画出形体被剖开后截面的投影，是面的投影；而剖面图是要画出剖切后形体剩余部分的投影，是形体的投影。

（2）剖切符号不同：在不省略标注的情况下，断面图只需标注剖切位置线，用编号所在一侧表示投射方向；而剖面图用投射方向线表示投射方向。

（3）图名标注不同：断面图的图名标注为"×–×"；而剖面图的图名为"×–×剖面图"。

（四）断面图的类型

1. 移出断面

画在形体投影轮廓线之外的断面图称为移出断面，如图 1.4.10 所示。为了便于看图，移出断面应尽量画在剖切位置线的延长线方向上，其轮廓线用粗实线表示。

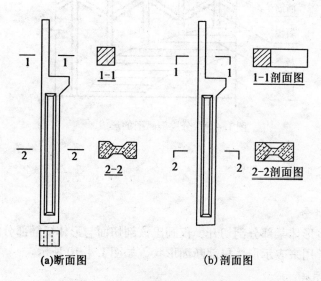

(a)断面图　　　　　(b)剖面图

图 1.4.11　断面图与剖面图的区别

2. 中断断面

画在形体中断处的断面图称为中断断面，如图 1.4.12 所示。中断断面不需要标注，适合于绘制细长杆件的断面图。

3. 重合断面

重合在投影图之内的断面图称为重合断面，也称为折倒断面图，如图 1.4.13 所示。重合断面一般不需要标注，其轮廓线用粗实线表示，当形体投影轮廓线与重合断面轮

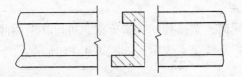

图 1.4.12 中断断面图

廓线重合时，投影轮廓线仍应连续画出，不可间断。

这种断面图常用来表示墙立面装饰折倒后的形状、屋面形状、楼板、坡度等。

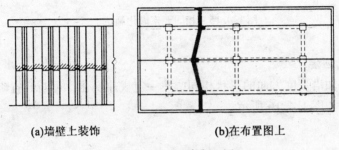

(a)墙壁上装饰   (b)在布置图上

图 1.4.13 重合断面图

三、简化画法

为了读图及绘图方便，《房屋建筑制图统一标准》(GB/T50001—2010)中规定了一些简化画法。

(一)对称简化画法

构配件的图有一条对称线时，可只画该投影图的一半；投影图有两条对称线时，可只画该投影图的 1/4，并在对称中心线上画上对称符号，如图 1.4.14 所示。

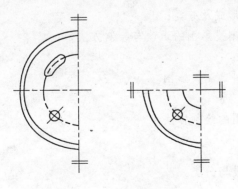

图 1.4.14 对称简化画法

对称符号用两段长度为 6~10mm、间距为 2~3mm 的平行线表示，用细实线绘制，分别标在图形外中心线两端。

(二)相同要素简化画法

构配件内多个完全相同而连续排列的构造要素，可仅在两端或适当位置画出其完整形状，其余部分以中心线或中心线交点表示，如图1.4.15所示。

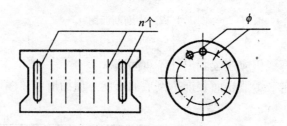

图1.4.15 相同要素简化画法

(三)折断简化画法

较长的构件，如沿长度方向的形状相同或按一定规律变化，可断开省略绘制，断开处应以折断线表示，如图1.4.16所示。

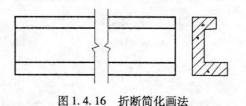

图1.4.16 折断简化画法

任务五 轴测投影技法

【知识目标】

1. 熟悉轴测投影图的形成及分类；
2. 掌握常见形体的轴测投影图的识读与绘制方法。

【能力目标】

能熟练绘制正等侧、斜二测投影图。

【学习重点】

掌握正等侧、斜二测图的绘制方法。

一、轴测投影图的形成与分类

(一)轴测投影的概述

轴测投影图简称轴测图，因为轴测图具有立体感，所以也称立体图。三面正投影图和轴测图效果如图1.5.1所示。

从上图分析得知：多面正投影图能够准确而完整地表达形体的形状，而且度量性好、

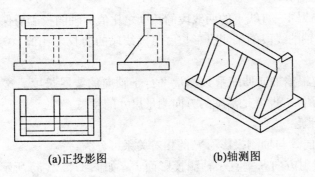

(a)正投影图　　　　　　(b)轴测图

图 1.5.1　三面正投影图和轴测图

作图方便，所以是工程上应用最广泛的图样，但它缺乏立体感，直观形象性差。而轴测图能同时反映形体的长、宽、高及三个方向的形状，因此它比多面正投影图生动形象，富有立体感，直观性强，但轴测图度量性差。一般情况下，平面图不反映实形，而且被遮住的部位不容易表达清晰、完整。因此在工程图样中，轴测图一般作为辅助图样，用于需要表达形体直观形象的场合。

（二）轴测图的形成

为了分析方便，取三条反映长、宽、高三个方向的坐标轴 OX、OY、OZ 与形体上三条相互垂直的棱线重合。将形体连同其参考直角坐标系，沿着不平行于任一坐标面的方向 S，用平行投影法将其投射在单一投影面 P 上即可得到具有立体感的图形——轴测图，如图 1.5.2 所示。

投影面 P 称为轴测投影面。坐标轴 OX、OY、OZ 的轴测投影 O_1X_1、O_1Y_1、O_1Z_1 称为轴测轴。两轴测轴之间的夹角 $\angle X_1O_1Y_1$、$\angle Y_1O_1Z_1$、$\angle X_1O_1Z_1$ 称为轴间角。

轴测轴上的单位长度与相应坐标轴上的单位长度的比值称为轴向伸缩系数。OX 轴向伸缩系数 $p=O_1X_1/OX$，OY 轴向伸缩系数 $q=O_1Y_1/OY$，OZ 轴向伸缩系数 $r=O_1Z_1/OZ$。

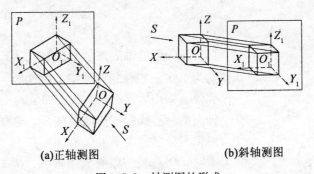

(a)正轴测图　　　　　　(b)斜轴测图

图 1.5.2　轴测图的形成

（三）轴测投影的特性

由于轴测投影采用的是平行投影法，因此它具有平行投影的一切特性：

（1）相互平行的直线的轴测投影仍相互平行。因此平行于坐标轴的直线，其轴测投影必平行于相应的轴测轴。

（2）两平行直线或同一直线上的两线段的长度之比值，轴测投影后保持不变。

（3）平行于坐标轴的线段的轴测投影长度与该线段的实长之比值，等于相应的轴向伸缩系数。

画轴测图时，应根据轴向伸缩系数测量平行于轴向的线段长度。这也是"轴测图"名称之由来。所谓"轴测"，也就是沿轴的方向测量尺寸的意思。

（四）轴测图的种类

（1）根据投射方向 S 与轴测投影面 P 的相对关系可分为：

①正轴测图：投射方向 S 垂直于轴测投影面 P，如图 1.5.2（a）所示，三个坐标面都不平行于轴测投影面。

②斜轴测图：投射方向 S 倾斜于轴测投影面 P，如图 1.5.2（b）所示。通常有一个坐标面平行于轴测投影面：

当 XOZ 面平行于轴测投影面（垂直面）时，形成正面斜轴测图；

当 XOY 面平行于轴测投影面（水平面）时，可形成水平斜轴测图。

（2）根据三个轴向伸缩系数是否相等可分为：

①正轴测图：

正等轴测图（简称正等测）：$p=q=r$；

正二等轴测图（简称正二测）：$p=r\neq q$；

正三等轴测图（简称正三测）：$p\neq q\neq r$（不常用）。

②斜轴测图：

斜等轴测图（简称斜等测）：$p=q=r$；

斜二等轴测图（简称斜二测）：$p=r\neq q$；

斜三轴测图（简称斜三测）：$p\neq q\neq r$（不常用）。

考虑到作图的方便和实际效果，最常用的轴测图是正等测、斜二测，在管道工程图中还常用斜等测。

二、正等轴测图

（一）正等轴测系的形成

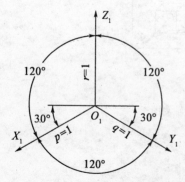

图 1.5.3　正等测轴测系的形成

正等测的轴间角 $\angle X_1O_1Y_1$、$\angle Y_1O_1Z_1$、$\angle X_1O_1Z_1$ 均为 120°，三个轴向伸缩系数均约为 0.82。为了作图简便，采用轴向简化系数，即 $p=q=r=1$，于是平行于轴向的所有线段都按原长度量，这样画出来的轴测图沿轴向分别放大了 $1/0.82\approx1.22$ 倍，但形状不变。作图时，O_1Z_1 轴一般画成铅垂线，O_1X_1、O_1Y_1 轴与水平成30°角，如图 1.5.3 所示。

（二）正等测图的画法

画轴测图的最基本方法是坐标法，即按坐标关系画出形体上诸点、线的轴测投影，然后连成形体的轴测图。但在实际作图中，还应根据形体的形状特点不同而灵活采用其他不同的作图方法，如切割法、叠加法等。

1. 作图的基本要求

(1)为了使图形清晰，不可见的轮廓线(虚线)一般不画出来。因此，一般可先从可见部分开始作图，如先画出形体的前面、顶面或左面等。这样，可减少不必要的作图线。

(2)作图时，对平行于轴向的线段，可直接量取作图；对不平行于轴向的线段，可由该线段的两端点的位置来确定。

2. 正等测图的画法

1)坐标法

【例1.5.1】根据图1.5.4(a)所示直棱柱体的两面投影图，画出它的正等测图。

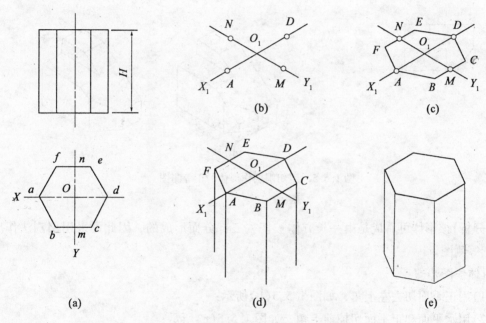

图1.5.4 用坐标法作六棱柱的正等测图

【分析】直棱柱的顶面和底面均为水平的正六边形。在轴测图中，顶面可见，底面不可见，宜从顶面开始作图，各顶点可用坐标法确定。

具体作图步骤：

(1)定出坐标轴，图中把坐标圆点取在六棱柱顶面中心处，如图1.5.4(a)所示。

(2)画出轴测轴 O_1X_1、O_1Y_1，并在其上量得 $O_1A=Oa$、$O_1D=Od$、$O_1M=Om$、$O_1N=On$，得 A、D 和 M、N 四点，如图1.5.4(b)所示。

(3)过点 M、N 作 O_1X_1 轴的平行线，在其上量取 $MB=mb$、$MC=mc$、$NE=ne$、$NF=nf$，得 B、C 和 E、F 四点，连接各点得顶面，如图1.5.4(c)所示。

(4)分别过点 F、A、B、C 向下作垂线，并在其上截取六棱柱的高度 H，得底面上的四可见点，如图1.5.4(d)所示。

(5)依次连接底面上的点，擦去多余的辅助作图线，加深图线，形成六棱柱的全图，如图1.5.4(e)所示。

2)切割法

【**例1.5.2**】形体的三面正投影图如图1.5.5(a)所示,试作出形体的正等测图。

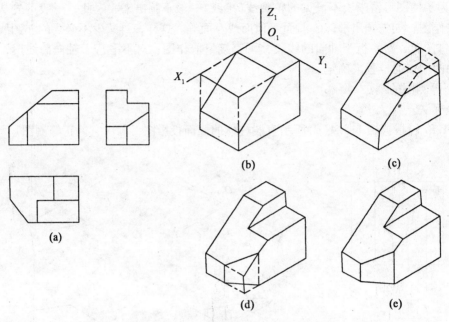

图1.5.5 用切割法作形体的正等测图

【**分析**】该形体可看成是由一长方体被切去三部分而形成的,因此可采用切割法作出它的正等测图。

具体作图步骤:

(1)用正垂面切去左上角,如图1.5.5(b)所示;

(2)用水平面和正平面切掉前上角,如图1.5.5(c)所示;

(3)用铅垂面切去左前角,如图1.5.5(d)所示;

(4)擦去多余的辅助作图线,加深图线,形成形体的全图,如图1.5.5(e)所示。

轴测轴 O_1X_1、O_1Y_1、O_1Z_1 仅供画 O_1X_1、O_1Y_1、O_1Z_1 方向平行线时参考,熟练之后可不必画出。

3)叠加法

【**例1.5.3**】形体的三面正投影图如图1.5.6所示,试作出其正等测图。

【**分析**】由形体的三面正投影图可知:该台阶由形体1、形体2和形体3三部分叠加而成,因此,可采用叠加法作出它的正等测。

具体作图步骤:

(1)建立正等测轴测系,并作出形体1,如图1.5.6(b)所示;

(2)用叠加法分别作出形体2、形体3,如图1.5.6(c)、(d)所示;

(3)擦去多余的作图线,整理加深即得所求,如图1.5.6(e)所示。

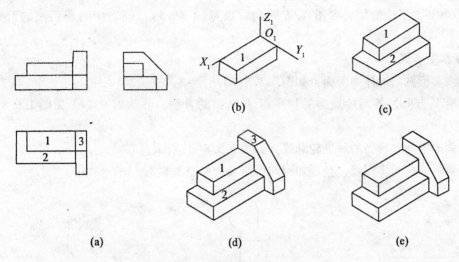

图 1.5.6 用叠加法作出的正等测图

三、斜二测图

(一)斜二轴测系的形成

O_1X_1 和 O_1Z_1 轴分别为水平和铅垂方向，轴间角 $\angle X_1O_1Z_1 = 90°$，轴向伸缩系数 $p = r = 1$；取 O_1Y_1 轴与水平线的夹角为 $45°$，取 $q = 0.5$，O_1Y_1 轴的方向可根据表达的需要选择，如图 1.5.7 所示。

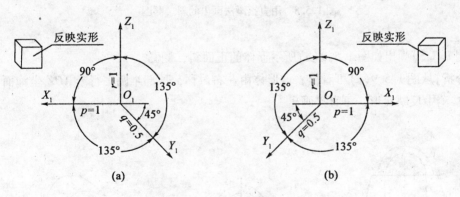

图 1.5.7 斜二轴测系的形成

(二)斜二测图的画法

根据形体的情况，斜二测可用坐标法(注意 Y_1 系数 $q = 0.5$)、切割法、叠加法等方法画出，对于比较简单的形体，可采用直接作图法。

【例 1.5.4】画出如图 1.5.8(a)所示的斜二测图。

【分析】形体上平行于 XOZ 坐标面的平面，在斜二测中反映实形，可采用直接画法，即按实形画出形体的前面，再沿 Y_1 方向向后加宽（$q=0.5$），画出中间和后面的可见轮廓线。

具体作图步骤：

（1）按实形画出形体的前面，如图 1.5.8（b）所示；

（2）沿 Y_1 方向过各转折点向后作平行于 O_1Y_1 的直线，并量取 $0.5y$，如图 1.5.8（c）所示；

（3）画出中间和后面的可见轮廓线，如图 1.5.8（d）所示；

（4）擦去多余的作图线，整理加深即得所求，如图 1.5.8（e）所示。

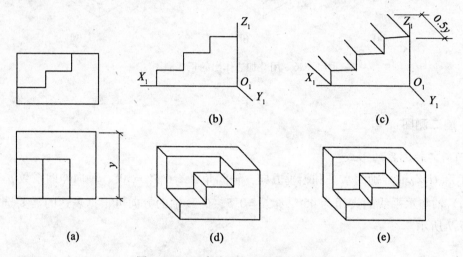

图 1.5.8　用直接画法画出的斜二测图

【例 1.5.5】画出如图 1.5.9（a）所示形体的正面斜二测图。

【分析】从图 1.5.9（a）可看出，该形体由左右对称，顶部半圆平行于 XOZ 坐标面，在正面斜二测中反映实形，可直接画出。

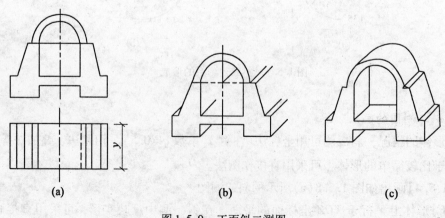

图 1.5.9　正面斜二测图

　　具体作图步骤：

　　(1)以半圆弧的圆心为轴测中心点，按实际尺寸画同心圆，并作出正面图形，如图1.5.9(b)所示；

　　(2)过圆心和各轮廓转折点向后画45°直线，并量取0.5y得背面半圆弧圆心和各轮廓转折点，作出背面图形；擦去多余作图线并加深，即得所求，如图1.5.9(c)所示。

学习情境二　建筑节点构造图识读

任务一　民用建筑构造认知

【知识目标】

1. 了解民用建筑构造各部组成的作用；
2. 掌握民用建筑构造各部组成的名称、含义及在建筑上的位置。

【能力目标】

1. 能区别民用建筑各组成部分；
2. 能根据各组成部分的功能要求进行材料和方案的选择；
3. 能熟练识读房屋组成图。

【素质目标】

1. 熟悉民用建筑各组成部分的专业表达；
2. 增强逐步建立与同行专业人士交流的语言平台的意识。

【学习重点】

掌握民用建筑的构造组成及节点构造表达。

一、民用建筑构造基本知识

(一)民用建筑的基本组成及作用

房屋是供人们进行生产、生活和社会活动的有组织的空间，是人类生存和发展的重要物质条件。在人类社会发展的历史进程中，房屋从远古比较单一的自然洞穴和原始土窑发展为今天的高楼林立的街区和田园般的住宅小区，其形式发生了巨大的变化。现代建筑所用材料和做法上各有差别，表现形式和特点也丰富多彩，但它的基本组成没变，通常都是由基础、墙或柱、楼地层、楼梯、屋顶、门窗六大主要部分组成，如图 2.1.1 所示，这些组成部分构成了房屋的主体，它们在不同的部位发挥着不同的作用。

1. 基础

基础是位于建筑物最下部的承重构件，承担建筑的全部荷载，并将这些荷载有效地传递给地基。

2. 墙或柱

墙体是围成房屋空间的竖向构件，具有承重、围护和分隔的作用。它承受由屋顶、各楼层传来的荷载，并将这些荷载传递给基础。外墙可以抵御自然界各种因素的侵袭，内墙可以分隔房间、隔声、遮挡视线，以保证具有舒适的环境。柱与梁、板等形成房屋的受力

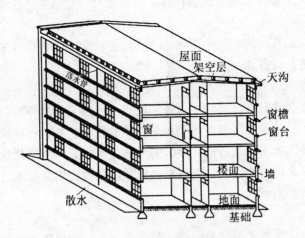

图 2.1.1 房屋组成示意图

骨架系统,将荷载传递到基础。

3. 门窗

门和窗都是非承重的建筑配件,起通风和采光的作用。门兼有分隔房间和交通、装饰的作用,窗同时也具有分隔、围护、装饰和眺望的作用。

4. 楼梯

楼梯是建筑中各层之间的垂直交通联系设施,其主要作用是平时的上下楼层垂直交通和紧急情况时安全疏散之用。

楼梯不是房屋建筑的目的,而且现代房屋不少安装了电梯,但是楼梯仍是建筑物不可缺少的部分。

5. 楼地层

楼板是划分空间的水平承重构件,具有承重、竖向分隔和水平支撑的作用。楼层将建筑从高度方向分隔成若干层,承受家具、设备、人体荷载及自重,并将这些荷载传递给墙或柱,同时,楼板层的设置对增加建筑的整体刚度和稳定性起着重要的作用。

6. 屋顶

屋顶是建筑物顶部的承重构件和围护构件,其主要作用是承重、保温、隔热和防水。屋顶承受着房屋顶部包括自重在内的全部荷载,并将这些荷载传递给墙或柱,同时抵御自然界各种因素对屋顶的侵袭。

除此之外,还有一些为人们使用和建筑物本身所必须的配件,如阳台、雨篷、台阶、散水、明(暗)沟、通风道、装饰部分等。

(二)建筑构成的基本要素

建筑从根本上看,由三个基本要素构成:建筑功能、建筑物质技术条件和建筑艺术形象,简称建筑三要素。

1. 建筑功能

建筑功能是指建筑物在物质和精神方面必须满足的使用要求。

不同的功能要求产生了不同的建筑类型,如生产性建筑、居住性建筑和普通公共性建筑等，而不同的建筑类型又有不同的建筑特点，所以建筑功能是决定建筑性质、类型和特点的主要因素。

建筑的功能除了满足人的物质生活要求之外，还有社会生活和精神生活方面的功能要求，因此，具有一定的社会性。

2. 建筑物质技术条件

建筑物质技术条件包括材料、结构、设备、建筑生产施工技术等重要内容，它还受社会生产水平和科学技术的制约。随着生产和科学技术的发展，各种新材料、新结构、新设备不断出现，工业化施工水平不断提高，建筑物质技术条件进一步现代化，必然会给建筑功能和建筑艺术形象带来新的变化；反过来对物质技术条件提出新要求，又推动建筑物质技术条件的进一步发展。

3. 建筑艺术形象

经过建筑的功能和物质技术条件的创造，便构成了一定的建筑艺术形象。构成建筑艺术形象的因素包括建筑群体和单体的体形、内部和外部的空间组合、立面构图、细部处理、材料的色彩与质感、光影和装饰处理等。这些因素如果处理得当，就能产生良好的艺术效果和感染力。

建筑艺术形象并不单纯是一个美观问题，它还常常反映时代、社会和地域的特征，表现出特定时代的生产水平、文化传统、民族风格和社会精神面貌，例如埃及的金字塔、中国古代的宫殿、近现代的北京人民大会堂等，它们都有不同的建筑艺术形象，反映着不同的社会文化和时代背景。

总之，建筑功能是实现建筑的目的，起决定性作用；建筑物质技术条件是实现建筑功能的手段；建筑艺术形象是实现建筑功能和满足物质技术条件的综合体现。他们三者之间是互为影响、不可分割的辩证统一体。

（三）建筑的分类与分级

1. 建筑的分类

1）按使用功能分类

（1）民用建筑：是供人们居住和进行公共活动的建筑总称，可分为居住建筑和公共建筑两大类型。

①居住建筑：是供人们居住使用的建筑，如住宅、宿舍、公寓等。

②公共建筑：是指供人们进行公共活动的建筑，如行政办公楼、教学楼、医院、商业大厦、展览馆、纪念碑等。

（2）工业建筑：是指供生产用或生产服务的各类用房，如生产厂房、动力用厂房、储藏用房、运输用房等。

（3）农业建筑：是指供农副业生产使用的各类房屋，如温室、粮仓、饲养场、养殖场、种子库、拖拉机站等。

2）按建筑物的规模分类

（1）大量性建筑：是指单体建筑规模不大，但兴建数量很多，分布面极广的建筑，如住宅、中小学校、中小型办公楼、体育馆、商店、医院等。

（2）大型性建筑：是指单体建筑规模大、耗资多、影响大，但兴建数量一般不多的建筑，如大型体育馆、博物馆、大型火车站、水利枢纽工程等。

　　3）按主要承重结构材料分类

　　（1）木结构建筑：是指以木材为主要承重结构件的建筑，我国古建筑采用较多，现在较少采用。

　　（2）砌体结构建筑：是指以砖石为主要承重结构件的建筑，水平承重构件为钢筋混凝土楼板及屋面板，这种结构一般用于多层建筑中。

　　（3）砖木结构建筑：是指以砖石、木材作为主要承重结构件的建筑，目前这种结构城市极少使用，但农村仍有不少地区在使用。

　　（4）钢筋混凝土结构建筑：是指以钢筋混凝构件为承重构件的建筑，这种结构可以用于多层和高层建筑中。

　　（5）钢结构建筑：是指以钢材作为主要承重结构件建筑，主要是用于高层、大跨度建筑。

　　（6）钢—钢筋混凝土结构建筑：是指以钢材、钢筋混凝土作为主要承重构件的建筑。

　　（7）其他结构建筑：主要有生土建筑、充气建筑、塑料建筑等。

　　4）按建筑层数或总高度分类

　　建筑层数是房屋的实际层数的控制指标，但多与建筑总高度共同考虑。

　　（1）住宅建筑：

　　①一层至三层为低层住宅；

　　②四层至六层为多层住宅；

　　③七层至九层为中高层住宅；

　　④十层及十层以上为高层住宅。

　　（2）其他民用建筑：

　　①除住宅建筑之外的其他民用建筑，高度不大于24m者为单层和多层建筑；大于24m者为高层建筑，但不包括建筑高度大于24m的单层公共建筑；

　　②建筑高度大于100m的民用建筑为超高层建筑。

　　5）按施工方法分类

　　施工方法是指建造房屋所采用的方法。

　　（1）现浇现砌式：指主要构件均在施工现场砌筑（如砖墙等）或浇注（如钢筋混凝土构件等）。

　　（2）预制装配式：指主要构件在加工厂预制，施工现场进行装配。

　　（3）综合式：指建筑的一部分构件在现场浇注或砌筑（大多为竖向构件），一部分构件为预制吊装（大多为水平构件）。

　　2. 建筑的分等分级

　　1）按耐久性分类

　　建筑物耐久性是指设计使用年限，它主要是由建筑物的重要性和规模大小决定的，影响建筑物寿命长短的主要因素是结构构件的选材和结构体系。

　　在《民用建筑设计通则》（GB50352—2005）中，对建筑物的设计使用年限也作出了明确规定，见表2.1.1。

表 2.1.1   设计使用年限分类

类别	设计使用年限(年)	适用范围
1	5	临时性建筑
2	25	易于替换结构构件的建筑
3	50	普通建筑和构筑物
4	100	纪念性建筑和特别重要建筑

2)按耐火性分类

耐火性就是建筑物的耐火程度等级标准。耐火等级取决于建筑物主要构件的耐火极限和燃烧性能。耐火极限是指在标准耐火试验条件下，建筑构件、配件或结构从受到火的作用时起，到失去稳定性、完整性或隔热性时止的这段时间，用小时(h)表示。

按材料的燃烧性能，把材料分为可燃烧材料(如木材等)、难燃烧材料和不燃烧材料。用不燃烧材料做成的建筑构件，称为不燃烧体，如砖、石等；用难燃烧材料做成的建筑构件或用可燃烧材料做成而用不燃烧材料做保护层的建筑构件，称为难燃烧体，如沥青混凝土构、件、水泥刨花板等；用可燃烧材料做成的建筑构件，称为燃烧体，如木材等。

根据《建筑设计防火规范》(GB50016—2006)规定，民用建筑的耐火等级分为四级，见表 2.1.2。

(四)影响建筑构造的因素

1. 外力作用的影响

外力又称为荷载，作用在建筑物上的荷载的大小和类型对结构的选材和构件的断面尺寸、形状的影响很大，而所有这些会带来构造方法的变化。

2. 自然因素的影响

为了防止风吹、日晒、雨淋、积雪、冰冻、地下水、地震等自然因素对建筑物的破坏和保证建筑物的正常使用，在进行建筑设计时，必须采取相应的防潮、防水、隔热、保温、隔蒸汽、防温度变形、防震等构造措施。

3. 人为因素的影响

在进行构造设计时，必须采取相应的防护措施来预防火灾、机械摩擦与振动、噪声等人为因素对建筑物的影响。

4. 物质技术因素的影响

建筑材料、建筑结构类型、建筑施工方法等建筑技术条件对于建筑物的设计与建造有很大的影响，例如砌体结构建筑构造的做法与过去的砖木结构有明显的不同；同样，钢筋混凝土建筑构造与砌体结构建筑构造有很大的区别，等等。所以建筑构造做法不能脱离一定的建筑技术条件而存在。

5. 建筑标准因素的影响

建筑标准一般包括装修标准、设备标准、造价标准等方面。高标准的建筑装修质量要求高、设备齐全、档次较高，但造价也相对较高，反之则较低；高标准的建筑构造做法考究，反之则一般。不难看出，建筑构造的选材、选型和细部做法均与建筑标准有密切的关系。一般情况下，大量性建筑多属于一般标准的建筑，构造做法也多为常规做法。而大型公共建筑标准要求较高、构造做法复杂，尤其是对美观因素考虑较多。

表2.1.2　　　　　　　　建筑物构件的燃烧性能和耐火极限

构件名称	耐火等级			
	一级	二级	三级	四级
	燃烧性能和耐火极限(h)			
防火墙	不燃烧体 3.00	不燃烧体 3.00	不燃烧体 3.00	不燃烧体 3.00
承重墙	不燃烧体 3.00	不燃烧体 2.50	不燃烧体 2.00	难燃烧体 0.50
非承重外墙	不燃烧体 1.00	不燃烧体 1.00	不燃烧体 0.50	燃烧体
楼梯间的墙 电梯井的墙 住宅单元之间的墙 住宅分户墙	不燃烧体 2.00	不燃烧体 2.00	不燃烧体 1.50	难燃烧体 0.50
疏散走道两侧的墙	不燃烧体 1.00	不燃烧体 1.00	不燃烧体 0.50	难燃烧体 0.25
房间隔墙	不燃烧体 0.75	不燃烧体 0.50	难燃烧体 0.50	难燃烧体 0.25
柱	不燃烧体 3.00	不燃烧体 2.50	不燃烧体 2.00	难燃烧体 0.50
梁	不燃烧体 2.00	不燃烧体 1.50	不燃烧体 1.00	难燃烧体 0.50
楼板	不燃烧体 1.50	不燃烧体 1.00	不燃烧体 0.50	燃烧体
屋顶承重构件	不燃烧体 1.50	不燃烧体 1.00	燃烧体	燃烧体
疏散楼梯	不燃烧体 1.50	不燃烧体 1.00	不燃烧体 0.50	燃烧体
吊顶(包括吊顶格栅)	不燃烧体 0.25	难燃烧体 0.25	难燃烧体 0.15	燃烧体

注：①除本规范另有规定者外，以木柱承重和不燃烧材料作为墙体的建筑物，其耐火等级应按四级确定；

②二级耐火等级建筑的吊顶采用不燃烧体时，其耐火极限不限；

③在二级耐火等级的建筑中，面积不超过100m²的房间隔墙，如执行本表的规定确有困难时，可采用耐火极限不低于0.3h的不燃烧体；

④一、二级耐火等级建筑疏散走道两侧的隔墙，按本表规定执行确有困难时，可采用0.75h不燃烧体。

(五)建筑构造设计要求

在建筑构造设计中，全面考虑"坚固适用、技术先进、经济合理、美观大方"是建筑构造设计的最基本原则，也充分体现了建筑美学建筑技术的辩证关系。

1. 坚固适用

在确定构造方案时，首先必须考虑坚固实用，保证建筑有足够的强度和刚度，并具有良好的整体性，安全可靠，经久耐用。

2. 技术先进

在确定构造做法时，应该从材料、结构、施工三方面引入先进技术，但需注意因地制宜，就地取材，不脱离生产实际。

3. 经济合理

在确定构造做法时，还应充分综合考虑其经济合理性，注意节约建筑材料，尤其必须注意节约钢材、水泥、木材三大材料，在保证质量的前提下尽可能降低造价。

4. 美观大方

建筑构造设计是建筑方案设计的继续和深入，是建筑设计的一个重要环节。建筑要做到美观大方，必须通过一定的技术手段来体现，也可以说必须依赖构造设计来体现。

二、建筑工业化和建筑模数协调

(一)建筑工业化

建筑工业化是指用现代工业的生产方式来代替传统手工方式建造房屋，它包括建筑设计准化、构配件生产工厂化、施工机械化和管理科学化。

设计标准化就是从统一设计构配件入手，尽量减少其类型，进而形成单元或整个的标准设计。

构配件生产工厂化就是构配件生产集中在工厂进行，逐步做到商品化。

施工机械化就是用机械取代繁重的体力劳动，用机械在施工现场安装构件与配件。

管理科学化就是用科学的方法来进行工程项目管理，避免主观臆断或凭经验管理。

设计标准化是实现建筑工业化目标的前提，构配件生产工厂化是建筑工业化的手施工机械化是建筑工业化的核心，管理科学化是建筑工业化的保证。

(二)建筑标准化

建筑标准化主要包括两个方面的内容：一是建筑设计的标准方面，包括制定各种法规范、标准、定额与指标；二是建筑的标准设计方面，即根据上述设计标准，设计的构件、配件、单元和房屋。

标准化设计可以借助国家或地区通用的标准构配件图集来实现，设计者根据工程的具体选择标准的构配件，避免重复劳动。构配件生产厂家和施工单位也可以针对标准构配件用情况组织生产和施工，形成规模效益。

标准化设计的形式主要有三种：

1. 标准构件、配件设计

由国家或地区编制一般建筑常用的构件和配件图，供设计人员选用，以减少不必要的重复劳动。

2. 整个房屋或单元的标准设计

由国家或地方编制整个房屋或单元的设计图，供建筑单位选用。整个房屋的设计图，经地基验算后即可据以建造房屋。单元标准设计，则需经设计单位用若干单元拼成一个符合要求的组合体，成为一栋房屋的设计图。

3. 工业化建筑体系

为了适应建筑工业化的要求，不仅使房屋的构配件和水、暖、电等设备标准化，还相应地对它们的用料、生产、运输、安装乃至组织管理等问题进行通盘设计，作出统一的规定，称为工业化建筑体系。

（三）建筑模数协调

为协调建筑设计、施工及构配件生产之间的尺度关系，达到简化构件类型，降低造价，保证建筑质量，提高施工效率的目的，建筑物及其各组成部分的尺寸必须统一。

原中华人民共和国城乡建设环境部制定了《建筑模数协调统一标准》（GBJ2—86）作为建筑设计的依据，用以约束和协调建筑的尺度关系。

1. 建筑模数

建筑模数是选定的尺寸单位，作为建筑构配件、建筑制品以及有关设备尺寸间互相协调中的增值单位，包括基本模数和导出模数。

1）基本模数

基本模数是模数协调中选定的基本尺寸单位，数值为 100mm，其符号为 M，即：1M=100mm。整个建筑或建筑物的一部分或建筑组合件的尺寸均应是基本模数的倍数。

2）导出模数

由于建筑中需要用模数协调的各部位尺寸相差较大，仅仅靠基本模数不能满足尺度的协调要求，因此在基本模数的基础上又发展了相互之间存在内在联系的导出模数。

（1）扩大模数：是基本模数的整数倍。扩大模数的基数应符合下列规定：

水平扩大模数的基数为：3M、6M、12M、15M、30M、60M，相应的尺寸分别是：300mm、600mm、1200mm、1500mm、3000mm、6000mm。

竖向扩大模数的基数为：3M、6M，相应的尺寸是：300mm、600mm。

（2）分模数：是基本模数的分数值，分模数的基数是 1/10M、1/5M、1/2M，对应的尺寸是：10mm、20mm、50mm。

2. 模数数列

模数数列是以选定的模数基数为基础而展开的数值系统，它可以确保不同类型的建筑物及其各自组成部分间的尺寸统一与协调，减少建筑的尺寸范围或种类，并确保尺寸具有合理的灵活性。

模数数列根据建筑空间的具体情况，有各自的适应范围。建筑物的所有尺寸除特殊情况外，均应满足模数数列的要求，见表 2.1.3。

模数数列的适用范围：

（1）水平基本模数 1M～20M 的数列，主要用于门窗洞口和构配件截面等处；

（2）竖向基本模数 1M～36M 的数列，主要用于建筑物的层高、门窗洞口和构配件截面等处；

（3）水平扩大模数为 3M、6M、12M、15M、30M、60N 的数列，主要用于建筑物的开间或柱距、进深或跨度、构配件尺寸和门窗洞口等处；

（4）竖向扩大模数为 3M、6M 的数列，主要用于建筑物的高度、层高和门窗洞口等处；

（5）分模数为 1/10M、1/5M、1/2M 的数列，主要用于缝隙、构造节点、构配件截面等处。

表 2.1.3　　　　　　　　　　　　　　模数数列　　　　　　　　　　　　（单位：mm）

基本模数	扩大模数						分模数		
1M	3M	6M	12M	15M	30M	60M	1/10M	1/5M	1/2M
100	300	600	1200	1500	3000	6000	10	20	50
100	300						10		
200	600	600					20	20	
300	900						30		
400	1200	1200	1200				40	40	
500	1500			1500			50		50
600	1800	1800					60	60	
700	2100						70		
800	2400	2400	2400				80	80	
900	2700						90		
1000	3000	3000		3000	3000		100	100	100
1100	3300						110		
1200	3600	3600	3600				120	120	
1300	3900						130		
1400	4200	4200					140	140	
1500	4500			4500			150		150
1600	4800	4800	4800				160	160	
1700	5100						170		
1800	5400	5400					180	180	
1900	5700						190		
2000	6000	6000	6000	6000	6000	6000	200	200	200
2100	6300							220	
2200	6600	6600						240	
2300	6900								250
2400	7200	7200	7200					260	
2500	7500			7500				280	
2600		7800						300	300
2700		8400	8400					320	
2800		9000		9000	9000			340	
2900		9600	9600						350
3000				10500				360	
3100			10800					380	
3200			12000	12000	12000	12000		400	400
3300					15000				450
3400					18000	18000			500
3500					21000				550
3600					24000	24000			600
					27000				650
					30000	30000			700
					33000				750
					36000	36000			800
									850
									900
									950
									1000

3. 几种尺寸及其关系

为了保证建筑制品、构配件等有关尺寸的统一与协调，《建筑模数协调统一标准》规定了标志尺寸、构造尺寸、实际尺寸及其相互关系，如图2.1.2所示。

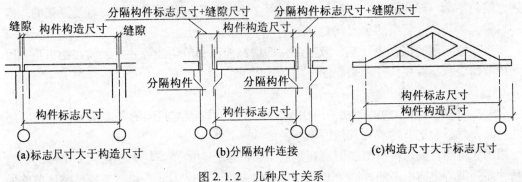

图 2.1.2　几种尺寸关系

（1）标志尺寸应符合模数数列的规定，用以标注建筑物定位轴面、定位面或定位轴线、定位线之间的垂直距离（如开间或柱距、进深或跨度、层高等），以及建筑构配件、建筑组合件、建筑制品以及有关设备界限之间的尺寸；

（2）构造尺寸建筑构配件、建筑组合件、建筑制品等的设计尺寸。一般情况下，标志尺寸减去缝隙尺寸即为构造尺寸。缝隙尺寸的大小应符合模数数列的规定；

（3）实际尺寸是建筑构配件、建筑组合件、建筑制品等生产制作后的实有尺寸。实际尺寸与构造尺寸之间的差值应符合建筑公差的规定。

三、建筑节能

（一）建筑节能的含义与能耗构成

1. 建筑节能含义

节能是节约能源的简称，是指加强用能管理，采取技术上可行、经济上合理以及环境和社会可以承受的措施，从能源生产到消费的各个环节，降低消耗、减少损失和污染物排放、制止浪费，有效、合理地利用能源。

建筑节能是指在建筑材料生产、房屋建筑施工及使用过程中，在满足同等需要或达到相同目的的条件下，合理有效地利用能源，以达到提高建筑舒适性和节约能源的目标。

目前，我国通称的建筑节能是指在建筑中合理有效地利用能源，不断提高能源利用率。

2. 建筑能耗的构成

建筑能耗包括建造过程中的能耗和使用过程的能耗两部分，建造过程中的能耗是指建筑材料、建筑构配件和建筑设备的生产、运输、施工和安装中的能耗；使用过程的能耗是指建筑在采暖、通风、空调、照明、家用电器和热水供应中的能耗。

一般情况下，日常使用能耗与建筑能耗之比为 8：2～9：1。可见，使用过程的能耗特别是以采暖和空调能耗为主，故应将采暖和降温能耗作为建筑节能的重点。

（二）建筑节能的意义与政策

1. 建筑节能的意义

能源是社会发展的重用物质基础，是国民经济发展和提高人民生活水平的先决条件。国民经济发展依赖于能源的发展，需要能源提供动力。所谓能源问题，就是指能源开发和利用之间的平衡，即能源的生产和消耗之间的关系。我国能源供求平衡一直是紧张的，能源缺口很大，是急需解决的突出问题。

解决能源问题的根本途径是开源节流，即增加能源和节约能源并重，而在相当长一段时间内节约能源是首要任务，是我国一项基本国策。

2. 建筑节能的政策

《中华人民共和国节约能源法》中明确指出："节约资源是我国的基本国策。国家实施节约与开发并举、把节约放在首位的能源发展战略。"

祖国建筑能耗大，占全国能源消耗量的1/4以上，它的总能耗大于任何一个部门的能耗量，而且随着生活水平的提高，其能耗比例将有增无减。因此，建筑节能是整体节能的重点。国家鼓励在新建建筑和既有建筑节能改造中使用新型墙体材料等节能建筑材料和节能设备，安装和使用太阳能等可再生能源利用系统。

（三）减少建筑能耗的主要措施

建筑设计在建筑节能中起着重要作用，合理的设计会带来很好的节能效益。在建筑设计中采取的措施通常有以下几个方面：

（1）选择有利于节能的建筑朝向，充分利用太阳能。南北朝向建筑比东西朝向建筑耗能少，主立面朝向面积越大，这种情况也就越明显。

（2）设计有利于节能的建筑平面和体型。在建筑体积相同的情况下，建筑物的外表面积越大，采暖制冷的负荷也就越大，因此，建筑设计应尽可能取最小的外表面积，即建筑的体形系数尽可能的小。

（3）改善围护构件的保温性能。建筑的外围护构件主要是外墙、门窗和屋顶等，提高围护构件的保温性能是一项主要节能措施。

（4）改进门窗设计。在满足采光、通风的条件下，尽可能将窗面积控制在合理范围内，改进窗玻璃，防止门窗缝隙的能量损失等。

（5）重视日照调节与自然通风。理想的日照调节是在满足建筑采光和通风的条件下，尽量防止夏季太阳辐射热进入室内，尽量让冬季太阳辐射热进入室内。

任务二　基础与地下室节点构造图识读

【知识目标】

1. 熟悉地基与基础的概念；
2. 熟悉地下室的分类；
3. 理解基础的埋置深度概念及影响因素；
4. 掌握基础的分类方法与类型。

【能力目标】

1. 能区别地基与基础；

2. 能正确判断刚性基础与柔性基础，学会选择基础的方法；

3. 能根据影响基础埋深的因素正确确定基础的埋置深度；

4. 能熟练识读与绘制基础节点图。

【学习重点】

1. 掌握基础埋深的含义及影响基础埋深的因素；

2. 掌握基础的构造和地下室的防水、防潮构造。

一、基础

（一）地基与基础的概念

1. 地基

支承建筑物全部荷载的土层叫地基，地基不是建筑物的组成部分。

地基可分为天然地基和人工地基两类。凡天然土层本身具有足够的强度，能直接承受建筑荷载的地基，称为天然地基。凡天然土层本身的承载能力弱或建筑物上部荷载较大，须预先对土壤层进行人工加工或加固处理后才能承受建筑物荷载的地基，称为人工地基。人工加固地基通常采用压实法、换土法、打桩法等。

2. 基础

在建筑工程上，建筑物与土壤直接接触的部分称为基础。基础是建筑物的组成部分，它承受着建筑物的上部荷载，并将这些荷载传递给地基，如图2.2.1所示。

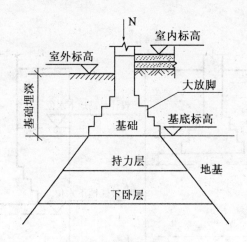

图 2.2.1　地基与基础

基础宽度是指基础地面的宽度，要经过计算才能确定。

基础大放脚是指增大加厚的放大部分，用砖、石、混凝土、灰土等刚性材料制作的基础均应考虑设计大放脚。

基础的埋置深度是指从室外设计地面至基础地面的垂直距离，简称基础的埋深。

（二）地基与基础的设计要求

（1）地基应具有足够的承载能力和均匀程度。建筑物应尽量建造在地基承载力较高且均匀的土层上，如岩石、坚硬土层等。地基土质应均匀，否则会使建筑物发生不均匀沉降，引起墙体开裂，严重时还会影响建筑物正常使用。

（2）基础应具有足够的强度和耐久性。基础是建筑物的重要承重构件之一，它承受着建筑物上部结构的全部荷载，是建筑物安全使用的重要保证。因此基础必须有足够的强度，才能保证建筑物荷载的可靠传递。同时，在选择基础材料与结构型式时，还应考虑其耐久性。

（3）经济技术要求。基础工程造价约占建筑工程总造价的20%～30%，降低基础工程造价是减少建设总投资的有效途径。要求设计时尽量选择土质好的地段，优选地方材料，使用合理的构造型式、先进的施工技术方案，以降低消耗，节约成本。

（三）影响基础埋深的因素

1. 建筑物的使用要求、基础型式及荷载

按建筑物的使用要求，在保证稳定性的情况下，宜浅则浅；基础的结构形式和荷载的大小对其埋深影响也较大，荷载较大时，基础宜深埋。

2. 工程地质条件

土质好承载力高的土层，基础可浅埋；土质差承载力低的土层，基础应深埋。基础不宜直接埋在有大量植物根茎的腐殖质或垃圾等的地表土层内。

3. 水文地质条件

当有地下水存在时，由于地下水位的升降会影响建筑物的浮沉，因此确定基础的埋深一般应考虑将基础埋于最高地下水位以上至少200mm；当地下水位较高、基础不能埋置在地下水位以上时，宜将基础埋置在最低地下水位200mm以下，以减少或避免水浮力的影响，如图2.2.2所示。

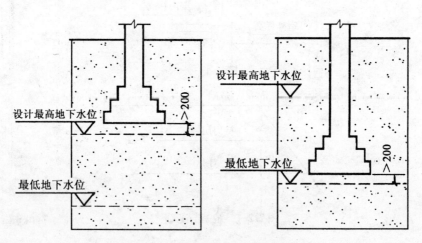

图2.2.2　地下水位对基础埋深的影响

4. 土的冻结深度的影响

冻结土与非冻结土的分界线称为冰冻线。冰冻深度取决于当地气候条件，如北京地区为0.8～1.0m，哈尔滨地区为2m，武汉地区基本上无冻土层。

粉砂、粉土和黏性土等细粒土具有冻胀现象。当这类土壤出现冻胀时，会将基础向上拱起；当这类土壤出现解冻时，基础又会下沉，使基础处于不稳定状态，致使建筑物产生变形，严重时会使建筑物产生开裂等破坏，因此，建筑物基础应埋置在冰冻线以下至少200mm。

5. 相邻建筑物基础的埋深

新建建筑物基础埋深不宜大于相邻原有建筑物基础埋深。当新建建筑物基础埋深大于原有建筑物基础时，两基础之间的水平净间距应根据荷载大小和性质、基础型式、土质情况等确定，一般为相邻基础底面高差的1~2倍，以保证原有建筑物的结构稳定和安全使用，如图2.2.3所示。

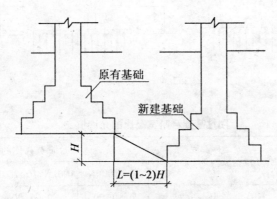

图2.2.3　基础埋深与相邻基础的关系

(四)基础的类型与构造

1. 按基础的埋置深度分类

按基础埋深大小可分为深基础、浅基础和不埋基础。基础埋深不超过5m时，称为浅基础；基础埋深大于或等于5m时，称为深基础。一般多层建筑基础埋深较浅，高层建筑基础埋深较大。基础直接作在地表面的称为不埋基础，但当基础埋深过小时，有可能在地基受压后会把地基四周的土挤出隆起，使基础产生滑移而失稳，导致基础破坏，因此，基础埋深在一般情况下应不小于0.5m。

2. 按所用材料及受力特点分类

1)刚性基础

刚性基础是指由砖、石、素混凝土、灰土等刚性材料制作的基础，这种基础抗压强度高而抗拉、抗剪强度低。为满足地基允许承载力的要求，需要加大基础底面积，基础底面尺寸的放大应根据材料的刚性角来决定。刚性角是指基础放宽的引线与墙体垂直线之间的夹角，用 α 表示。凡受刚性角限制的基础，称为刚性基础，如图2.2.4所示。

为了设计与施工的方便，常将刚性角换算成 α 角的正切值 b/h，即宽高比，见表2.2.1。如砖基础的大放脚宽高比应小于或等于1:1.5，大放脚的做法一般采用每两皮砖挑出1/4砖长(等高式)或每两皮砖挑出1/4与一皮砖挑出1/4砖长相间(间隔式)砌筑。

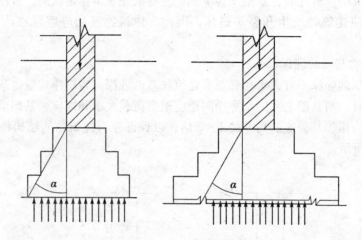

图 2.2.4　刚性基础

表 2.2.1　　　　　　　　　　　刚性基础台阶宽高比的允许值

基础材料	质　量　要　求		台阶宽高比的允许值		
			$P \leqslant 100kN$	$100kN < P \leqslant 200kN$	$200kN < P \leqslant 300kN$
混凝土基础	C10 混凝土		1 : 1.00	1 : 1.00	1 : 1.00
	C7.5 混凝土		1 : 1.00	1 : 1.25	1 : 1.50
毛石混凝土基础	C7.5 ~ C10 混凝土		1 : 1.00	1 : 1.25	1 : 1.50
砖基础	砖不低于 MU7.5	M5 砂浆	1 : 1.50	1 : 1.50	1 : 1.50
		M2.5 砂浆	1 : 1.50	1 : 1.50	
毛石基础	M2.5 ~ M5 砂浆		1 : 1.25	1 : 1.50	
	M1 砂浆		1 : 1.50		
灰土基础	体积比为 3 : 7 或 2 : 8 的灰土,其最小干密度:粉土:5kN/m³;粉质黏土:15.0kN/m³;黏土:14.5kN/m³		1 : 1.25	1 : 1.50	
三合土基础	体积比 1 : 2 : 4 ~ 1 : 3 : 6(石灰:砂:骨料),每层约虚铺 220mm,夯至 150mm		1 : 1.50	1 : 2.00	

注:表中 P 为承载力设计值。

2)非刚性基础

用钢筋混凝土制作的基础,称为非刚性基础,也叫柔性基础。为了节约材料,可将基础做成锥形,但基础最薄处不得小于 200mm 或做成阶梯形但每级步高为 300 ~ 500mm,故适宜在基础浅埋的场合下采用。它与混凝土基础相比,高度与宽度不受台阶宽高比 b/h 的限制，还可节省大量的材料和挖土方量，如图2.2.5所示。

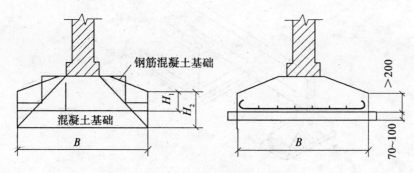

图2.2.5　钢筋混凝土基础

3. 按构造型式分类

1）独立基础

当建筑物的承重体系采用框架结构或单层排架及刚架结构时，常用断面形式为踏步形、锥形、杯形等单独基础，也称为独立基础，其材料通常采用钢筋混凝土、素混凝土等。

根据独立基础上部结构，可分为柱下独立基础和墙下独立基础。

（1）柱下独立基础。根据施工方式可分为柱下独立基础有两种，即现浇式和预制装配式。当柱为预制柱时，则将基础做成杯口形，然后将在柱子插入，并嵌固在杯口内，故称杯口基础，如图2.2.6所示。

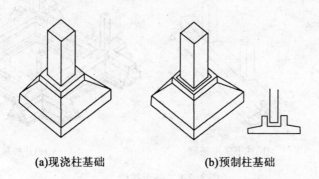

(a)现浇柱基础　　　　　(b)预制柱基础

图2.2.6　独立基础

（2）墙下独立基础。当建筑以墙体作为承重结构时，可采用墙下独立基础，独立基础间距一般为3～4m，同时必须在墙下设置基础梁，以支承墙身荷载，基础梁支承在独立柱之间，如图2.2.7所示。

2）条形基础

我们把连续带状基础称为条形基础，也称为带状基础。根据上部结构情况，可分为墙下条形基础和柱下条形基础。

（1）墙下条形基础。当建筑物为墙承重结构时，通常将墙下部分加宽，形成墙下连续

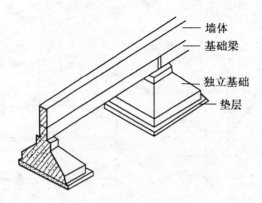

图 2.2.7　墙下独立基础

长条状基础,这种基础称为墙下条形基础。它具有较好的纵向整体性,对克服纵向不均匀沉降有利,如图 2.2.8(a)所示。

(2)柱下条形基础。当地质条件较差,在承重的结构柱下使用独立柱基础不能满足承受荷载和整体性要求时,将同一排柱子的基础连在一起,形成柱下条形基础,如图 2.2.8(b)所示。

(3)井格基础。将柱基础沿纵、横两个方向都做成条形基础,形成井格基础,以提高建筑物的整体刚度,减少柱子间产生的不均匀沉降,如图 2.2.8(c)所示。

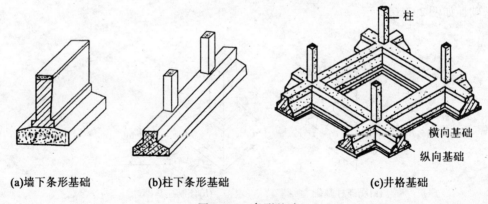

(a)墙下条形基础　　　　　(b)柱下条形基础　　　　　　(c)井格基础

图 2.2.8　条形基础

3)筏板基础

筏板基础也叫满堂基础,由整片的钢筋混凝土板组成,直接作用于地基土上的基础。按结构布置于分有梁板式和无梁式,如图 2.2.9 所示。这种基础的整体性好,可以跨越基础下的局部软弱土。

4)箱形基础

当上部建筑物为荷载大、高度较高,而地基承载力又较小,基础需深埋时,为了增加基础的整体刚度,避免回填土增加基础的承受荷载,常将筏板基础扩大,形成底板、顶板

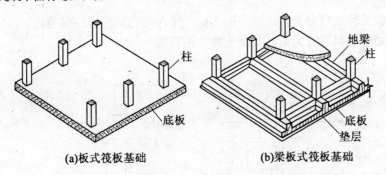

图2.2.9　筏板基础

和若干纵横墙组成的空心箱体作为房屋的基础，称为箱形基础。它的刚度较大、抗震性能好、地下空间利用充分、承受的弯矩很大，所以可用于特大荷载且需设地下室的建筑，如图2.2.10所示。

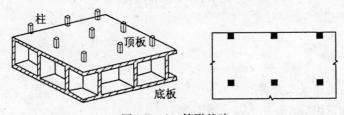

图2.2.10　箱形基础

5)桩基础

当建筑物对地基承载力和变形要求较高，而地基的软弱土层较厚时，就要考虑以下部坚实土层或岩层作为持力层的深基础，这时桩基础应为首选。

桩基础一般由设置于土中的桩身和承接上部结构的承台组成，如图2.2.11所示。桩基础是按设计的点位将桩身置于土中，桩的上端灌注钢筋混凝土承台梁，承台梁上接柱或墙体，以便使建筑荷包载均匀地传递给桩基础。

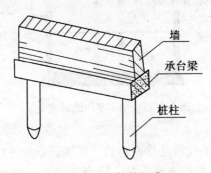

图2.2.11　桩的组成

桩基础按照桩的受力方式可分为端承桩和摩擦桩，如图2.2.12所示。

按照桩的施工特点可分为打入桩、振入桩、压入桩和钻孔灌注桩等。

按照所使用的材料可分为钢筋混凝土桩和钢管桩。

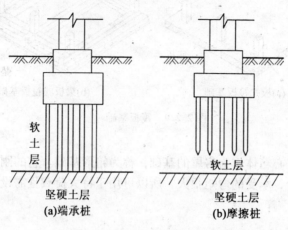

(a)端承桩　　　　(b)摩擦桩

图 2.2.12　桩基础

二、地下室

(一)地下室构造组成及分类

1. 地下室的构造组成

地下室一般由墙体、顶板、底板、门窗、楼梯、采光井等部分组成，如图 2.2.13
所示。

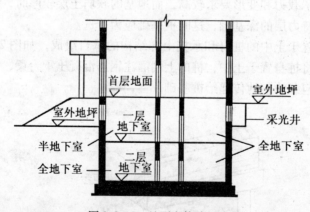

图 2.2.13　地下室构造组成

(1)墙体。地下室的墙体不仅承受垂直荷载，外墙还承受土壤、地下水和土壤冻胀的
侧压力，因此地下室的外墙应按挡土墙设计。墙厚不少于 300mm；如用砖墙，其厚度不
小于 490mm。外墙还应做防潮或防水处理。

(2)顶板。可用预制板、现浇板或者预制板上做现浇层。如为防空地下室，则必须采用现浇板，并按防空的规定决定其厚度和混凝土强度等级。

（3）底板。底板处于最高地下水位以上，并且无压力作用时，可按一般地面工程处理；如底板处于最低地下水位以下，则应采用钢筋混凝土底板，并配双层筋和进行防渗漏水处理。

（4）门窗。当地下室外墙窗不能直接采光时，应设置采光井，以利室内采光、通风。防空地下室一般不允许设置窗，如确需开窗，应设置战时封堵措施。防空地下室的外门应按防空等级要求，设置相应的防护构造。

（5）楼梯。可与地面上房间的楼梯结合设置。有防空要求的地下室至少要设置两部楼梯通向地面的安全出口，且有一个是独立的安全出口。

（6）采光井。采光井由侧墙和底板构成。每个窗口应设一个独立的采光井，采光井的深度视地下室的窗台高度而定。

一般采光井底面应低于窗台 250～300mm，采光井的深度 1～2m，宽度为 1m 左右，长度应比窗宽 1m 左右。采光井侧墙顶面应比室外设计地面高 250～300mm，以防地面水流入。为保证室外行人安全，还应在采光井口上设防护箅，如图 2.2.14 所示。

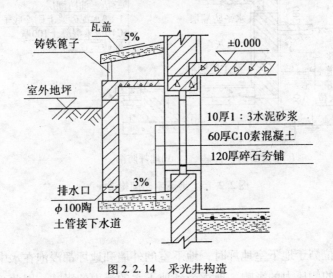

图 2.2.14　采光井构造

2. 地下室分类

按使用功能分，有普通地下室和防空地下室。

按房间地平面低于室外地平面的高度分，有半地下室和全地下室。

按结构材料分，有砖混结构地下室和钢筋混凝土结构地下室。

（二）地下室的防潮、防水构造

由于地下室建造在地下，其墙身、底板设置在地面以下，长期受到地潮[①]或地下水的侵蚀。如果忽视防潮防水的处理，将会引起墙面灰皮脱落、墙面生霉，影响环境卫生，严重时，会使地下室不能使用，甚至影响到建筑物的耐久性。因此，设计者必须根据当地地

———————————

①　地潮是指土层中的毛细管水和地表水下渗而造成的无压水。

下水的情况及建筑物的性质要求，采取相应的防潮防水措施，以保证建筑物的耐久和正常使用。

1. 地下室防潮

当地下水的最高水位在地下室地坪标高以下时，地下水不能直接侵入室内，墙和底板仅受到土层中地潮的影响，这时地下室底板和墙身须做防潮处理，如图 2.2.15 所示。

砖墙必须采用水泥砂浆砌筑，灰缝必须饱满；在外墙外侧设垂直防潮层，防潮层做法是先在墙体外表面抹一层 20mm 厚的 1：2.5 水泥砂浆找平层，再刷冷底子油一道、热沥青两道，防潮层做至室外散水处，然后在防潮层外侧回填低渗透性土壤，如黏土、灰土等，并逐层夯实，土层宽度至少为 500mm，以防地面雨水或其他地表水的影响。

此外，所有墙体都必须设两道水平防潮层：一道设在底层地坪与结构层之间；另一道设在室外地面散水以上 150～200mm 的位置，以防地潮沿地下墙身或勒脚处侵入室内。

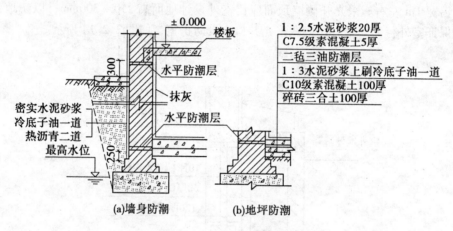

图 2.2.15 地下室防潮构造

2. 地下室防水

当最低地下水位高于地下室地坪时，地下室的外墙和地坪都浸泡在水中，这时地下水的外墙受到地下水的侧压力的影响，地坪受到地下水的浮力的影响，因此必须对地下室外墙和地坪做防水处理。

常用的防水措施有卷材防水、构件自防水和涂料防水几种。

1）卷材防水

卷材防水层一般采用高聚物改性沥青防水卷材（如 SBS 改性沥青防水卷材）或合成高分子防水卷材（如三元乙丙橡胶防水卷材）与相应的胶结材料粘结形成防水层。按照卷材防水层的位置不同，可分外防水和内防水两种。

（1）外防水构造。卷材防水层设在地下工程围护结构外侧时，称为外防水，这种方法防水效果好，采用较多，但维修困难。

构造要点：先在外墙外侧抹 20mm 厚 1：2.5～1：3 水泥砂浆找平层，并涂刷冷底子油一道，再铺贴油毡，油毡从底板处包上来，沿墙身由下而上连续密封粘贴，收头处的搭接长度为500~1000mm。另外，油毡防水层以上的地下室外墙外侧应抹20mm1：2.5~1：3水泥砂浆至室外散水处，并刷两道热沥青，然后在防水层外侧砌厚为120mm的保护墙，在保护墙与防水层之间缝隙中灌以水泥砂浆。保护墙下干铺油毡一层，并沿其长度方向每隔3~5m设一通高竖向缝，以使保护墙在水压力、土压力的作用下能紧紧压向防水层，如图2.2.16所示。

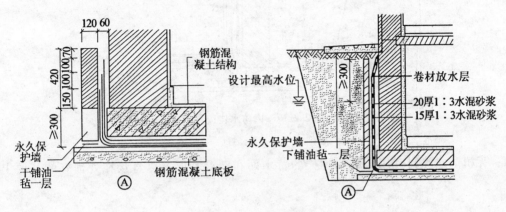

图2.2.16　外防水构造

　　(2)内防水构造。按照卷材铺贴的位置不同，有地下室外墙内防水和地下室地坪防水两种构造。

　　卷材铺贴于地下室外墙内表面时称为内防水，这种做法施工简单，修补方便，但防水效果较差，除用于修缮工程外，一般采用较少。采用卷材作地下室地坪防水的较多，其防水效果较好，但维修困难。

　　构造要点：先在混凝土垫层上将油毡满铺整个地下室，然后在其上浇注细石混凝土或水泥砂浆保护层，以便浇注钢筋混凝土底板。底层防水油毡须留出足够的长度与墙面垂直防水油毡搭接，以保证地下室室内的防水效果，如图2.2.17所示。

　　2)构件自防水

　　当地下室墙体和地坪均为钢筋混凝土结构时，可通过增加混凝土的密实度或在混凝土中添加防水剂、加气剂等方法来提高混凝土的抗渗性能，这种防水做法称为混凝土构件自防水。

　　采用构件自防水时，外墙板的厚度不得小于200mm，底板的厚度不得小于150mm，以保证刚度和抗渗效果。

　　为防止地下水对钢筋混凝土结构的侵蚀，需在墙体外侧先用水泥砂浆找平，然后做热沥青隔离层，如图2.2.18所示。

　　3)涂料防水

　　涂料防水是指在常温下以刷涂、刮涂、滚涂等方式对地下室结构表面进行防水的做法。防水涂料包括有机防水涂料和无机防水涂料。有机防水涂料宜用于结构主体的迎

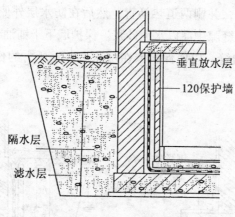

图 2.2.17 内防水构造

水面；无机防水涂料宜用于结构主体的背水面和潮湿基层，可直接在处理好的基层上施工。

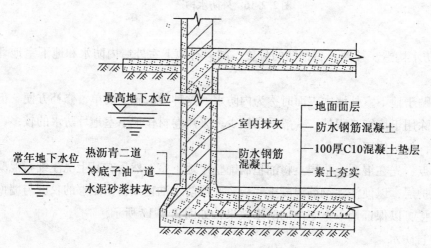

图 2.2.18 构件自防水构造

构造要点：涂刷前，应先对基层表面的气孔、缝隙、起砂等进行修补处理，处理后基层表面应干净、平整、无浮浆、无水珠、不渗水。基层阴阳角应做成圆弧形，阴角圆弧直径宜大于 50mm，阳角圆弧直径宜大于 10mm。底涂料应与有机防水涂料相适应，并在阴阳角及底板增加一层胎体增强材料（如聚酯无纺布），并增涂 2~4 遍防水涂料。防水涂料施工完成后应及时做好保护层。底板、顶板的保护层应采用 20mm 厚 1:2.5 水泥砂浆或 50mm 厚的细石混凝土，顶板防水层与保护层之间宜设隔离层；侧墙背水面应采用 20mm 厚 1:2.5 水泥砂浆保护层，迎水面宜选用聚苯乙烯泡沫塑料或 20mm 厚 1:2.5 水泥砂浆保护层，如图 2.2.19 所示。

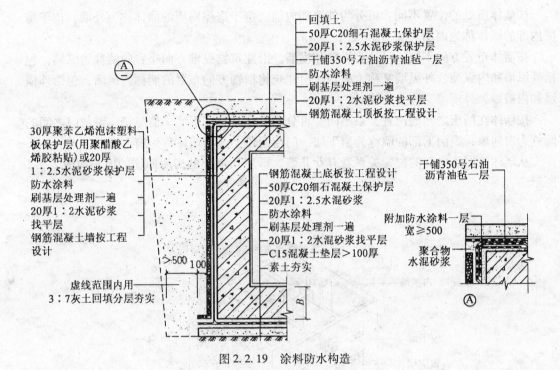

图 2.2.19 涂料防水构造

任务三 墙体节点构造图识读

【知识目标】

1. 了解砖砌体的组砌方式及墙体设计要求；
2. 了解其他砌体的构造做法；
3. 了解墙体装修的类型做法；
4. 熟悉墙体的类型和墙体尺寸确定方法；
5. 掌握砌体细部构造做法与要求。

【能力目标】

1. 具有处理砌体中出现的一般构造问题；
2. 按照组砌原则，会砌筑各种方式的砌体；
3. 能识别墙体装修的材料类型。

【学习重点】

1. 掌握砖墙体的尺寸确定方法；
2. 掌握砌体细部构造做法与要求。

一、墙体类型及构造要求

（一）墙体的类型

1. 按位置和方向分类

按墙体所处的位置不同，可分为外墙和内墙。位于房屋四周的墙体称为外墙，位于房屋内部的墙体称为内墙。

按墙体布置方向不同，可分为纵墙和横墙。沿建筑物纵轴方向布置的墙称为纵墙，包括外纵墙和内纵墙，外纵墙又称为檐墙；沿建筑物横轴方向布置的墙称为横墙，包括外横墙和内横墙，外横墙又称为山墙。

按墙体在门窗之间的位置关系不同，可分为窗间墙和窗下墙，窗与窗、窗与门之间的墙称为窗间墙；窗洞下部的墙称为窗下墙，门窗洞口上部的墙体称为窗上墙。

从墙体与屋顶之间的位置关系看有女儿墙，即屋顶上部的房屋四周的墙，如图 2.3.1 所示。

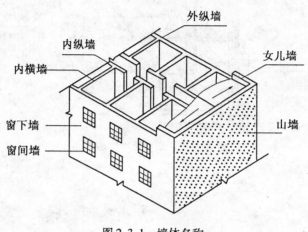

图 2.3.1　墙体名称

2. 按受力特点分类

根据受力特点不同，墙体可分为承重墙、非承重墙、围护墙、隔墙等。

直接承受楼板、屋顶等上部结构传来的垂直荷载和风力、地震力等水平荷载及自重的墙，称为承重墙，包括承重内墙和承重外墙。

不直接承受上述这些外来荷载作用的墙体称为非承重墙，包括隔墙、填充墙和幕墙。在非承重墙中，不承受外来荷载，仅承受自身重量并将其传至基础的墙，称为自承重墙；仅分隔空间，不承受外力的墙，称为隔墙；在框架结构中柱子间的墙，称为填充墙；悬挂在建筑物外部的轻骨架墙，称为幕墙，如金属幕、玻璃幕等。

3. 按材料分类

按墙体所用材料的不同可分为砖墙、石材墙、混凝土砌块墙、混凝土墙、板材墙、土坯墙、复合材料墙等。

用砖和砂浆砌筑的墙体称为砖墙，所用的砖有普通黏土砖、多孔砖、页岩砖、粉煤灰砖、灰砂砖、焦碴砖等，普通黏土砖又有红砖和青砖之分。自 2000 年 6 月 1 日起，国家开始在住宅中限制使用实心黏土砖，现大部分城市和地区已不用。

用加气混凝土砌块体砌成的称为混凝土砌块墙，它体积质量轻、可切割、保温隔音性能良好，多用于非承重的隔墙及框架结构的填充墙。

用石材砌筑的墙体称为石材墙，包括乱石墙、整石墙和包石墙等做法，主要用于山区或石材产区的低层建筑中。

以钢筋混凝土板材、加气混凝土板材、玻璃等为主要墙体材料做的墙体称为板材墙，如玻璃幕墙。

用承重混凝土空心砌块砌成的墙体称为承重混凝土空心砌块墙，一般适用于六层及以下住宅建筑。

4. 按构造形式分类

按构造形式的不同可分为实体墙、空体墙和复合墙三种，如图 2.3.2 所示。

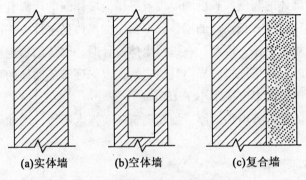

(a)实体墙　　　　(b)空体墙　　　　(c)复合墙

图 2.3.2　墙体构造方式

由普通黏土砖及其他实体砌块砌筑而成的不留空腔的墙称为实体墙，也叫实心墙。

由多孔砖、空心砖或普通黏土砖砌筑而成的具有空腔的墙称为空体墙，如黏土多孔砖墙和空斗墙等。

由两种以上材料组合而成的墙称为复合墙，如加气混凝土复合板材墙等。

5. 按施工方法分类

根据施工方法不同，可分为块材墙、板筑墙和装配式板材墙三种。

块材墙是用砂浆等胶结材料将砖、石、砌块等组砌而成的，如实砌砖墙。

板筑墙是在施工时，直接在墙体位置现场立模板，在模板内夯筑黏土或浇筑混凝土振捣密实而成的墙体，如现浇混凝土墙、夯土墙等。

装配式板材墙是预先在工厂制成墙板，再运至施工现场进行安装、拼接而成的墙体，如预制混凝土大板墙。

(二)墙体的作用

1. 承重作用

墙体作为承重构件时，主要承受楼板层、屋顶等传来的竖向荷载以及墙体自重、风荷载和地震荷载等。

2. 围护作用

建筑物四周的外墙起着抵御风霜雨雪的侵蚀，防止太阳辐射、噪音等不利因素的影响和保证建筑物内部环境舒适的作用。

3. 分隔作用

建筑物内部的墙体起着分隔空间、确保各空间相对独立、避免干扰的作用。

墙体的这三大作用不是同时具备，一般只一个或两个起到作用，当然，三个作用同时具备的也有。

（三）墙体的构造设计要求

1. 具有足够的强度和稳定性

墙体的强度是指墙体承受荷载的能力，它与所采用的材料、材料强度等级、墙体的截面积、构造和施工方式有关，如钢筋混凝土墙体比同截面的砖墙体强度高；强度等级高的砖和砂浆砌筑的墙体比强度等级低的砖和砂浆砌筑的墙体强度高；相同材料和相同强度等级的墙体相比，其截面积大的强度高。

墙体的稳定性与墙体的高度、长度和厚度及纵横向墙体间的距离有关，如高而薄的墙体比矮而厚的墙体稳定性差；长而薄的墙体比短而厚的墙体稳定性差；两端无固定的墙体比两端有固定的墙体稳定性差。因此，在进行墙体设计时，墙体的稳定性必须通过验算来确定，当稳定性不够时，应采取措施提高其稳定性，以保证满足墙体的强度和稳定性的要求。一般来讲，承重砖墙的厚度应不小于180mm。

提高墙体稳定性的措施有增加墙厚，提高砌筑砂浆强度等级，增加墙垛、构造柱、圈梁，墙内加筋等。

2. 满足热工及节能要求

我国北方地区气候寒冷，要求外墙具有较好的保温能力，以减少室内热损失。我国南方地区气候炎热，除设计中应考虑朝阳、通风外，外墙还应具有一定的隔热性能。

墙厚应根据热工计算确定，也可通过增加墙体厚度、选择导热系数小的墙体材料等措施，提高墙体的保温隔热性能。

3. 满足隔声要求

为保证建筑的室内有一个良好的声学环境，墙体必须具有一定的隔声能力。

在设计时，可选用容重大的墙体材料，增加墙厚，在墙体中设空气间层等措施，提高墙体的隔声能力，一般240mm厚的砖墙双面抹灰时，其隔声量可达45分贝，基本能满足隔声要求。

4. 满足防火要求

在防火方面，应符合《建筑设计防火规范》（GB50016—2006）中相应的燃烧性能和耐火极限的规定。当建筑物的占地面积或长度较大时，还应按《建筑设计防火规范》要求，划分防火区域，设置防火墙、防火门，防止火灾蔓延。

5. 满足防水、防潮要求

设计时，对有水或潮湿房间的墙体应选用良好的防水材料及恰当的构造作法，减少室内渗漏水的可能，保证墙体的坚固耐久和室内良好的卫生环境。

6. 适应建筑工业化要求

在大量性民用建筑中，墙体工程量所占比例较大，同时劳动力消耗大，施工工期长，因此，必须通过提高机械化施工程度，提高工效，降低劳动强度，并应采用轻质高强的材料等措施来加快墙体改革，以减轻自重、降低成本。

二、墙体的一般构造

（一）砖墙的材料

砖墙是由砖和砂浆按一定规律和砌筑方式组砌而成的砌体。砖墙主要材料是砖和砂浆。

1. 砖

按材料不同，分为普通黏土砖、页岩砖、粉煤砖、灰砂砖、炉渣砖等。

按形状不同，分为实心砖、多孔砖和空心砖等。

砖的强度是以强度等级表示的，按《砌体结构设计规范》（GB50003—2011）的规定，有 MU30、MU25、MU20、MU15、MU10、MU7.5 几个级别，手工轧压成型的砖仅能达到 MU7.5。

2. 砂浆

砂浆是砌墙体的胶结材料。它将砖块胶结成为整体，并将砖块之间的空隙填平密实，保证整个砌体的强度，以使上层砖块所承受的力能连续均匀地逐层传递至下层砖块。

常用的砌筑砂浆有水泥砂浆、混合砂浆、石灰砂浆和黏土砂浆。

水泥砂浆由水泥、砂和水拌和而成，属水硬性胶结材料，其强度高，但可塑性和保水性较差，适用于砌筑潮湿环境下的砌体。

石灰砂浆由石灰膏、砂和水拌和而成，属于气硬性材料，其可塑性很好，但强度较低，尤其是遇水时强度立即降低，所以适用于砌筑干燥环境下的砌体。

混合砂浆由水泥、石灰膏、砂和水拌和而成，既有较高的强度，也有良好的可塑性和保水性，故在民用建筑地面以上的砌体中被广泛采用。

黏土砂浆是由黏土、砂和水拌和而成，强度很低，仅适用于乡村民居土坯墙的砌筑。

砂浆强度也是强度等级来表示的，按《砌体结构设计规范》（GB50003—2011）的规定，主要有 M15、M10、M7.5、M5、M2.5 等几个级别。水泥砂浆强度等级从 M15 到 M2.5 共五个级别。混合砂浆强度等级从 M15 到 M1 共六个级别，其中，M7.5 以上属于高强度砂浆，M7.5 ~ M2.5 属常用砂浆，石灰砂浆和黏土砂浆强度等级仅为 M0.4，现很少采用。

（二）砖墙的组砌方式

组砌方式是指砖块在砖砌体中排列组合的过程与方法。

1. 组砌原则

为了保证墙体的强度和稳定性，满足保温隔热、隔声等要求，砖墙组砌必须做到"砂浆饱满、厚薄均匀、横平竖直、上下错缝、内外搭接、避免通缝"。当外墙面作清水墙时，组砌还应考虑墙面图案美观。

2. 砖墙的组砌方式

1）实体组砌

在实体砖墙的组砌中，砖的长边平行于墙面砌筑的称为顺砖，垂直于墙面砌筑的称为丁砖（或顶砖），每排列一层砖称为一皮（或匹）。

实体砖墙通常采用一顺一丁、多顺一丁、十字式（也称梅花丁）、两平一侧、全顺、全丁等砌筑方式，如图2.3.3所示。

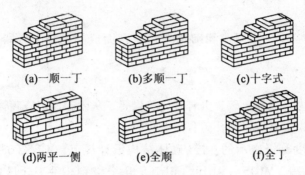

(a)一顺一丁　　(b)多顺一丁　　(c)十字式

(d)两平一侧　　(e)全顺　　　　(f)全丁

图2.3.3　实体墙组砌方式

2)空体墙组砌

空体砖墙的组砌有三种情况：多孔砖墙、空心砖墙、空斗墙。

多孔砖墙是用烧结多孔砖与砂浆砌筑而成，其砌筑方式有全顺、一顺一丁、梅花丁等。

空心砖墙是烧结空心砖与水泥混合砂浆砌筑而成，一般采用全顺侧砌。

空斗墙是用普通黏土砖砌筑而成的空心墙体，在我国民间已流传很久，多用在低层民居建筑中，有一眠一斗、无眠空斗、一眠三斗等几种砌筑方法，如图2.3.4所示。

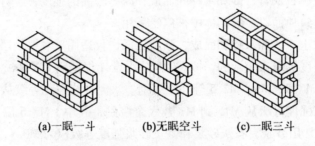

(a)一眠一斗　　(b)无眠空斗　　(c)一眠三斗

图2.3.4　空斗墙组砌方式

眠砖是指墙体中平砌的丁砖，斗砖是指墙体中侧砌砖与眠砖所构成的空间。

空斗墙的墙厚一般为240mm，这种墙与同厚度的实体墙相比，可节省砖25%～35%，同时还可减轻自重，在低层民居建筑中采用较多，但如有下列情况则不宜采用：

(1)土质软弱可能引起建筑物不均匀沉陷的地区；

(2)门窗洞口的面积占墙面面积50%以上；

(3)建筑物有振动荷载；

(4)地震烈度在六度及六度以上地区。

在构造上，在门、窗洞口的侧边以及墙体与承重砖柱连接处，在墙壁转角、勒脚及内、外墙交接处，均应采用眠砖实砌；在楼板、梁、屋架、檩条等构件下的支座处，墙体应采用眠砖实砌三皮以上，如图2.3.5所示。

3）复合墙组砌

复合墙是用两种或两种以上的材料做成的墙体，其主体结构为普通砖或钢筋混凝土，其内侧一般复合轻质保温板材。常用的材料有充气石膏板、水泥聚苯板、纸面石膏聚苯板等。

（三）墙体尺寸的确定

1. 标准砖的规格

标准黏土砖是我国的传统墙体材料，其规格是240mm×115mm×53mm，每块砖的重量为2.5～2.65kg。长宽厚之比约为4:2:1（包括10mm灰缝），即长：宽：厚=250:125:63=4:2:1。

用标准砖砌筑墙体时是以砖宽的倍数（即115mm+10mm=125mm）为模数，即砖模数。这与我国现行的《建筑模数协调统一标准》中的基本模数（100mm）不协调，因此在使用中，需注意标准砖与基本模数的协调。

2. 墙体厚度确定

砖墙的厚度以我国标准砖长为基数来称呼，也可以它们的标志尺寸来称呼，见表2.3.1。

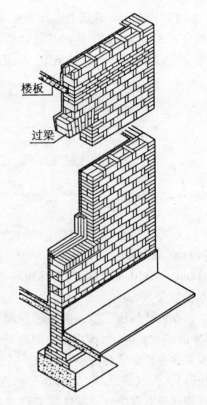

图2.3.5 空斗墙构造

表2.3.1 砖墙厚度的组成 （单位：mm）

砖的断面					
尺寸组成	115×1	115×1+53+10	115×2+10	115×3+20	115×4+30
构造尺寸	115	178	240	365	490
标志尺寸	120	180	240	370	490
工程称谓	12墙	18墙	24墙	37墙	49墙
习惯称谓	半砖墙	3/4砖墙	一砖墙	一砖半墙	两砖墙

3. 洞口尺寸和墙段尺寸的确定

门窗洞口与墙段尺寸的确定是建筑扩大初步设计或施工图设计的重要内容，在确定洞口与墙段尺寸时，应考虑下列因素：

（1）门窗洞口尺寸应符合基本模数1M或扩大模数3M的倍数，这样可减少门窗规格，有利于实现建筑工业化。

(2)墙段尺寸应符合砖模数要求。由于普通砖墙的砖模数为125mm，所以墙段长度和洞口宽度都应以此为递增基数，即墙段长度为$(125n-10)$mm 的倍数（n 为半砖数），洞口宽度为$(125n+10)$mm 的倍数，如图2.3.6 所示。

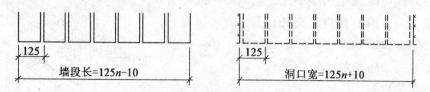

图2.3.6　墙段长度和洞口宽度

这样，符合砖模数的墙段长度系列为 115mm、240mm、365mm、490mm、615mm、740mm、865mm、990mm 等；符合砖模数的洞口宽度系列为 135mm、260mm、385mm、510mm、635mm、760mm、885mm 等。而在我国现行的《建筑模数协调统一标准》中，基本模数为 100mm。

在设计与施工中，房屋的开间、进深采用了扩大模数 3M 的倍数，门窗洞口亦采用 3M 的倍数，但在 1m 内的小洞口采用 M 的倍数。这样在同一墙段中采用了砖模数和基本模数两种，必然会出现不协调矛盾，要协调这一矛盾，就必然导致出现大量的砍砖（也叫找砖），而砍砖过多又会影响砌体强度和稳定性，也给施工带来了麻烦。因此，解决这一矛盾的根本方法就是在建筑工程施工质量验收规范的规定范围内调整砖墙的竖直灰缝大小，使墙段或洞口尺寸有少许变动，使之与房屋开间进深尺寸吻合。

当墙段长度小于 1000mm 时，宜使其符合砖模数；当墙段长度超过 1000mm 时，因 n 的数量较多，可调范围较大，可不再考虑砖模数。

调整墙段和门窗洞口尺寸是一项非常繁琐而细致的工作，常常需要反复多次才能使之与房屋开间进深尺寸协调一致。

(3)门窗洞口位置和墙段尺寸还应满足结构需要的最小尺寸要求。为了避免应力集中在长度小的墙段上而导致墙体破坏，对转角处的墙段和承重窗间墙尤应注意，如图2.3.7 所示。

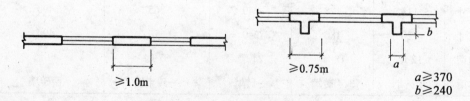

图2.3.7　多层房屋窗间墙宽度限值

(4)抗震设防地区的墙段长度还应符合现行《建筑抗震设计规范》的要求，见表2.3.2。

表2.3.2　　　　　　　　　　　　　　最小墙段长度　　　　　　　　　　　　　（单位：mm）

构造类别	设计烈度			备注
	6、7度	8度	9度	
承重窗间墙		1200	1500	在墙角设钢筋混凝土构造柱时，不受此限制
承重外墙尽端墙段	1000	2000	3000	
内墙阳角至门洞边		1500	2000	

三、砖墙的细部构造

砖墙的细部构造包括墙脚(明沟、散水、勒脚、墙身防潮层等)、窗台、门窗洞过梁、墙身加固(壁柱、门垛、圈梁、构造柱等)、其他(墙中孔道、防火墙等)。

(一)墙脚

墙脚一般是指基础以上、室内地面以下的墙段。由于墙脚所处的位置常受到飘雨、地表水和土壤中水的侵蚀，致使墙身受潮，饰面层发霉脱落，影响环境卫生和人体健康。因此，在构造上应采取必要的防护措施，增强墙脚的耐久性。

1. 明沟与散水

为了防止屋顶落水或地表水侵入勒脚而危害基础，必须沿建筑物外墙四周设置明沟或散水，以便将积聚在勒脚附近的积水及时排离墙脚。

1)明沟

设置在外墙四周的无沟盖板的排水沟，称为明沟，又称阳沟。其作用是将积水有组织地导向集水井，然后流入排水系统，以保护外墙基础。

明沟一般用素混凝土现浇或用砖石铺砌成宽180mm、深150mm的矩形、梯形或半圆形沟槽，然后用水泥浆抹面。同时，沟底应设有不小于1%的纵向坡度，以保证排水通畅。明沟一般设置在墙边，当屋面为自由落水时，明沟必须外移，使其沟底中心线与屋面檐口对齐，如图2.3.8所示。

2)散水

为了将积水及时排离建筑物，在建筑物外墙四周地面做成3%~5%的倾斜坡面，以便将雨水散至远处的构造，即为散水，又称散水坡或护坡。

散水的做法很多，一般可用水泥砂浆、混凝土、砖块、石块等材料做面层，其宽度一般为600~1000mm，当屋面为自由落水时，其宽度应比屋檐挑宽出200mm。

因建筑物的沉降、勒脚与散水的施工时间差异，在勒脚与散水交接处应设缝隙，在缝内填粗砂或米石子，并上嵌沥青胶盖缝，以防渗水和保证沉降的需要。同时，散水整体面层纵向距离每隔6~12m应做一道伸缩缝，缝内处理同勒脚与散水相交处的处理，如图2.3.9所示。

单做散水适用于降雨量较小的北方地区。单做明沟或合做明沟与散水适用于降雨量较大的南方地区。如果是季节性冰冻地区的散水，还需在垫层下加设300mm厚的防冻胀层，防冻胀层应选用砂石、炉渣、石灰土等非冻胀材料。

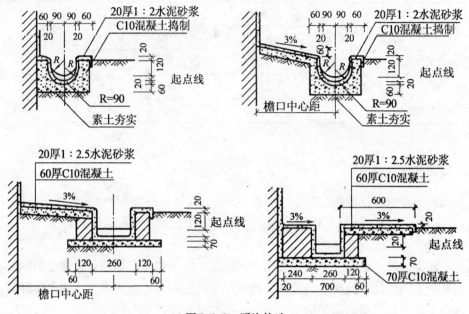

图 2.3.8 明沟构造

2. 勒脚

勒脚是外墙身接近室外地面处的表面保护和饰面处理部分。其高度一般是指位于室内地坪与室外地面的高差部分，有时为了立面的装饰效果，也将其延伸至底层窗台以下甚至整个底层墙面。

1）勒脚的作用

加固墙身，防止外界机械作用力碰撞破坏；保护近地处墙体，防止地表水、雨雪、冰冻对墙脚的侵蚀；用不同的饰面材料处理墙面，增强建筑物立面美观。

2）构造要求

勒脚坚固耐久、防水防潮和饰面美观。

3）构造作法

（1）抹灰勒脚。在勒脚部位抹 20 ~ 30mm 厚 1∶2 或 1∶2.5 ~ 1∶3 的水泥砂浆，如图 2.3.10（a）所示。

（2）饰面勒脚。在勒脚部位安贴石板、瓷板、陶瓷锦砖等，如图 2.3.10（b）所示。

（3）石砌勒脚。在勒脚部位用混凝土、天然石材砌筑而成，如图 2.3.10（c）所示。

3. 墙身防潮层

为防止土壤中的水分或潮气沿墙体中微小毛细管上升而导致墙身受潮、墙面受损，必须在内外墙脚部位连续设置防潮层，以提高建筑物的耐久性，保持室内干燥卫生。

按构造形式分，防潮层有水平防潮层和垂直防潮层两种形式。

1）水平防潮层

墙身水平防潮层应沿着建筑物内、外墙连续设置，位于室外地坪之上、室内地坪层密实材料垫层中部，一般在室内地坪以下 60mm 处，如图 2.3.11 所示。

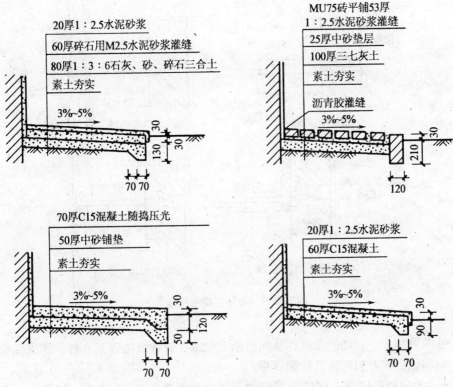

图 2.3.9　散水构造

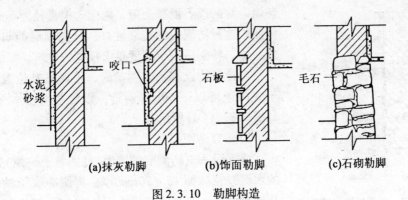

(a)抹灰勒脚　　　(b)饰面勒脚　　　(c)石砌勒脚

图 2.3.10　勒脚构造

（1）油毡防潮。当墙体砌筑到墙身水平防潮层的部位时，抹 20mm 厚 1:3 水泥砂浆找平层，然后在找平层上干铺一层油毡或做一毡二油（油毡上下均为热沥青涂层），如图 2.3.11（a）所示。防潮油毡的宽度应比墙宽 20mm，油毡的搭接长度应不小于 100mm。虽然油毡防潮效果好，但破坏了墙体的整体性，地震区不宜采用。

（2）防水砂浆防潮。利用 25mm 厚 1:2 的防水砂浆来防潮，如图 2.3.11（b）所示。防水砂浆是在水泥砂浆中掺入了约等于水泥质量 5% 的防水剂，防水剂与水泥混合凝结，能

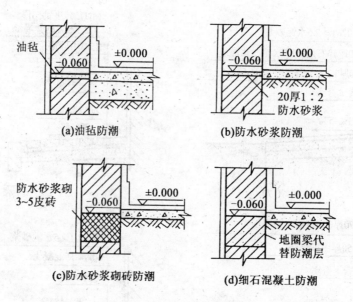

(a)油毡防潮　　　　　　　(b)防水砂浆防潮

(c)防水砂浆砌砖防潮　　　　(d)细石混凝土防潮

图 2.3.11　水平防潮层构造

填充微小孔隙和堵塞、封闭毛细孔，从而阻断毛细水。这种做法省工省料，能保证墙身的整体性，但易因砂浆开裂而降低防潮效果。

(3)防水砂浆砌砖防潮。在防潮层部位用防水砂浆砌筑 3~5 皮砖，如图 2.3.11(c)所示。

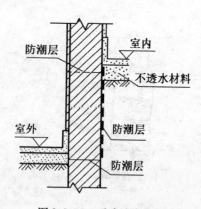

图 2.3.12　垂直防潮层构造

(4)细石混凝土防潮。在防潮层部位浇筑 60mm 厚与墙等宽的细石混凝土带，内配 3 根直径为 6mm 左右的钢筋。这种防潮层的抗裂性好，且防潮层能与砌体结合成一体，特别适用于刚度要求较高的建筑。

当建筑物设有基础圈梁时，可调整其位置，使其位于室内地坪以下 60mm 附近，以代替墙身水平防潮层，如图 2.3.11(d)所示。

2)垂直防潮层

在需设垂直防潮层的墙面(靠回填土一侧)先用 1:2 的水泥砂浆抹面 15~20mm 厚，再刷冷底子油一道，刷热沥青两道；也可以直接采用掺有 3%~5% 防水剂的砂浆抹面 15~20mm 厚的做法，如图 2.3.12 所示。

(二)窗台

窗洞口下部设置的防水构造称为窗台，包括外窗台和内窗台。外窗台的作用是将窗面上流淌下的雨水排除，以防污染墙面，同时也是建筑立面装饰的重要组成部分。

窗台构造做法有砖砌和预制混凝土窗台两种，其形式有悬挑和不悬挑窗台两种。

位于阳台处的窗因不受雨水冲刷，可不必设悬挑窗台；外墙面为贴面砖时，也可以不设悬挑窗台。悬挑窗台常采用顶砌一皮砖出挑60mm或将侧砌一皮砖并出挑60mm，也可采用钢筋混凝土窗台，如图2.3.13所示。

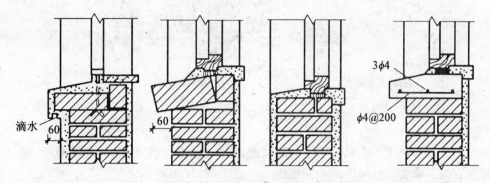

图2.3.13　窗台构造

悬挑窗台底部边缘应设滴水线，以防雨水对墙面的影响。但悬挑窗台无论是否做滴水线，都会在窗台下部墙面出现脏水流淌的痕迹，影响立面美观，因此可取消悬挑窗台。

有时，为了突出立面装饰效果，可在洞口设带挑楣的过梁、窗台和窗边挑出的立砖形成窗套，也可将几个窗台连做或将所有的窗台连通形成水平腰线，如图2.3.14所示。

图2.3.14　窗套与腰线

(三)门窗洞口过梁

在门窗洞口上方设置的用来支承上部荷载，并将这些荷载传给门窗洞口两侧墙体的水平承重构件，称为过梁。常用的过梁构造做法有三种：砖拱过梁、钢筋砖过梁和钢筋混凝土过梁。

1. 砖拱过梁

砖拱过梁是我国的传统做法，有平拱和弧拱两种，如图2.3.15所示。它是将立砖和侧砖相间砌筑而成的，利用灰缝上大下小，使砖向两边倾斜，相互挤压形成拱来承担荷载，施工麻烦，整体性差，不宜用于上部有集中荷载或有较大振动荷载，或可能产生不均匀沉降，或有抗震设防要求的建筑。

2. 钢筋砖过梁

钢筋砖过梁是配置了钢筋的平砌砖过梁，砌筑形式与墙体一样，一般用一顺一丁或梅花丁。通常将间距小于120mm的$\phi 6$钢筋埋在梁底部30厚1：2.5的水泥砂浆层内，钢筋伸入洞口两侧墙内的长度不应小于240mm，并设90度的向上直弯钩，埋在墙体的竖缝

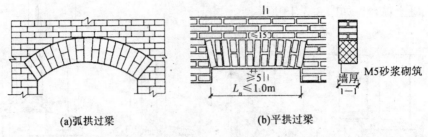

(a)弧拱过梁　　　　　　　　　(b)平拱过梁

图 2.3.15　砖拱过梁

内。在洞口上部不小于 1/4 洞口跨度的高度范围内(且不应小于 5 皮砖)用不低于 M5.0 的水泥砂浆砌筑。钢筋砖过梁净跨不应超过 2m，如图 2.3.16 所示。

钢筋砖过梁适用于跨度不大、上部无集中荷载的洞口上，施工方便，整体性好。当墙身为清水墙时，建筑立面易于获得与砖墙统一的效果。

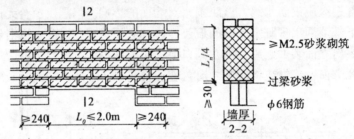

图 2.3.16　钢筋砖过梁

3. 钢筋混凝土过梁

当门窗洞口较大或洞口上部有集中荷载时，常采用钢筋混凝土过梁，它承载力强，一般不受跨度的限制，预制装配施工速度快，是最常用的一种过梁，现浇的也可以。一般过梁宽度同墙厚，高度及配筋应由计算确定，并符合 60mm 的整倍数，如 120mm、180mm、240mm 等。过梁在洞口两侧伸入墙内的长度，应不小于 240mm，以保证过梁有足够的支承长度和承压面积。

对于外墙中的门窗过梁，为了防止飘落到墙面的雨水沿门窗过梁向外墙内侧流淌，在过梁底部抹灰时要注意做好滴水处理。

过梁的断面形式有一字式和 L 式，一字式多用于内墙和混水墙，L 式多用于外墙和清水墙。在寒冷地区，为防止钢筋混凝土过梁产生冷桥问题，也可将外墙洞口的过梁断面做成 L 式或组合式过梁，如图 2.3.17 所示。

为配合立面装饰，简化构造，节约材料，常将过梁与圈梁、悬挑雨篷、窗楣板或遮阳板等结合起来设计，既保护窗户不受雨淋，又可遮挡部分直射太阳光，如图 2.3.17(e)所示。

(四)墙身加固

对于多层砖混结构的承重墙，由于可能受上部集中荷载、开设门窗洞以及地震等其他因素的影响，会造成墙体的强度及稳定性有所降低，因此必须对墙身采取适当的加固

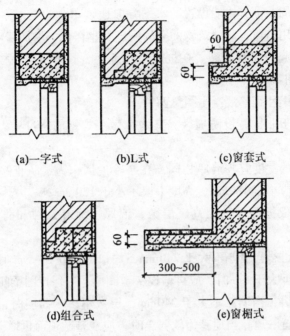

(a)一字式　　　　(b)L式　　　　(c)窗套式

(d)组合式　　　　　　　(e)窗楣式

图 2.3.17　钢筋混凝土过梁形式

措施。

1. 壁柱和门垛

当墙体中的窗间墙承受集中荷载，墙厚又不能满足承载力的要求，或由于墙体长度和高度超过一定限度而影响墙体稳定性时，常在墙身局部适当位置增设壁柱，使之和墙体共同承担荷载并稳定墙身。

壁柱突出墙面的尺寸，一般为 120mm×370mm、240mm×370mm、240mm×490mm 等，或根据结构构造计算确定。

当在墙体转角处或在丁字墙交接处开设门窗洞口时，为了保证墙体的承载力及稳定性，便于门窗框的安装，应在墙体转角处或在丁字墙交接处增设门垛。门垛应凸出墙面不少于 120mm，宽度同墙厚，如图 2.3.18 所示。

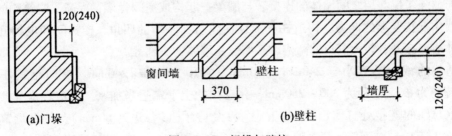

(a)门垛　　　　　　　　(b)壁柱

图 2.3.18　门垛与壁柱

2. 圈梁

沿建筑物外墙四周及部分内墙设置的水平方向连续闭合的梁，称为圈梁，又称腰箍。圈梁配合楼板共同作用，可提高建筑物的空间刚度及整体性，增加墙体的稳定性；减少因地基不均匀沉降而引起的墙身开裂。在抗震设防地区，圈梁与构造柱组合在一起形成骨架，可提高房屋抗震能力。

圈梁有钢筋砖圈梁和钢筋混凝土圈梁两种。

钢筋砖圈梁多用于非抗震设防地区，其构造做法与钢筋砖过梁类似，目前已经较少使用。

钢筋混凝土圈梁的宽度宜与墙厚相同，在寒冷地区，为了防止"冷桥"现象，其宽度可略小于墙厚，但不应小于180mm，高度一般不小于120mm。

圈梁设置数量应根据房屋的层高、层数、墙厚、地基条件和防震要求等因素综合考虑。

对于单层建筑来讲，当墙厚不大于240mm，檐口高度在5～8m时，应在檐口下面设一道圈梁；当檐口高度大于8m时，应再增设一道圈梁，并保持圈梁间距不大于4m。

对于多层建筑来讲，当墙厚不大于240mm，层数不多于四层时，可以只设一道，超过四层时一般隔层设置一道；当地基为软弱土时，应在基础顶面再增设一道。在地震设防地区，往往要层层设置圈梁。

圈梁设置部位通常在建筑的基础处、檐口处和楼板处，当屋面板、楼板与窗洞口间距较小，而且抗震设防等级较低时，也可以把圈梁设在窗洞上皮，兼做过梁使用。

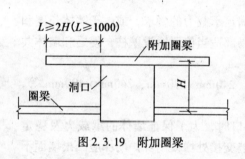

图2.3.19　附加圈梁

圈梁按构造要求是圈梁必须是连续闭合的梁，不能中断，当遇有门窗洞口致使圈梁局部截断时，应在洞口上部增设配筋和混凝土强度、截面尺寸均不变的附加圈梁。附加圈梁与圈梁搭接长度不应小于其垂直净距的2倍，且不应小于1m，如图2.3.19所示。但对有抗震要求的建筑物，圈梁不宜被洞口截断。

3. 构造柱

构造柱是从构造角度考虑设置的柱状构件，它从竖向加强了层与层之间墙体的连接，与圈梁一起构成空间骨架，提高了建筑物的整体刚度和墙体抵抗变形的能力。构造柱一般设在建筑物外墙的四角、楼梯间和电梯间的四角、内外墙交接处、较大洞口的两侧、某些较长墙体的中部等。

构造柱的截面不宜小于240mm×180mm，常用240mm×240mm。纵向钢筋不少于4ϕ12，箍筋为ϕ6，间距为200～250mm，并在柱的上下端适当加密。构造柱应先砌墙后浇筑，墙与柱的连接处宜留出"五进五退"的大马牙槎（各进退60mm），并沿墙高每隔500mm设2ϕ6的拉结钢筋，每边伸入墙内不宜小于1000mm，如图2.3.20所示。

构造柱下端应锚固在钢筋混凝土基础或基础梁内，无基础梁时，应伸入底层地坪下500mm处，上端应锚固在顶层圈梁或女儿墙压顶内。

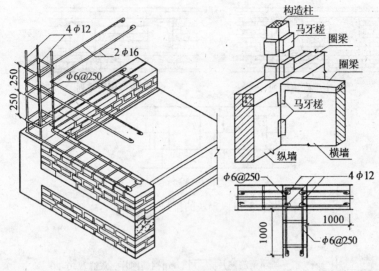

图 2.3.20　砖砌体中的构造

四、其他墙体构造

(一)砌块墙构造

砌块墙是按一定技术要求采用预制块材砌筑而成的墙体。预制砌块可以采用混凝土或利用工业废料和地方材料制成,它既不占用耕地,又解决了环境污染,具有投资少、见效快、工艺简单、节约能源、不需要大型设备等优点。

砌块按单块重量和幅面大小,可分为小型砌块、中型砌块和大型砌块;按砌块材料,可分为普通混凝土砌块、加气混凝土砌块、轻骨料混凝土砌块;按砌块的构造,可分为空心砌块和实心砌块,空心砌块的孔有方孔、圆孔、扁孔等几种。

小型砌块高度为 115~380mm,单块重不超过 20kg,便于人工砌筑;中型砌块高度为 380~980mm,单块重为 20~350kg;大型砌块高度大于 980mm,单块重大于 350kg。大中型砌块体积和重量较大,人工搬运不便,一般较少应用。

砌块的尺寸比较大,砌筑不够灵活,因此,在设计时应绘出砌块排列组合图,并注明每一砌块的型号和编号,以便施工时按图进料和安装,如图 2.3.21 所示。

为了增强墙体的整体性、稳定性、耐久性,应从砌块接缝、过梁与圈梁、构造柱设置等几个方面加强构造处理。

在砌筑安装砌块时,必须竖缝填灌密实,平缝砌筑饱满;上下错缝搭接。若出现局部不齐或缺少某些特殊规格砌块时,常以普通黏土砖填砌,砌块接缝处理如图 2.3.22 所示。

过梁是砌块墙中的重要构件,它既起着承受门窗洞口上部荷载的作用,又是一种可调节的砌块。当圈梁与过梁位置接近时,可以将过梁与圈梁合并考虑。

圈梁分现浇和预制两种。现浇圈梁整体性好,对墙身加固有利,但现场施工复杂。预制圈梁一般采用 U 形预制块代替模板,然后在凹槽内配筋,再灌筑混凝土,如图 2.3.23 所示。

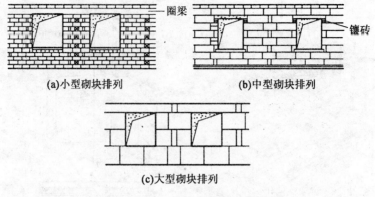

图 2.3.21　砌块的排列组合图

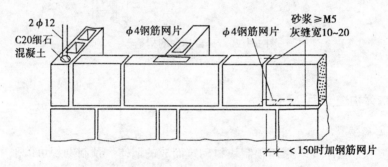

图 2.3.22　砌缝构造处理

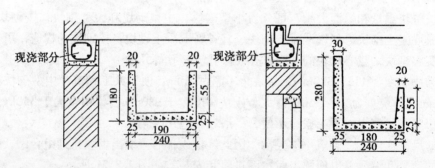

图 2.3.23　预制圈梁

预制过梁之间一般采用焊接方法连接，以提高其整体性，如图 2.3.24 所示。

在外墙转角以及内外墙交接处应增设构造柱，将砌块在垂直方向连成整体，如图 2.3.25 所示。

（二）隔墙构造

常见的隔墙有块材隔墙、骨架隔墙和板材隔墙等。

1. 块材隔墙

块材隔墙是指用普通砖、空心砖、加气混凝土砌块等块材和砂浆按一定方式砌筑的

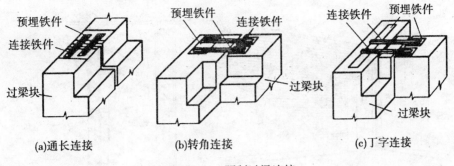

(a)通长连接　　　　　(b)转角连接　　　　　(c)丁字连接

图 2.3.24　预制过梁连接

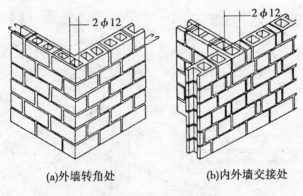

(a)外墙转角处　　　　　(b)内外墙交接处

图 2.3.25　砌块墙构造柱

墙，常用的有普通砖隔墙和砌块隔墙。

1)普通砖隔墙

一般采用半砖顺砌或 1/4 砖侧砌而成，其标志尺寸为 120mm、60mm，如图 2.3.26 所示。

当砌筑砂浆为 M2.5 时，墙的高度不宜超过 3.6m，长度不宜超过 5m。

当采用 M5 砂浆砌筑时，高度不宜超过 4m，长度不宜超过 6m。

当高度超过 4m 时，应在门窗过梁处设通长钢筋混凝土带。

当长度超过 6m 时，应设砖壁柱。

为了加强隔墙与承重墙或柱之间的牢固连接，一般沿高度每隔 500mm 砌入 2φ4 的通长钢筋，还应沿隔墙高度每隔 1200mm 设一道 30mm 厚水泥砂浆层，内放 2φ6 拉结钢筋予以加固。同时，在隔墙顶部与楼板相接处，应将砖斜砌一皮，或留出约 30mm 的空隙，以防上部结构变形时对隔墙产生挤压破坏，并用木楔塞打紧，然后用砂浆填缝。当隔墙上有门时，需预埋防腐木砖、铁件或将带有木楔的混凝土预制块砌入隔墙中，以便固定门框。

2)砌块隔墙

目前常采用加气混凝土砌块、粉煤灰硅酸盐砌块以及水泥炉渣空心砖等砌筑隔墙，其墙厚一般为 90~120mm，在砌筑时，应先在墙下部实砌 3~5 皮黏土砖，再砌砌块。砌块不够整块时，宜用普通黏土砖填补。同时，还要对其墙身进行加固处理，如图 2.3.27

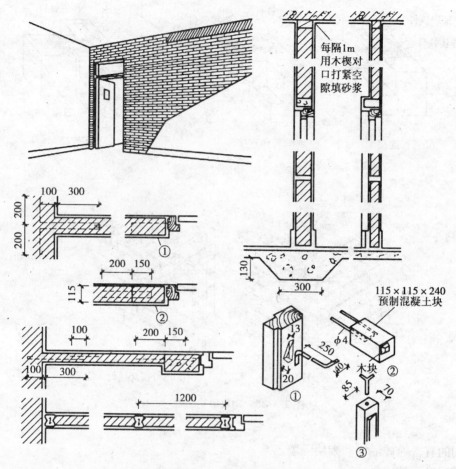

图 2.3.26 半砖隔墙构造

所示。

2. 骨架隔墙

骨架隔墙又名立筋隔墙，由骨架和面层两部分组成。它是以骨架为依托，把面层钉结、涂抹或粘贴在骨架上形成的隔墙。

骨架有木骨架、轻钢骨架、石膏骨架、石棉水泥骨架和铝合金骨架等，其特点是质轻墙薄、构造简单、拆装灵活，但防水、防潮、防火、隔声性能较差。

面层有人造板面层和抹灰面层，根据不同的面板和骨架材料，可分别采用钉子、自攻螺钉、膨胀铆钉或金属夹子等，将面板固定在立筋骨架上。隔墙的名称是依据不同的面层材料而定的，如板条抹灰隔墙和人造板面层隔墙等，如图 2.3.28 所示。

3. 板材隔墙

板材隔墙是指直接用轻质板材制作成的隔墙，它不依赖骨架，可直接装配而成，目前多采用加气混凝土条板、石膏条板、炭化石灰板、石膏珍珠岩板以及各种复合板(如泰柏板)等，它具有自重轻、安装方便、施工速度快、工业化程度高的特点，如图 2.3.29 所示。

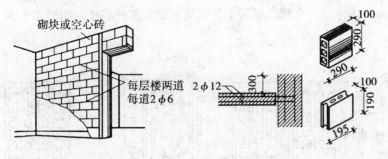

图 2.3.27　砌块隔墙构造

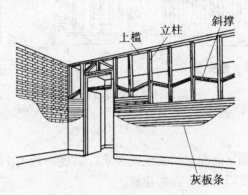

图 2.3.28　板条抹灰隔墙构造

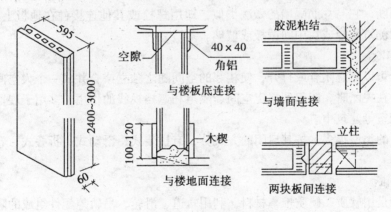

图 2.3.29　碳化石灰板隔墙构造

（三）隔断构造

按照外部形式和构造方式，隔断构造一般分为花格隔断、屏风隔断、移动隔断、帷幕隔断和家具隔断等。

1. 花格隔断

花格隔断的主要作用是划分与限定空间，但不能完全遮挡视线和隔声，一般用于分隔功能要求上既需隔离又需保持一定联系的相邻空间。这种隔断装饰性强，广泛应用于宾馆、商店、展览馆等公共建筑及住宅建筑中。

花格隔断可以为木质、金属、混凝土等制品，形式多种多样，如图 2.3.30 所示。

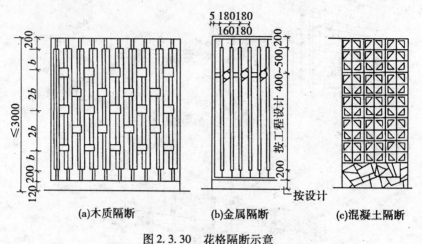

      (a)木质隔断   (b)金属隔断   (c)混凝土隔断

图 2.3.30　花格隔断示意

2. 屏风隔断

屏风隔断用于满足分隔空间和遮挡视线的要求，高度一般为 1100 ~ 1800mm，常用于办公室、餐厅、展览馆以及门诊室等公共建筑。

屏风隔断可为活动式，也可为固定式。活动式的屏风隔断是在屏风下面安装金属支架，支架上安装橡胶滚动轮或滑动轮，可增加分隔空间的灵活性；固定式的屏风隔断多为立筋骨架式隔断，它与立筋隔墙的做法类似，即用螺栓或其他连接件在地板上固定骨架，然后在骨架两侧钉面板或在中间镶板或玻璃。

3. 移动隔断

移动隔断可以随意闭合或打开，使相邻的空间随之独立或合并成一个大空间。这种隔断使用灵活，在关闭时，能起到限定空间、隔声和遮挡视线的作用，多用于展览馆、宾馆的多功能会议室等建筑中。

移动隔断的类型很多，按其启闭的方式分，有拼装式、滑动式、折叠式、卷帘式、起落式等。

4. 帷幕隔断

帷幕隔断是用软质、硬质帷幕材料，利用轨道、滑轮、吊轨等配件组成的隔断。它占用面积少，能满足遮挡视线的要求，使用方便，便于更新。

5. 家具隔断

家具隔断利用文件柜、橱柜、鱼缸等来划分和分隔空间，将空间的使用与分隔完美地结合在一起。

（四）节能墙体构造

随着《夏热冬冷地区居住建筑节能设计标准》（JGJ134—2010）和《夏热冬暖地区居住建筑节能设计标准》（JGJ75—2003）的实施，墙体节能成为确定墙体构造方案时必须考虑的一个重要问题，为此，必须根据当地气候特点对墙体采取相应的保温隔热措施。

墙体保温隔热的基本目标：一是保证室内基本的热环境质量，二是建筑节能。

1. 墙体保温

墙体保温目的是防止室内热量向外散失，一般只需在外墙上采取保温措施。

(1)增加外墙厚度。即通过延缓传热过程，达到保温的目的。如北方地区的外墙厚度一般就是根据保温要求来确定的，砖外墙厚度可达 370mm、490mm。但增加墙体厚度，会增加结构自重，多消耗墙体材料，使有效使用面积减小。

(2)外墙选用导热系数小的材料。导热系数小的材料有利于保温，但往往孔隙率大、强度低，不能承受较大的荷载，如加气混凝土砌块墙、一般用做框架结构的填充墙。

(3)采用组合墙体。目前高层建筑和大型公共建筑一般为框架结构或剪力墙结构，位于外围护位置的钢筋混凝土墙或柱子不能满足保温隔热要求，需要设置保温层来解决保温问题。根据保温层在墙体中的位置，有外墙外保温、外墙内保温和夹层保温三种方案，如图 2.3.31 所示。

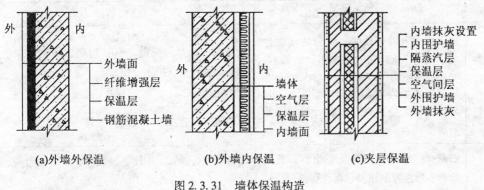

图 2.3.31　墙体保温构造

此外，提高墙体的密闭性、防止冷风渗透和在墙体中采取防潮防水措施，都有利于提高墙体的保温效果。

2. 墙体隔热

在温暖地区和炎热地区，夏季时，外墙长时间受到太阳的烘烤，导致室内温度过高，为了节约空调费用，外墙应采取隔热措施。外墙隔热可以像保温做法一样，如外墙选用导热系数小的材料或增加外墙厚度，但这些做法的隔热效果不明显，也不经济。工程实际中，常用的隔热措施如下：

(1)外墙采用浅色而光滑的饰面材料。如利用浅色墙砖、金属外墙板等反射太阳光，减少外墙吸收的太阳辐射热。

(2)在外墙上设置遮阳设施，利用遮阳遮挡，避免太阳光的直接照射。

(3)在建筑周围栽种高大乔木或攀缘植物，利用绿色植物遮挡、吸收太阳辐射热，达到隔热的目的。

(4)对外墙内部进行技术处理，如采用空心墙体，利用中间空气层隔热，或在外墙内部设通风间层，利用空气流动带走热量。

五、墙面装修

（一）墙面装修的作用及分类

1. 墙面装修作用

墙面装修是建筑装饰中的重要内容之一，其主要作用是保护墙体、美化立面、改善墙体的物理性能和使用条件（改善热工性能、室内的光环境和卫生条件、辅助墙体的声学功能等），还可以美化环境、丰富建筑的艺术形象。

2. 墙面装修分类

（1）按其所处部位的不同，可分为室外装修和室内装修。

（2）按材料及施工方式的不同，可分为抹灰类、贴面类、涂料类、裱糊类和铺钉类五大类，见表2.3.3。

表2.3.3 墙面装修分类

类别	室外装修	室内装修
抹灰类	水泥砂浆、混合砂浆、聚合物水泥砂浆、拉毛、水刷石、干黏石、斩假石、喷涂、滚涂等	纸筋灰、麻刀灰粉面、石膏粉面、膨胀珍珠岩灰浆、混合砂浆、拉毛、拉条等
贴面类	外墙面砖、马赛克、水磨石板、天然石板等	釉面砖、人造石板、天然石板等
涂料类	石灰浆、水泥浆、溶剂型涂料、乳液涂料、彩色胶砂涂料、彩色弹涂等	大白浆、石灰浆、油漆、乳胶漆、水溶性涂料、弹涂等
裱糊类	—	塑料墙纸、金属面墙纸、木纹壁纸、花纹玻璃纤维布、纺织面墙纸及绵缎等
铺钉类	各种金属饰面板、石棉水泥板、玻璃	各种木夹板、木纤维板、石膏板及各种饰面板等

（二）墙面装修构造

1. 抹灰类

抹灰又称粉刷，是我国传统的饰面做法，材料来源广泛，施工操作简便，造价低廉，应用广泛。

抹灰分为一般抹灰和装饰抹灰两类。一般抹灰有石灰砂浆、混合砂浆、水泥砂浆等；装饰抹灰有水刷石、干粘石、斩假石、水泥拉毛等。

为保证抹灰牢固、平整、颜色均匀和面层不开裂脱落，施工时必须分层操作，抹灰按质量要求有三种标准，即：

普通抹灰：一层底灰，一层面灰；

中级抹灰：一层底灰，一层中灰，一层面灰；

高级抹灰：一层底灰，数层中灰，一层面灰。

底层厚 10～15mm，主要起粘接、初步找平作用，施工上称为刮糙；中层厚 5～12mm，可根据需要分多次做法，主要起进一步找平作用；面层抹灰又称为罩面，厚 3～5mm，主要作用是使表面平整、光洁、美观，以取得良好的装饰效果。

一般，外墙抹灰为 20～25mm，内墙抹灰为 15～20mm，如图 2.3.32 所示。

常见墙面抹灰的具体构造做法见表 2.3.4。

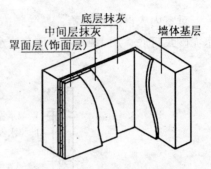

图 2.3.32 墙面分层抹灰构造

表 2.3.4 　　　　　常见墙面抹灰构造做法

抹灰名称		构造做法说明	适用范围
纸筋灰或仿瓷涂料墙面		(1)14mm 厚 1：3 石灰膏砂浆打底 (2)2mm 厚纸筋(麻刀)灰或仿瓷涂料抹面 (3)刷(喷)内墙涂料	砖基层内墙面
水泥砂浆墙面	1	(1)10mm 厚 1：3 水泥砂浆打底扫毛或划出纹道 (2)9mm 厚 1：3 水泥砂浆刮平扫毛 (3)6mm 厚 1：2.5 水泥砂浆罩面	砖基层外墙面或有防水要求内墙面
	2	(1)刷(喷)一道 108 胶水溶液 (2)6mm 厚 2：1：8 水泥石灰膏砂浆打底扫毛或划出纹道 (3)6mm 厚 1：1：6 水泥石灰膏砂浆刮平扫毛 (4)6mm 厚 1：2.5 水泥砂浆罩面	加气混凝土等轻型基层外墙面
混合砂浆墙面		(1)15mm 厚 1：1：6 水泥石灰膏砂浆找平 (2)5mm 厚 1：0.3：3 水泥石灰膏砂浆面层 (3)喷内墙涂料	砖基层的内墙面
水刷石墙面	1	(1)12mm 厚 1：3 水泥砂浆打底扫毛或划出纹道 (2)刷素水泥浆一道 (3)8mm 厚 1：1.5 水泥石子(小八厘)罩面，水刷露出石子	砖基层外墙面
	2	(1)刷加气混凝土界面处理剂一道 (2)6mm 厚 1：0.5：4 水泥石灰膏砂浆打底扫毛 (3)6mm 厚 1：1：6 水泥石灰膏砂浆抹平扫毛 (4)刷素水泥浆一道 (5)8mm 厚 1：1.5 水泥石子(小八厘)罩面，水刷露出石子	加气混凝土等轻型基层外墙面
斩假石(剁斧石)墙面		(1)12mm 厚 1：3 水泥砂浆打底扫毛或划出纹道 (2)刷素水泥浆一道 (3)10mm 厚 1：2.5 水泥石子(米粒石内掺30%石屑)罩面赶光压实 (4)剁斧斩毛两遍成活	外墙面

对室内人群活动频繁、易受碰撞的墙面，或有防水、防潮要求的墙身，常采用 1∶3 水泥砂浆打底，用 1∶2 水泥砂浆或水磨石罩面，高约 1.5m 的墙裙如图 2.3.33 所示。

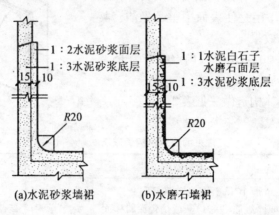

(a)水泥砂浆墙裙　　(b)水磨石墙裙

图 2.3.33　墙裙构造

对于易被碰撞的内墙阳角，宜用 1∶2 水泥砂浆做护角，高度不应小于 2m，每侧宽度不应小于 50mm，如图 2.3.34 所示。

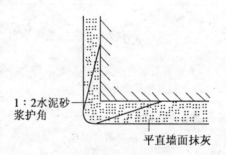

图 2.3.34　护脚构造

外墙面抹灰面积较大，易受温度影响产生干缩裂缝，为避免这样的影响，常在抹灰面层做分格，也称为引条线。

引条线的做法是在底灰上埋放不同形式的引条，面层抹灰完毕后及时取下引条，再用水泥砂浆勾缝，以提高抗渗能力，如图 2.3.35 所示。

2. 贴面类

贴面类是指将各种天然石材或人造板、块，通过绑、挂或直接粘贴于基层表面的装修做法，它具有耐久性好、装饰性强、容易清洗等优点。常用的贴面材料有花岗岩板、大理石板、水磨石板、水刷石板、面砖、瓷砖、陶瓷锦砖和玻璃制品等。

1)石板材装修

石板材包括天然石板材和人造石板材。天然石板强度高、结构密实、不易污染、装修效果好，但加工复杂、价格昂贵，多用于高级墙面装修中。人造石板一般由白水泥、彩色石子、颜料等配合而成，具有天然石材的花纹和质感、重量轻、表面光洁、色彩多样、造

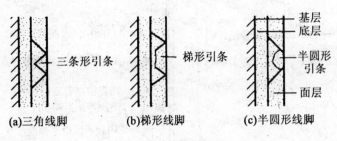

(a)三角线脚　　　　(b)梯形线脚　　　　(c)半圆形线脚

图 2.3.35　引条线构造

价较低等优点。

　　石板安装时,为保证石板饰面的坚固和耐久,一般应先在墙身或柱内预埋 φ6 铁箍,在铁箍内立 φ8~φ10 竖筋和横筋,形成钢筋网,再用双股铜线或镀锌铅丝穿过事先在石板上钻好的孔眼,将石板绑扎在钢筋网上,上下两块石板用不锈钢卡销固定。石板与墙之间一般留 30mm 缝隙,上部用定位活动木楔做临时固定,校正无误后,在板与墙之间分层浇筑 1:2.5 水泥砂浆,每次灌入高度不应超过 200mm。待砂浆初凝后,取掉定位活动木楔,继续上层石板的安装,如图 2.3.36 所示。

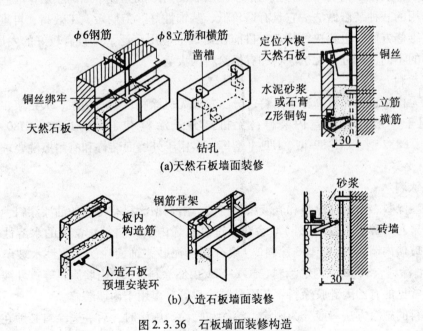

(a)天然石板墙面装修

(b)人造石板墙面装修

图 2.3.36　石板墙面装修构造

2)陶瓷砖装修

饰面砖包括陶瓷面砖、玻璃面砖两种,其特点是单块尺寸小、质量轻。

通常用传统的砂浆粘贴形成石面层,具体做法是:将墙面清理干净后,先抹 15mm 厚 1:3 水泥砂打底,再抹 5mm 厚 1:1 水泥细砂砂浆粘贴面层材料,如图 2.3.37 所示。

饰面砖的排列方式和接缝大小对墙面效果有较大的影响,通常有横铺、竖铺和错开排

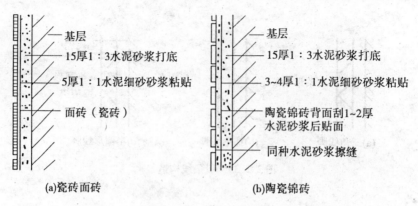

图 2.3.37　饰面砖构造

列等方式。生产陶瓷砖时，一般按设计图案要求反贴在 300mm×300mm 的牛皮纸上，粘贴前，先用 15mm 厚 1∶3 水泥砂浆打底，再用 1∶1 水泥细砂砂浆粘贴，用木板压平，待砂浆硬结后，用水湿润后，洗去牛皮纸即可。

　　3. 涂料类

　　涂料类墙面装修是指利用各种涂料敷于基层表面而形成完整牢固的膜层，起到保护和装饰墙面作用的一种装修做法。它具有造价低、装饰性好、工期短、工效高、自重轻以及操作简单、维修方便、更新快等特点，目前在建筑上应用广泛，并具有较好的发展前景。按其成膜物的不同，可分为无机涂料和有机涂料两大类。

　　1）无机涂料

　　有普通无机涂料和无机高分子涂料之分。普通无机涂料，如石灰浆、大白浆、可赛银浆等，多用于一般标准的室内装修；无机高分子涂料有 JH80-1 型、JH80-2 型、JHN84-1型、F832 型、LH-82 型、HT-1 型等，多用于外墙面装修和有耐擦洗要求的内墙面装修。

　　2）有机涂料

　　有溶剂型涂料、水溶性涂料和乳液涂料三类。溶剂型涂料有传统的油漆涂料、苯乙烯内墙涂料、聚乙烯醇缩丁醛内（外）墙涂料、过氯乙烯内墙涂料等；常见的水溶性涂料有聚乙烯醇水玻璃内墙涂料（即 106 涂料）、聚合物水泥砂浆饰面涂层、改性水玻璃内墙涂料、108 内墙涂料、ST-803 内墙涂料、JGY-821 内墙涂料、801 内墙涂料等；乳液涂料又称乳胶漆，常见的有乙丙乳胶涂料、苯丙乳胶涂料等，多用于内墙装修。

　　建筑涂料的施涂方法一般分为刷涂、滚涂和喷涂。施涂时，后一遍涂料必须在前一遍涂料干燥后进行，否则易发生皱皮、开裂等质量问题。每遍涂料均应施涂均匀，各层结合牢固。当采用双组分和多组分的涂料时，应严格按产品说明书规定的配合比使用，根据使用情况可分批混合，并在规定的时间内用完。

　　当湿度较大，特别是在遇明水部位的外墙和厨房、厕所、浴室等房间内施涂时，应选用优质腻子，待腻子干燥、打磨整光、清理干净后，再选用耐洗刷性较好的涂料和耐水性能好的腻子材料（如聚醋酸乙烯乳液水泥腻子等），以确保涂层质量。

　　用于外墙的涂料，考虑到其长期直接暴露于自然界中，经受日晒雨淋的侵蚀，因此要求除应具有良好的耐水性、耐碱性外，还应具有良好的耐洗刷性、耐冻融循环性、耐久性和耐污染性。当外墙施涂涂料面积过大时，可以外墙的分格缝、墙的阴角处或落水管等处为分界线，在同一墙面应用同一批号的涂料，每遍涂料不宜施涂过厚，涂料要均匀，颜色应一致。

4. 裱糊与软包类

裱糊墙面装修是将各种具有装饰性的墙纸、墙布等卷材用粘结剂裱糊在墙面上形成饰面的做法。常用的墙纸有 PVC 塑料墙纸、纺织物面墙纸等，墙布有玻璃纤维墙布、锦缎等。墙纸和墙布是幅面较宽并带有多种图案的卷材，它要求粘贴在坚硬、表面平整、不裂缝、不掉粉的洁净基层（如水泥砂浆、水泥石灰膏砂浆、木质板及其石膏板等）上。裱糊前，应在基层上刷一道清漆封底，然后按幅宽弹线，再刷专用胶液粘贴。粘贴应自上而下缓缓展开，排除空气，并一次性成活。

软包装墙面装修是用各种纤维织物、皮革等铺钉在墙面上形成饰面的做法。软包装墙面装修能够塑造出华丽、优雅、亲切、温暖的室内气氛，但软包装装修层不耐火，应注意防火。

5. 幕墙类

幕墙由骨架和面板组成。骨架一般为金属骨架，与建筑物主体结构相连；面板多采用玻璃、金属饰面板或石材饰面板等材料。现以玻璃幕墙为例，说明其构造。

玻璃幕墙一般由结构框架、填衬材料和幕墙玻璃组成。按其组合形式和构造方式分，有框架外露系列、框架隐藏系列和用玻璃做肋的无框架系列。按施工方法不同，又分为现场组合的分件式玻璃幕墙和在工厂预制后再到现场安装的板块式玻璃幕墙两种。

1）分件式玻璃幕墙

一般以竖梃作为龙骨柱，以横档为梁组合成幕墙骨架，然后将窗框、玻璃、衬墙等按顺序安装，如图 2.3.38(a) 所示。用连接件将竖梃和楼板固定，通过角形铝合金件将横档与竖梃连接。上下两根竖梃的连接一般设在楼板连接件位置附近，并在接头处插入一截断面小于竖梃内孔的铸铝内衬套管作为加强措施。上下竖梃在接头端应留出 15~20mm 的伸缩缝，缝内用密封胶封堵密实，以防雨水进入，如图 2.3.38(b) 所示。

2）板块式玻璃幕墙

板块式玻璃幕墙板块必须设计成定型单元，在工厂预制。每一单元一般由 3~8 块玻璃组成，每块玻璃尺寸不宜超过 1500mm×3500mm。为了便于室内通风，在单元上可设计成上悬窗式的通风扇，通风扇的大小和位置根据室内布置要求来确定。

同时，预制板块还应与建筑结构的尺寸相配合。当幕墙预制板悬挂在楼板上时，板的高度尺寸同层高；当幕墙预制板以柱子为连接点时，板的长度尺寸则与柱距尺寸相同。为了便于幕墙预制板的固定和板缝密封操作，上下预制板的横向接缝应高于楼面标高 200~300mm，左右两块板的竖向接缝宜与框架柱错开，如图 2.3.39 所示。

点支式玻璃幕墙开始应用于建筑的外立面中，它是一门新兴技术，由玻璃面板、点支撑装置和支撑结构构成，如图 2.3.40 所示。

点支式玻璃幕墙体现的是建筑物内外的流通和融合，强调的是玻璃的透明性。透过玻璃，人们可以清晰地看到支撑玻璃幕墙的整个结构系统，使单纯的支撑结构系统具有可视性、观赏性和表现性。

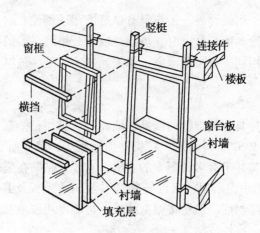

(a)分件式玻璃幕墙

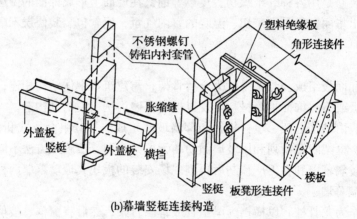

(b)幕墙竖梃连接构造

图2.3.38 玻璃幕墙构造

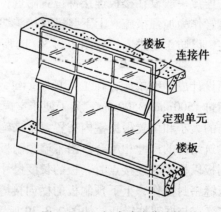

图2.3.39 板式玻璃幕墙构造

　　玻璃幕墙装饰效果好、质量轻、安装速度快，是外墙轻型化、装配化较理想的形式。但在阳光照射下易产生眩光，造成光污染，在建筑密度大、居民集中地区的高层建筑中，应慎重选用。

6. 铺钉类

这是将各种天然或人造薄板镶钉在墙面上的装修做法，其构造与骨架隔墙相似，由骨架和面板两部分组成。施工时，先在墙面上立骨架（墙筋），然后在骨架上铺钉装饰面板。

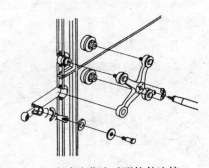

图 2.3.40　点式玻璃幕墙爪形构件连接

骨架分木骨架和金属骨架两种，采用木骨架时，为考虑防火安全，应在木骨架表面涂刷防火涂料。骨架间及横档的距离一般根据面板的尺度而定。为防止因墙面受潮而损坏骨架和面板，常在立筋前先于墙面抹一层 10mm 厚的混合砂浆，并涂刷热沥青两道或粘贴油毡一层。室内墙面装修用面板，一般采用硬木条板、胶合板、纤维板、石膏板及各种吸声板等。硬木条板装修是将各种截面形式的条板密排竖直镶钉在横撑上，如图 2.3.41 所示。

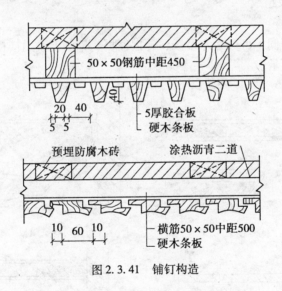

图 2.3.41　铺钉构造

任务四　楼地层节点构造图识读

【知识目标】

1. 熟悉楼地层的构造组成、作用、构造设计要求及分类；
2. 掌握楼地层的细部构造做法及要求；
3. 掌握阳台及雨篷的构造设计要求；
4. 了解楼地面装修的作用、类型和构造做法。

【能力目标】

1. 会选择合适的楼地面及处理阳台排水问题；
2. 能解决一般的楼地层细部构造问题；

3. 能识读和绘制楼地面节点构造图。

【学习重点】

1. 楼地层的构造组成、作用及分类；

2. 地层的细部构造做法及节点图的识读与绘制；

3. 阳台及雨篷的构造图的识读与绘制。

一、楼地层概述

楼地层是楼板层和地坪层的合称，都是分隔建筑空间的水平构件。楼板层是分隔楼层空间的水平承重构件；地坪层是底层房间与土壤相接触的水平构件。楼地面是指楼板层和地坪层的面层部分的合称。它们处在不同的部位，发挥着各自的作用，但关系密切，因此对其结构、构造有着不同的要求。

（一）楼地层的类型及组成

1. 楼板层的类型及组成

1）楼板层的类型

楼板按所用材料不同，可分为木楼板、砖拱楼板、钢筋混凝土楼板、钢衬板楼板等几种类型，如图 2.4.1 所示。

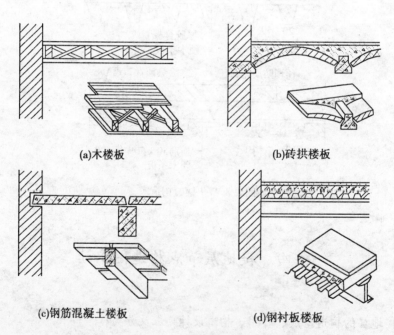

(a)木楼板　　　　　　　　　　　(b)砖拱楼板

(c)钢筋混凝土楼板　　　　　　　(d)钢衬板楼板

图 2.4.1　楼板的类型

木楼板是我国传统做法材料，木模板具有构造简单、表面温暖、施工方便、自重轻等优点，但隔声、防火及耐久性差，木材消耗量大，因此，目前已极少采用。

砖拱楼板可节约木材、钢筋和水泥，但自重大，承载能力和抗震能力差，施工较复杂，曾在钢材、水泥缺乏地区采用过，现已趋于不用。

钢筋混凝土楼板具有强度高、刚度好、耐火、耐久、可塑性好的特点，便于工业化生产和机械化施工，是目前房屋建造中广泛运用的一种楼板形式。

钢衬板楼板强度高，整体刚度好，施工速度快，是目前大力推广应用的一种新型楼板。

2）楼板层的组成

楼板层主要由面层、结构层和顶棚层等组成，此外，还可按使用需要增设附加层，如图2.4.2所示。

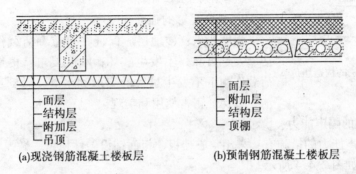

(a)现浇钢筋混凝土楼板层　　　　(b)预制钢筋混凝土楼板层

图2.4.2　楼板层的基本组成

（1）面层：又称楼面，是楼板上表面的构造层次，也是室内空间下部的装修层。面层起着保护结构层和美化室内的作用。根据房间功能的不同，面层有多种不同的做法。

（2）结构层：位于面层和顶棚层之间，是楼板层的承重部分，包括板和梁等构件。它承受楼板层的全部荷载并将其传递给墙或柱，同时对墙身起水平支撑作用。

（3）顶棚层：位于楼板层下表面的构造层，也是室内空间上部的装修层，又称天花或天棚，主要起到保护楼板、安装灯具、管线敷设以及改善美化室内环境的作用。

（4）附加层：又称为功能层，是为满足隔声、防水、隔热、保温等功能要求而设置的。

2. 地坪层的类型、组成

1）地坪层的类型

按面层所用材料和施工方式的不同，可分为整体地面、块材地面、竹木地面、卷材地面和涂料地面等。

（1）整体地面：如水泥砂浆地面、细石混凝土地面、沥青砂浆地面、菱苦土地面、水磨石地面等。

（2）块材地面：如砖铺地面、墙地砖地面、石板地面等。

（3）竹木地面：如竹地面、木地面等。

（4）卷材地面：如塑料地板、橡胶地毯、化纤地毯、手工编织地毯等。

（5）涂料地面：如多种水溶性、水乳性、溶剂性涂布地面等。

2）地坪的组成

地坪主要由面层、垫层、基层三部分组成，对有特殊要求的地坪，可在面层和垫层之间增设附加层，如图2.4.3所示。

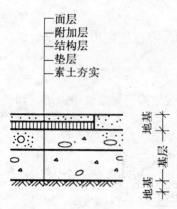

图 2.4.3 地坪层的构造组成

地坪的面层与附加层与楼板层的面层类似。

（1）基层为地坪层的承重层，也叫地基。当其土质较好、上部荷载不大时，一般采用原土夯实或填土分层夯实；否则，应对其进行换土或夯入碎砖、砾石等处理。

（2）垫层是地坪中起承重和传递荷载作用的主要构造层次，按其所处位置及功能要求的不同，通常有三合土、素混凝土、毛石混凝土等几种做法。

（二）楼地层设计要求

1. 具有足够的强度和刚度

强度要求：楼地层应保证在自重和荷载作用下平整光洁、安全可靠，不发生破坏；刚度要求：楼地层应在一定荷载作用下不发生过大的变形和耐磨，做到不起尘、易清洁，以保证正常使用和美观。

2. 具有一定的隔声能力

通常提高隔声能力的措施有：采用空心楼板，板面铺设柔性地毡，做弹性垫层和在板底做吊顶棚等，如图 2.4.4 所示。

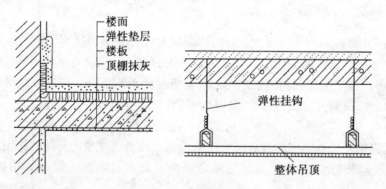

图 2.4.4 隔声措施

3. 具有一定的热工及防火能力

楼地层一般应有一定的蓄热性，以保证人们使用时的舒适感，同时还应有一定的防火能力，以保证火灾时人们逃生的需要。

4. 具有一定的防潮、防水能力

对于卫生间、厨房和化学实验室等地面潮湿易积水的房间应做好防潮、防水、防渗漏和耐腐蚀处理。

5. 满足各种管线敷设

保证室内平面布置更加灵活，空间使用更加完整。

6. 满足经济与建筑工业化要求

在结构选型、结构布置和构造方案确定时，应按建筑质量标准和使用要求，尽量减少材料消耗，降低成本，满足建筑工业化的需要。

二、楼地面构造

楼地面是楼板层的面层和地坪层的面层的统称，它们的类型、构造要求和做法基本相同。

（一）楼地面的设计要求

1. 具有足够的坚固性

要求在各种外力作用下不易被磨损、破坏，且要求表面平整、光洁、易清洁和不起灰。

2. 具有良好的保温性

人们经常接触的地面，应给人们以温暖舒适的感觉，保证寒冷季节脚部舒适。

3. 具有一定的弹性

行走时不应有过硬的感觉，同时有弹性的地面对减弱撞击声亦有利。

4. 满足隔声要求

隔声要求主要在楼地面。可通过选择楼地面垫层的厚度与材料类型来达到。

5. 其他要求

有水作用的房间，地面应防潮防水；有火灾隐患的房间，应防火耐燃烧；有酸碱作用的房间，则要求具有耐腐蚀的能力，等等。

（二）楼地面构造

1. 整体面层地面

整体面层地面是指在现场一次性捣抹成型的楼地面面层，一般造价低、施工简便，包括水泥砂浆地面、现浇水磨石地面、涂布地面等。

1）水泥砂浆地面

简称水泥地面，是直接在现浇混凝土楼板或垫层或水泥砂浆找平层上施工的一种传统的整体楼地面，其坚固耐磨、防潮防水、构造简单、施工方便，但造价低廉、吸湿能力差、容易返潮、易起灰、不易清洁，如图 2.4.5 所示。

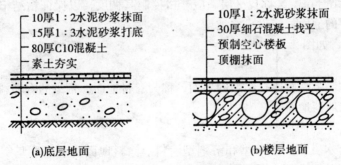

（a）底层地面　　　　　　　　　（b）楼层地面

图 2.4.5　水泥砂浆地面

2）现浇水磨石地面

又称磨石面，其性能与水泥砂浆地面相似，但耐磨性更好，表面光洁，不易起灰，耐水性较好，造价较水泥地面高 1~2 倍。常用于卫生间、公共建筑门厅、走廊、楼梯间以及标准较高的房间，如图 2.4.6 所示。

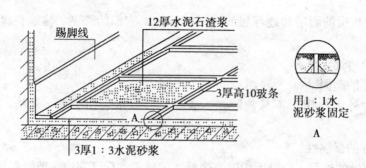

图 2.4.6 水磨石地面

水磨石地面的常见做法是：在基层层用 10 ~ 15mm 厚 1 ∶ 3 水泥砂浆打底找平；再在找平层上用 1 ∶ 1 水泥砂浆按设计的图案嵌固玻璃分格条（也可嵌铜条或铝条）；在面层用 1 ∶ 1.5 ~ 1 ∶ 2 水泥石屑浆抹面，并高出分格条 2mm，经浇水养护后，用磨石机磨光，用草酸清洗，打蜡保护。石屑多采用粒径为 3 ~ 20mm 的白云石或彩色大理，并要求颜色美观、中等硬度、易磨光。水磨石地面分格的作用是将地面划分成面积较小的区格，减少开裂的可能，分格条形成的图案增加了地面的美观，同时也方便维修。

2. 块材地面

块材地面是指由各种不同形状的板（块）状材料做成的装修地面。目前常用的块材地面主要包括缸砖、陶瓷锦砖、陶瓷地砖及天然大理石、花岗石、人造石、碎拼大理石等，如图 2.4.7 所示。其特点是品种多、耐磨损、易清洁、强度高、刚度大，但造价偏高、工效低。

块材地面属中高档地面，一般用于人流量大、地面磨损严重及较潮湿的场所。

1）块材地面构造

（1）基层处理。块材地面铺砌前，应清扫基层，并刷素水泥浆一道，以增加粘结力。

（2）水泥砂浆结合层。又称找平层，应严格控制其稠度，以保证粘结牢固及面层的平整。对有排水需要的地面，应设排水坡度。

（3）面层铺贴，如图 2.4.7 所示。

3. 卷材地面

使用各种卷材、半硬质块材粘贴的地面，称为卷材地面，常见的有塑料地面、橡胶粘贴地面以及无纺织地毯地面等。

4. 涂料地面

常见的涂料有水乳型、水溶型和溶剂型涂料。涂料地面要求基层坚实平整，涂料与基层粘结牢固，无掉粉、脱皮及开裂等现象，同时，涂层应色泽均匀、表面光滑清洁、明净美观。

（三）踢脚构造

踢脚是外墙内侧或内墙的两侧下部和室内地面与墙交接处的构造，其目的是加固并保护内墙脚，遮盖墙面与楼地面的接缝，防止此处渗漏水、掉灰或扫地时污染墙面。踢脚的

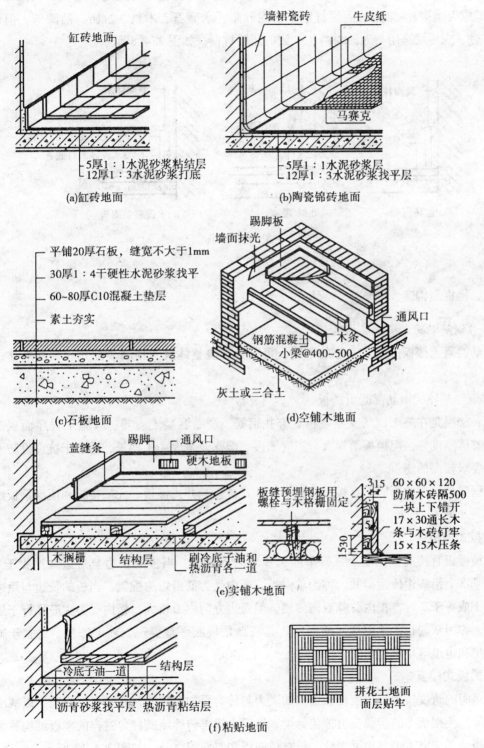

缸砖地面

5厚1:1水泥砂浆粘结层
12厚1:3水泥砂浆打底

(a)缸砖地面

墙裙瓷砖　牛皮纸

马赛克

5厚1:1水泥砂浆层
12厚1:3水泥砂浆找平层

(b)陶瓷锦砖地面

平铺20厚石板，缝宽不大于1mm

30厚1:4干硬性水泥砂浆找平

60~80厚C10混凝土垫层

素土夯实

(c)石板地面

踢脚板
墙面抹光

通风口

钢筋混凝土　木条
小梁@400~500

灰土或三合土

(d)空铺木地面

盖缝条　踢脚　通风口

硬木地板

木搁栅　结构层　刷冷底子油和
热沥青各一道

板缝预埋钢板用
螺栓与木格栅固定

3.15　60×60×120
防腐木砖隔500
一块上下错开
17×30通长木
条与木砖钉牢
15×15木压条

1530

(e)实铺木地面

冷底子油一道　结构层

沥青砂浆找平层 热沥青粘结层

拼花土地面
面层贴牢

(f)粘贴地面

图2.4.7　块材地面构造

高度一般为 100~150mm，有时为了突出墙面效果或防潮，也可将其延伸至 900~1800mm（这时即成为墙裙）。常用的面层材料是水泥砂浆、水磨石、木材、缸砖、油漆等，但设计施工时，应尽量选用与地面材料相一致的面层材料，如图 2.4.8 所示。

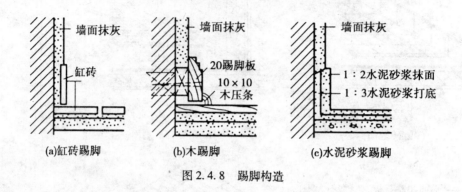

(a)缸砖踢脚　　　　(b)木踢脚　　　　(c)水泥砂浆踢脚

图 2.4.8　踢脚构造

三、楼板层构造

（一）钢筋混凝土楼板层构造

钢筋混凝土楼板按施工方法的不同，可分为现浇整体式、预制装配式和装配整体式三种。

1. 现浇整体式钢筋混凝土楼板

这种楼层是在施工现场支立模板、绑扎钢筋、浇灌混凝土、养护等施工程序而成型的，它整体刚度好，但模板消耗大、工序繁多、湿作业量大、工期长，适合于抗震设防及整体性要求较高的建筑。

根据受力情况的不同，有板式楼板、梁板式楼板、井式楼板、无梁楼板和压型钢板组合楼板等几种。

1）板式楼板

这种楼板直接搁置在墙上，有单向板和双向板之分。当板的长边与短边之比大于 2 时，板基本上沿短边传递荷载，称为单向板，板内受力筋沿短边配置；当板的长边与短边之比小于或等于 2 时，板内荷载双向传递，但短边方向内力较大，板内受力主筋平行于短边配置，称为双向板，如图 2.4.9 所示。其特点是板底平整美观、施工方便，适宜于厕所、厨房和走道等小跨度房间。

2）梁板式楼板

当房间的跨度较大，为使楼板结构的受力与传力更加合理，常在楼板下设梁，以减小板的跨度，使楼板上的荷载先由板传给梁，然后由梁再传给墙或柱，这样的楼板结构称梁板式楼板。其梁有主梁与次梁之分，板有单向板和双向板之分，如图 2.4.10 所示。

梁板式楼板常用的尺寸见表 3.4.1。

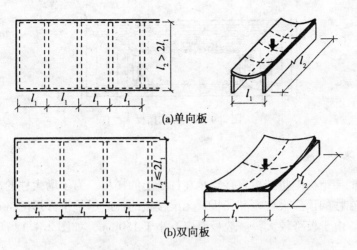

图 2.4.9　板式楼板的受力、传力方式

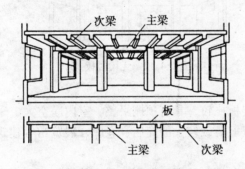

图 2.4.10　梁板式楼板

表 3.4.1　　　　　　　　　　　　　　　　梁楼板的经济跨度

构 件 名 称	经 济 尺 寸		
	跨度(L)	梁高、板厚(h)	梁宽(b)
主梁	5～8m	$(1/14 \sim 1/8)L$	$(1/3 \sim 1/2)h$
次梁	4～6m	$(1/18 \sim 1/12)2)L$	$(1/3 \sim 1/2)h$
板	1.5～3m	简支板$(1/35)L$ 连续板$(1/40)L(60 \sim 80mm)$	

3)井式楼板

当房间尺寸较大，并接近正方形时，常沿两个方向布置等距离、等截面高度的梁(不分主、次梁)，板为双向板，形成井格形的梁板结构，称为井式楼板。其梁跨常为 10～24m，板跨一般为 3m 左右。这种结构的梁构成了美丽的图案，在室内能形成一种自然的顶棚装饰，如图 2.4.11 所示。

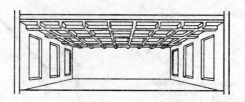

图 2.4.11　井式楼板

4) 无梁楼板

无梁楼板是框架结构中将楼板直接支承在柱子上的楼板。为了增大柱的支承面积和减小板的跨度，需在柱的顶部设柱帽和托板。无梁楼板的柱应尽量按方形网格布置，间距为 7~9m 较为经济。由于板跨较大，一般板厚应不小于 150mm，如图 2.4.12 所示。

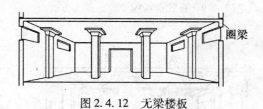

图 2.4.12　无梁楼板

无梁式楼板与梁板式楼板比较，具有顶棚平整，室内净空大，采光、通风好，施工较简单等优点。它多用于楼板上荷载较大的商店、仓库、展览馆等建筑中。

5) 压型钢板组合楼板

压型钢板组合楼板实质上是一种钢与混凝土组合的楼板，利用压型钢板做衬板，与现浇混凝土浇筑在一起搁置在钢梁上，构成整体型的楼板支承结构，如图 2.4.13 所示，适用于需有较大空间的高、多层民用建筑。

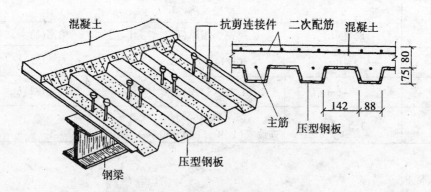

图 2.4.13　压型钢板混凝土组合楼板

钢衬板组合楼板主要由楼面层、组合板与钢梁几部分构成，在使用压型钢板组合楼板时应注意几个问题：

（1）应避免在有腐蚀的环境中使用；

（2）应避免压型钢板长期暴露，以防钢板梁生锈，破坏结构的连接性能；

（3）在动荷载的作用下，应仔细考虑其细部设计，并注意保持结构组合作用的完整性和共振问题。

2. 预制装配式钢筋混凝土楼板

这种楼板是指在构件预制厂或施工现场预先制作，然后运到工地进行安装的楼板。它提高了机械化施工水平，缩短了工期，促进了建筑工业化，因此应用广泛。但这种楼板整体性较差。

预制楼板又可分为预应力和非预应力两种。采用预应力楼板可延缓构件裂缝的出现和限制裂缝的发展，从而提高构件的抗裂能力和刚度。与非预应力构件相比，还可节省钢材3%～50%，节省混凝土10%～30%。

1）预制楼板的类型

根据其截面形式，可分为实心平板、槽形板和空心板三种。

（1）实心平板。这种楼板跨度小、制作简单，适用于过道及小开间房间的楼板，也可做架空搁板或沟盖板等，如图2.4.14所示。

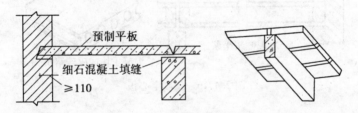

图2.4.14　预制钢筋混凝土平板

预制实心平板的经济跨度一般在2.5m以内；板厚为跨度的1/10～1/25，一般为50～80mm；板宽为500～600mm。

（2）槽形板。这是一种梁板结合的构件，即在实心平板的两侧设有纵向肋，构成槽形截面。当采用非预应力板时，板跨一般在4m以内，而预应力板则可达6m以上，板宽为600～1500mm，板厚为30～35mm，肋高为150～300mm。

为了提高板的刚度和便于搁置，应在板的两端用端肋封闭，当板的跨度较大时，还应在板的中部每隔500～700mm增设横肋一道，如图2.4.15所示。

（3）空心板。空心板根据板内抽孔方式的不同，有方孔、椭圆孔和圆孔板之分，方孔板比较经济，但脱模困难、板面易出现裂缝；圆孔板抽芯脱模方便省事，目前应用较广泛，如图2.4.16所示。

空心板有中型与大型之分，中型空心板跨度多在4m以下，板宽为500mm、600mm、900mm、1200mm，板厚90～150mm，孔径为40～70mm，上表面板厚为20～30mm，下表面板厚为15～20mm；大型空心板跨度为4～7.2m，板宽多为1.5～4.5m，板厚为110～250mm。

空心板的板面不能随意开洞，在安装时，板两端孔内常以砖块或混凝土块填塞，以免

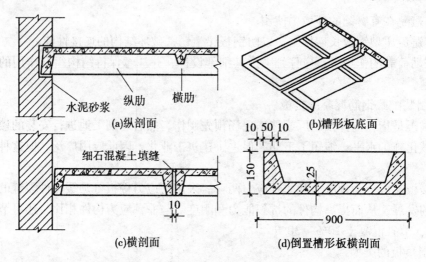

图 2.4.15 预制钢筋混凝土槽形板

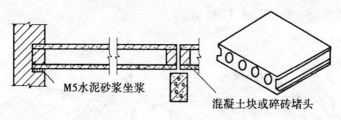

图 2.4.16 预制空心板

灌缝时漏浆和保证板端不致被压坏。

2)预制楼板的结构布置与细部处理

（1）结构布置。在进行楼板结构布置时，先应根据房间开间、进深的尺寸确定构件的支承方式，然后根据现有板的规格进行合理布置。但在结构布置时，应遵循以下原则：

①尽量减少板的规格、类型，以方便施工，避免出差错；

②为减少板缝的现浇混凝土量，应优先选用宽板，窄板作为调剂用；

③布板应避免出现三边支承情况，否则，在荷载作用下会产生裂缝，如图 2.4.17 所示；

④按支承楼板的墙或梁的净尺寸计算楼板的块数，不够时，可通过调整板缝或增加局部现浇板等办法来解决，如图 2.4.18 所示；

⑤遇有上下管线、烟道、通风道穿过楼板时，应尽量将该处楼板现浇。

（2）板缝处理。安装预制楼板时，为使板缝灌浆密实，要求板块之间有一定距离，以便填入细石混凝土。对整体性要求较高的建筑，可在板缝内配筋或用短钢筋与预制楼板吊钩焊接。

板侧缝下口宽一般要求不大于 20mm；当缝宽为 20~50mm 时，可用 C20 细石混凝土现浇；当下口缝宽为 50~200mm 时，可用 C20 细石混凝土现浇，并在缝中配纵向钢筋；当大于 200mm 时，则需调整板的规格。

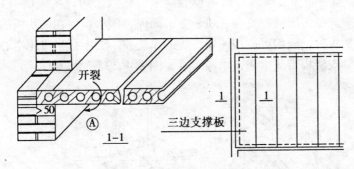

图 2.4.17　板的三边支撑板

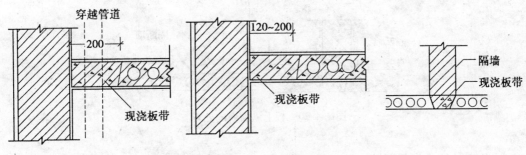

图 2.4.18　板缝处理

（3）板与墙、梁的连接构造。预制板搁置在墙或梁上时，均应有足够的支承长度。支承于梁上时，应不小于 80mm；支承于墙上时，应不小于 110mm，并在梁或墙上坐 20 厚 M5 水泥砂浆，以保证板平稳均匀传力。另外，为增加建筑物的整体刚度，板与墙、梁之间或板与板之间应有一定的拉结锚固措施，如图 2.4.19 所示。

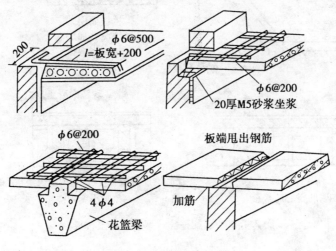

图 2.4.19　锚固筋的配置

（4）楼板上隔墙的处理。预制楼板上设立隔墙时，宜采用轻质隔墙。如采用砖隔墙、砌块隔墙时，则应避免将隔墙搁置在一块板上，而应将隔墙设置在两块板的接缝处。当采用槽形板或小梁搁板时，隔墙可直接搁置在板的纵肋或小梁上；当采用空心板时，必须在隔墙下的板缝处设现浇板带或梁来支承隔墙，如图2.4.20所示。

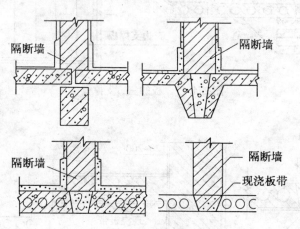

图 2.4.20　板上隔断墙的处理

3. 装配整体式钢筋混凝土楼板

这种楼板是一种预制装配和现浇相结合的楼板，它整体性强、节省模板，包括叠合楼板、密肋空心砖楼板和预制小梁现浇板等，如图2.4.21所示。

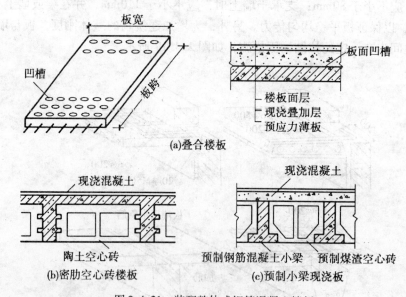

图 2.4.21　装配整体式钢筋混凝土楼板

（二）顶棚构造

顶棚又称平顶或天花，是位于建筑楼、屋盖下表面的装饰构造。顶棚装饰是建筑装饰的重要组成部分，是建筑室内空间三大界面的顶界面，在室内空间中占据重要的位置。顶棚层要求表面光洁、美观，并能起反射光照的作用，以改善室内的照度。对有特殊要求的房间，还要求顶棚具有隔声、保温、隔热等方面的功能。

1. 顶棚的作用

(1)改善室内环境，满足使用功能要求。顶棚具有的照明、通风、保温、隔热、吸声或声音反射、防火等技术性能，直接影响室内的环境与使用效果。

(2)装饰室内空间。作为室内三大界面之一的顶界面，其装饰处理对室内景观的完整统一及装饰效果有极大影响。

2. 顶棚构造

根据室内的需要、施工的方式、材料的特性等，顶棚的类型各种各样，下面介绍常见顶棚构造。

1)直接式顶棚

直接式顶棚是在屋面板或楼板的底面直接进行喷浆、抹灰、粘贴、钉接饰面材料，多用于居住建筑、工厂、仓库以及一些临时性建筑。常见的直接式顶棚装修有以下几种处理方式：

(1)当楼板底面平整时，可直接在楼板底面喷刷大白浆涂料或106涂料。

(2)当楼板底部不够平整或室内装修要求较高时，可先将板底打毛，然后抹10～15mm厚1:2水泥砂浆，一次性成活，再喷(或刷)涂料；对一些装修要求较高或有保温、隔热、吸声要求的建筑物，如商店营业厅、公共建筑大厅等，可在顶棚上直接粘贴装饰墙纸、装饰吸声板以及着色泡沫塑胶板等材料，如图2.4.22(a)所示。

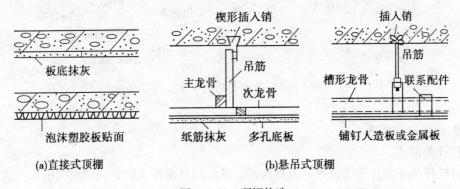

(a)直接式顶棚　　　　　　　　　(b)悬吊式顶棚

图2.4.22　顶棚构造

2)悬吊式顶棚

悬吊式顶棚简称吊顶，由吊筋，龙骨和板材三部分构成。常见龙骨形式有木龙骨、轻钢龙骨、铝合金龙骨等；常用的板材有各种人造木板、石膏板、吸声板、矿棉板、铝板、彩色涂层薄钢板、不锈钢板等。

为提高建筑物的使用功能和观感，往往需借助于吊顶来解决建筑中的照明、给排水管道、空调管、火灾报警、自动喷淋、烟感器、广播设备等管线的敷设问题，如图2.4.22(b)所示。

四、阳台与雨篷

（一）阳台

阳台是建筑中房间与室外接触的平台，人们可以利用阳台休息、乘凉、晾晒衣物、眺望或从事其他活动，它是多层尤其是高层住宅建筑中不可缺少的构件。

1. 阳台的类型

按阳台与外墙所处位置的不同，可分为挑阳台、凹阳台、半挑半凹阳台以及转角阳台等几种形式，如图 2.4.23 所示。

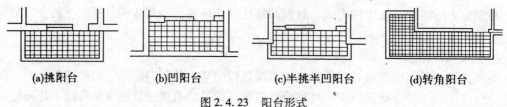

(a)挑阳台　　　　(b)凹阳台　　　　(c)半挑半凹阳台　　　　(d)转角阳台

图 2.4.23　阳台形式

按阳台的结构布置形式的不同，可分为压梁式、挑板式和挑梁式三种，如图 2.4.24 所示。

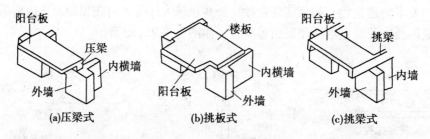

(a)压梁式　　　　　(b)挑板式　　　　　(c)挑梁式

图 2.4.24　阳台的结构布置形式

2. 阳台的细部构造

1）栏杆的形式

阳台栏杆是在阳台周边设置的垂直构件，其作用是承担人们倚扶的侧向推力，以保人身安全；二是对整个建筑物起一定装饰作用，因此，栏杆既要坚固又要美观。栏杆竖向净高一般不小于 1.05m，高层建筑不小于 1.1m，但不宜超过 1.2m，栏离地面 100mm 高度内不应留空。从外形上看，栏杆有实体与空花之分，实体栏杆又称为板。

从材料上看，栏杆有砖砌、钢筋混凝土和金属栏杆之分，如图 2.4.25 所示。

2）阳台排水

由于阳台外露，为防止雨水从阳台流入室内，阳台面标高应低于室内地面 20 ~ 30mm，并在阳台一侧栏杆下设水舌，阳台地面用防水砂浆抹出 1% 的排水坡，将水导向水舌。对高层建筑，则宜用水落管排水，如图 2.4.26 所示。

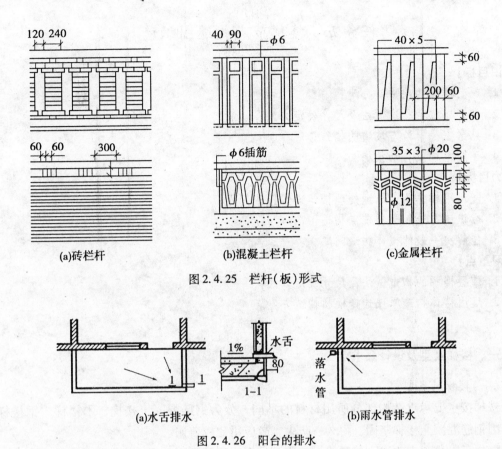

(a)砖栏杆　　　　　　　(b)混凝土栏杆　　　　　　(c)金属栏杆

图 2.4.25　栏杆(板)形式

(a)水舌排水　　　　　　　　　　　　(b)雨水管排水

图 2.4.26　阳台的排水

(二)雨篷

雨篷是建筑物入口处门洞上部用以遮挡雨水、保护外门免受雨水侵害的水平构件，多采用钢筋混凝土悬臂板，其悬挑长度为 1~1.5m。雨篷有板式和梁板式两种，如图 2.4.27 所示。

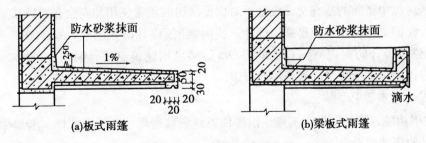

(a)板式雨篷　　　　　　　　　　(b)梁板式雨篷

图 2.4.27　雨篷构造形式

雨篷在构造上需解决好两个问题：一是防倾覆，以保证雨篷梁上有足够的压力；二是板面上要做好防排水。通常，沿板四周用砖砌或现浇混凝土做凸檐挡水，板面用防水砂浆抹面，并向排水口做出 1% 的坡度，防水砂浆应顺墙上卷至少 300mm。

任务五　楼梯节点构造图识读

【知识目标】

1. 熟悉楼梯的组成及分类；
2. 掌握楼梯的构造做法及尺寸确定方法；
3. 熟悉室外台阶与坡道的构造；
4. 了解电梯及自动扶梯。

【能力目标】

1. 能运用楼体构造原理处理楼体方案比选问题；
2. 会识读与绘制楼梯节点构造图；
3. 能解决一般的楼体构造问题。

【学习重点】

1. 掌握楼梯的构造做法及尺寸确定方法；
2. 运用楼体构造原理选择楼梯构造方案。

一、楼梯类型及设计要求

(一)楼梯的类型

楼梯按主要承重结构部分所用材料的不同，分为钢筋混凝土楼梯、木楼梯、钢楼梯等，因钢筋混凝土楼梯坚固、耐久、防火，故应用比较普遍。

楼梯可以分为直跑式、双跑式、三跑式、多跑式及弧形和螺旋式等多种形式，双跑式楼梯是最常采用的一种。楼梯的平面类型与建筑平面有关，当楼梯的平面为矩形时，可以做成双跑式；如果是接近正方形的平面，适合做成三跑式；圆形的平面可以做成螺旋式楼梯。有时，综合考虑到建筑物内部的装饰效果，还常常做成双分和双合等形式的楼梯，如图 2.5.1 所示。

(二)楼梯的设计要求

楼梯是房屋中重要的垂直交通设施，对保证房屋的正常使用和安全有着极其重要的作用，因此，我们必须高度重视楼梯的设计。我国《建筑设计防火规范》(GB50016—2006)、《高层民用建筑设计防火规范》(GB50045—95)、《民用建筑设计通则》(GB50352—2005)等对楼梯设计做出了比较明确而严格的规定。

1)楼梯的基本要求

(1)使用功能方面的要求：主要是指楼梯数量、宽度尺寸、平面式样、细部做法等均应注意满足使用功能要求。

(2)结构、构造方面的要求：楼梯一般应有足够的承载能力(住宅按 1.5kN/m^2，公共建筑按 3.5kN/m^2 考虑)、足够的采光能力(采光系数应该大于1/12)、较小的变形(允许挠度值一般为 1/400L)等。

(3)防火、安全方面的要求：楼梯间距、楼梯数量均应注意符合有关规定。

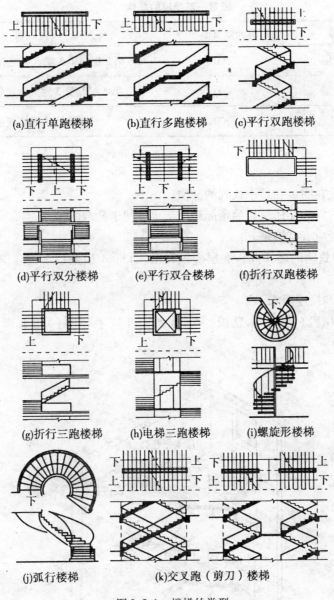

(a)直行单跑楼梯　(b)直行多跑楼梯　(c)平行双跑楼梯

(d)平行双分楼梯　(e)平行双合楼梯　(f)折行双跑楼梯

(g)折行三跑楼梯　(h)电梯三跑楼梯　(i)螺旋形楼梯

(j)弧行楼梯　(k)交叉跑（剪刀）楼梯

图 2.5.1　楼梯的类型

(4)施工、经济要求：在选择装配式做法时，应该力求构件重量适当，一般不应过大。

2)楼梯的数量要求

公共建筑和廊式住宅通常应设两部楼梯，但单元式住宅可以例外。

2~3 层的建筑(医院、幼儿园除外)符合表 2.5.1 所列要求时，也可以只设一部疏散楼梯。

9 层和 9 层以下，每层建筑面积不超过 300m² ，且人数不超过 30 人的单元式住宅可以只设一个楼梯。

表 2.5.1　　　　　　　　　　　　　　　　设置一部楼梯的条件

耐火等级	层数	每层最大建筑面积(m²)	人数
一、二级	2、3层	500	第2层与第3层人数之和不超过100人
三级	2、3层	200	第2层与第3层人数之和不超过50人
四级	2层	200	第2层人数不超过30人

3)楼梯的位置要求

(1)主楼梯应放在明显和易于找到的部位;

(2)楼梯一般不宜放在建筑物的角部和边部,以便于荷载的传递;

(3)楼梯间一般应有直接采光;

(4)4层以上建筑物的楼梯间,底层应该设出入口;4层及以下的建筑物,楼梯间可以放在距出入口小于等于15m处。

4)楼梯的组成与尺度要求

楼梯一般由楼梯段(跑)、休息板(平台)和栏杆扶手(栏杆)等几部分组成,如图2.5.2所示。

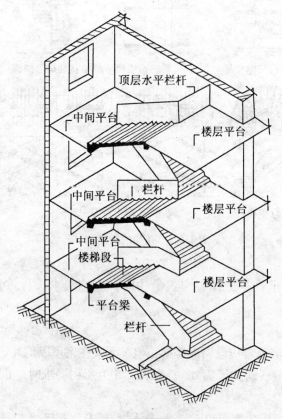

图 2.5.2　楼梯的组成

（1）踏步。这是人们上下楼梯时脚踏的地方，其水平面叫踏面，垂直面叫踢面。踏步的尺寸应该根据人体的尺度来决定其数值。踏步宽常采用 b 表示，踏步高常采用 h 表示，b 和 h 的取值应该符合如下关系：

$$6+h=450mm \text{ 或 } b+2h=600 \sim 620mm$$

踏步尺寸应该根据使用要求决定，建筑的类型不同，其要求也不相同。表 2.5.2 为踏步的尺寸规定。

（2）梯井。两个楼梯段之间的空隙叫梯井，公共建筑梯井的宽度以大于等于 150mm 较为妥当，具体应根据消防要求而定。

（3）楼梯段。又叫楼梯跑，楼梯段是楼梯最基本的组成部分。楼梯段的宽度取决于通行人数和消防要求。按通行人数考虑时，每股人流所需梯段宽度为人的平均肩宽（550mm）再加少许提物尺寸（0 ~ 150mm），即 550mm+（0 ~ 150mm）。当按消防要求考虑时，每个梯段必须保证两人同时上下，即最小宽度一般为 1100 ~ 1400mm。室外疏散楼梯其最小宽度一般为 900mm。多层住宅楼梯段最小宽度一般为 1000mm。

楼梯段的最少踏步数为 3 步，最多为 18 步。公共建筑中的装饰性弧形楼梯可以略超过 18 步。楼梯段的投影长度一般为踏步数减 1 再乘以踏步宽度。

表 2.5.2　　　　　　　　　　　踏步尺寸　　　　　　　　　　（单位：mm）

尺　寸	建　筑　类　型				
	住宅	幼儿园、小学	影院、剧场	其他	专用楼梯
最小宽度值	250	260	280	260	220
最大宽度值	180	150	160	170	200

注：①上表选自《民用建筑设计通则》（JGJ37—87）；

②专用楼梯指户外楼梯和住宅户内楼梯等；

③《住宅设计规范》（GB50096—1999 修订本）规定，住宅中踏步最小宽度为 260mm，最大高度为 175mm。

（4）楼梯栏杆和扶手。楼梯在靠近梯井处应该加栏杆或栏板，顶部做扶手。扶手表面的高度与楼梯坡度有关，其计算点应该从踏步前沿起算。

楼梯的坡度为 15° ~ 30°时，取 900mm；为 30° ~ 45°时，取 850mm；为 45° ~ 60°时，取 800mm；为 60° ~ 75°时，取 750mm。

水平的护身栏杆应该大于等于 1050mm。

楼梯段宽度大于 1650mm 时，应该增设靠墙扶手；楼梯段宽度超过 2200mm 时，还应该增设中间扶手。

（5）休息平台。为了减少人们上下楼时的疲劳感，建筑物层高在 3m 以上，且踏步数超过一定数量时，常分为两个梯段，中间增设休息板，又称休息平台。休息平台的宽度必须大于等于梯段的宽度。当踏步数为单数时，休息平台的计算点应该在梯段较长的一边。为方便扶手转弯，休息平台宽度应该取楼梯段宽度再加 1/2 踏步宽。

（6）净高尺寸。楼梯间休息平台上表面与上部通道最低处的净高尺寸应该大于2000mm。楼梯段之间的净高应该大于2200mm，如图2.5.3所示。

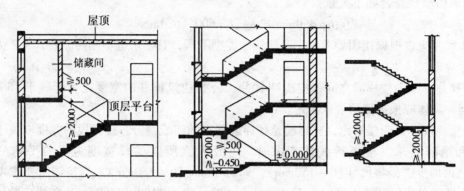

图2.5.3　楼梯处净高处理(mm)

二、钢筋混凝土楼梯构造

根据施工方式的不同，钢筋混凝土楼梯可分为现浇和预制装配两种，现浇楼梯应用较多。

（一）现浇钢筋混凝土楼梯

现浇钢筋混凝土楼梯是采用在施工现场支模、绑钢筋，再浇注混凝土方法而制成的。这种楼梯的整体性强，但施工工序多，施工工期较长。现浇钢筋混凝土楼梯有两种做法：一种是板式楼梯、一种是斜梁楼梯，如图2.5.4所示。

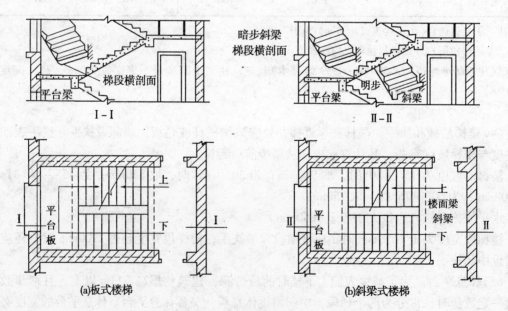

图2.5.4　现浇楼梯类型

（二）预制装配钢筋混凝土楼梯

按楼梯构件的合并程度，预制装配式钢筋混凝土楼梯一般可分为小型、中型和大型三种。

1. 小型构件装配式楼梯

小型构件装配式楼梯是将楼梯按组成分解为若干小构件，如将一梁板式楼梯分解成预制踏步板、预制斜梁、预制平台梁和预制平台板，每一构件体积小、重量轻，易于制作，便于运输和安装。但安装次数多，安装节点多，安装速度慢，安装湿作业多，需要较多的人力，且工人劳动强度也较大。小型构件装配式楼梯适合施工现场机械化程度低的工地采用，如图 2.5.5 所示。

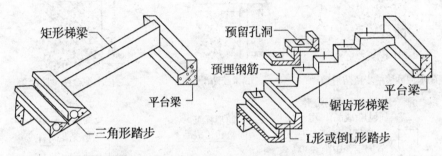

图 2.5.5　小型预制装配式楼梯构造形式

2. 中型构件装配式楼梯

中型构件装配式楼梯一般由楼梯段和带平台梁的平台板两个构件组成。带梁平台板把平台板和平台梁合并成一个构件。当起重能力有限时，可将平台梁和平台板分开。这种构造做法的平台板，可以和小型构件装配式楼梯的平台板一样，采用预制钢筋混凝土槽形板或空心板两端直接支承在楼梯间的横墙上；或采用小型预制钢筋混凝土平板，直接支承在平台梁和楼梯间的纵墙上。

3. 大型构件装配式楼梯

大型构件装配式楼梯是把整个梯段和平台预制成一个构件，按结构形式不同，有板式楼梯和梁板式楼梯两种，如图 2.5.6 所示。为减轻构件的重量，可以采用空心楼梯段。楼梯段和平台这一整体构件支承在钢支托或钢筋混凝土支托上。

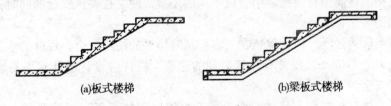

(a)板式楼梯　　　　　　　　(b)梁板式楼梯

图 2.5.6　大型构件装配式楼梯形式

大型构件装配式楼梯构件数量少，装配化程度高，施工速度快，但施工时需要大型的起重运输设备，故主要用于大型装配式建筑中。

三、楼梯的细部构造

(一)踏步面层的防滑处理

因为踏步面层比较光滑且尺度较小，行人容易滑跌。在人流集中的建筑或紧急情况下，发生滑跌是非常危险的。因此，在踏步前缘应有防滑措施，这对于人流集中建筑的楼梯就显得更加重要。常见的几种踏步防滑构造如图2.5.7所示。

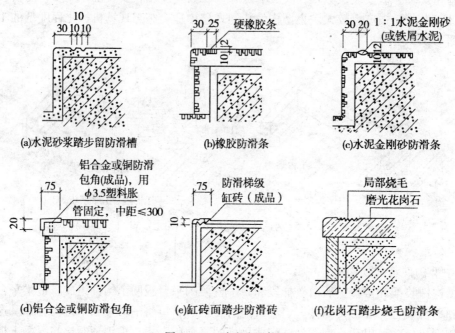

(a)水泥砂浆踏步留防滑槽　　(b)橡胶防滑条　　(c)水泥金刚砂防滑条

(d)铝合金或铜防滑包角　　(e)缸砖面踏步防滑砖　　(f)花岗石踏步烧毛防滑条

图 2.5.7　踏步防滑构造

(二)栏杆(栏板)和扶手

为了保证楼梯的使用安全，应在楼梯段的临空一侧设置栏杆或栏板，并在其上部设置扶手。当楼梯的宽度较大时，还应在梯段的另一侧及中间增设扶手。栏杆、栏板和扶手也是具有较强装饰作用的建筑构件，对材料、格式、色彩、质感均有较高的要求。

栏杆在楼梯中采用较多。栏杆多采用金属材料制作，如钢材、铝材、铸铁花饰等。用相同或不同规格的金属型材拼接、组合成不同的图案，使之在确保安全的同时，又能起到装饰作用，如图2.5.8所示。

栏杆应有足够的强度，能够保证在人多拥挤时楼梯的使用安全。栏杆的垂直构件之间的净间距不应大于110mm。经常有儿童活动的建筑，栏杆应设计成儿童不易攀登的分格形式，以确保安全。

栏板是用实体材料制作而成的，常见的有加筋网砌体栏板、钢筋混凝土栏板、木栏板、玻璃钢栏板等。栏板表面应光滑平整、易于清洁，如图2.5.9所示。

栏杆的垂直构件必须要与楼梯段有牢固、可靠的连接，应当根据工程实际情况和施工能力合理选择连接方式，如图2.5.10所示。

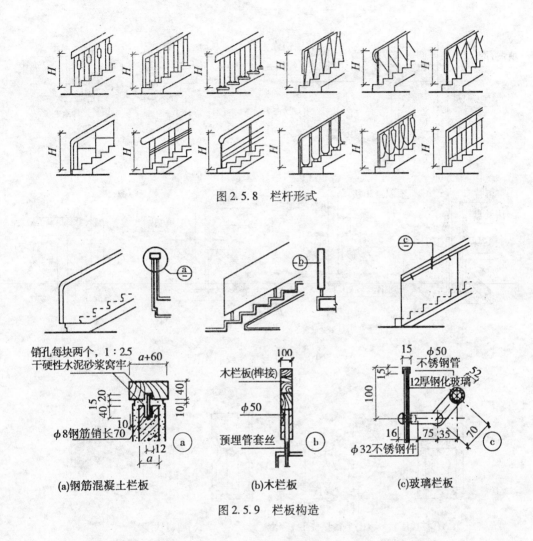

图 2.5.8　栏杆形式

销孔每块两个，1∶2.5 干硬性水泥砂浆窝牢

φ8钢筋销长70

(a)钢筋混凝土栏板

木栏板(榫接)

φ50

预埋管套丝

(b)木栏板

φ50 不锈钢管

12厚钢化玻璃

φ32不锈钢件

(c)玻璃栏板

图 2.5.9　栏板构造

　　扶手可以用优质硬木、金属型材(铁管、不锈钢、铝合金等)、工程塑料及水泥砂浆抹灰、水磨石、天然石材等材料制作。室外楼梯不宜使用木扶手，以免淋雨后变形和开裂。不论何种材料的扶手，其表面必须要光滑、圆顺，便于使用者扶持。绝大多数扶手是连续设置的，接头处应当仔细处理，使之平滑过渡。金属扶手通常与栏杆焊接；抹灰类扶手系在栏板上端直接饰面；木、塑料扶手在安装之前，应事先在栏杆顶部设置通长的斜倾扁铁、扁铁上预留安装钉孔，然后把扶手安放在扁铁上，并固定好，如图 2.5.11 所示。

　　上行和下行梯段的扶手在平台转弯处往往存在高差，应进行适当调整和处理，如图 2.5.12 所示。

四、台阶与坡道

(一)台阶

　　台阶是联系室内外地坪或楼层平面标高变化部位的一种做法。底层台阶还要综合考虑防水、防冻等问题。楼层台阶要注意与楼层结构的连接。室内台阶，踏步宽度应大于

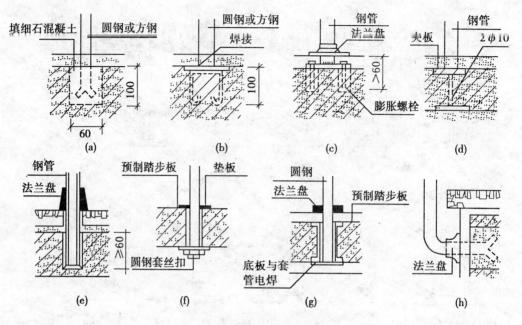

图 2.5.10 栏杆与楼梯段的连接

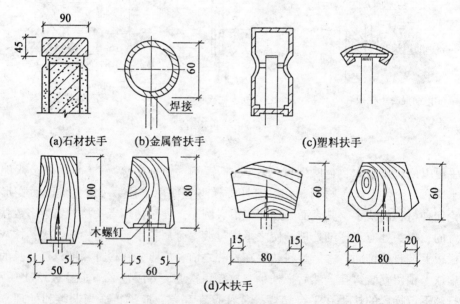

图 2.5.11 扶手类型

300mm；踏步高度一般不应大于150mm，踏步数一般不应少于2级。室外台阶，应该注意室内外高差。在踏步尺寸确定方面，可以略宽于对于楼梯踏步尺寸的要求。踏步的高度经常取100~150mm，踏步的宽度常取300~400mm，高宽比一般不应大于1：2.5。

台阶的长度应该大于门的宽度，而且可以做成多种形式，如图2.5.13所示。

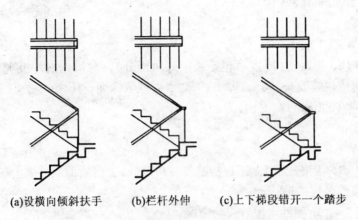

(a)设横向倾斜扶手 　(b)栏杆外伸 　(c)上下梯段错开一个踏步

图 2.5.12　楼梯转弯处扶手高差的处理

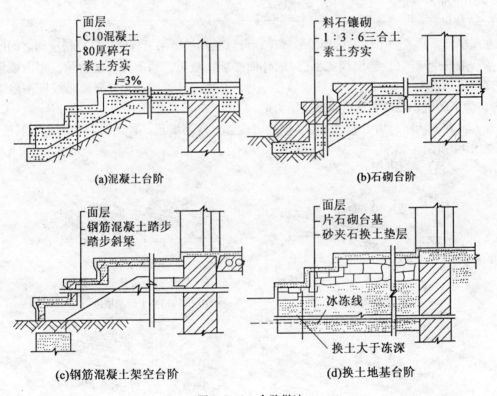

(a)混凝土台阶　　　　　　　　　　　　(b)石砌台阶

(c)钢筋混凝土架空台阶　　　　　　　　(d)换土地基台阶

图 2.5.13　台阶做法

下面介绍几种常见的台阶做法：

1. 剁斧石台阶(360mm 厚，代号为台 5B)

(1)素土夯实；

(2)300mm 厚 3∶7 灰土，分两步夯实；

(3)60mm 厚 C15 混凝土(厚度不包括踏步三角部分)，小八厘石子内掺 3% 石膏，边打边嵌入混凝土内，台阶面向外坡 1%。用斧剁毛，两遍成活。

2. 水泥台阶(380mm 厚, 代号为台 2B)

(1)素土夯实;

(2)300mm 厚 3 : 7 灰土;

(3)60mm 厚 C15 混凝土(厚度不包括踏步三角部分), 台阶面向外坡 1%。素水泥浆结合层一道。(内掺建筑胶), 20mm 厚 1 : 1.2 水泥砂浆抹面, 压光。

3. 铺地砖台阶(390mm 厚, 代号为台 8B)

(1)素土夯实;

(2)300mm 厚 3 : 7 灰土;

(3)60mm 厚 C15 混凝土(厚度不包括踏步三角部分), 台阶面向外坡 1%;

(4)素水泥浆结合层一道;

(5)20mm 厚 1 : 3 干硬性水泥砂浆粘接层;

(6)撒素水泥面(洒适量清水);

(7)10mm 厚铺地砖面层, 干水泥擦缝。

(二)坡道

在车辆经常出入或不适宜做台阶的部位, 可以使用坡道来进行室内外或楼层面之间的联系。一般安全疏散口(如剧场太平门)的外面必须做坡道, 而不允许做台阶。室内坡道的坡度一般不应大于 1 : 8, 室外坡道坡度一般不应大于 1 : 10, 无障碍坡道坡度一般为 1 : 12。为了防滑, 坡道面层可以做成锯齿形。

在人员和车辆同时出入的地方, 可以同时设置台阶与坡道, 使人员和车辆各行其道, 如图 2.5.14 所示。

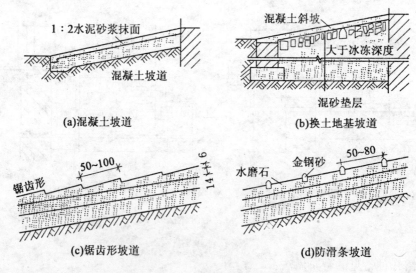

图 2.5.14　坡道做法

下面介绍几种常见的坡道做法:

1. 水刷豆石坡道(380 ~ 420mm 厚, 代号为坡 1B)

(1)素土夯实;

(2)300mm 厚 3∶7 灰土，分两步夯实；

(3)60~100mm 厚 C15 混凝土；

(4)素水泥浆结合层一道(内掺建筑胶)；

(5)20mm 厚 1∶2 水泥豆石抹面，用湿刷把浆刷去，微露小豆石，两边留 20mm 宽不刷。

2. 水泥坡道(385~425mm 厚，代号为坡 4B)

(1)素土夯实；

(2)300mm 厚 3∶7 灰土，分两步夯实；

(3)60~100mm 厚 C15 混凝土；

(4)素水泥浆结合层一道(内掺建筑胶)；

(5)25mm 厚 1∶2 水泥砂浆抹面做出长 60mm、宽 6mm 深防滑条。

五、电梯与自动扶梯

(一)电梯

电梯是建筑物内部解决垂直交通的做法之一，设置适合在大型宾馆、医院、商店、政府机关、写字楼等地，对于高层住宅，则应该根据层数、人数和面积来确定是否设置。当一部电梯的服务人数在 400 人左右，服务面积为 450~500m²，建筑层数在 10 层左右时，比较经济。

电梯由机房、井道和地坑三大构造部分组成。电梯井道内有轿厢，通过机房内的曳引机来运行人员和货物。井道一般用钢筋混凝土浇注而成。在每层楼面必须留出门洞，并设置专用门。在升降过程中，轿厢门和每层专用门必须全部封闭，以便保证安全。门的开启方式有中分推拉或旁开的双折推拉等。

设置电梯的建筑，楼梯还应按照常规做法设置。电梯平面、剖面构造示意图如图 2.5.15 所示。

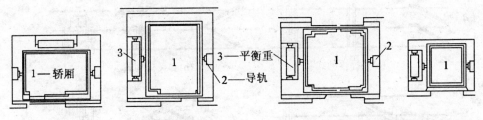

(a)客梯(双扇推拉门)　(b)病床梯(双扇推拉门)　　(c)货梯(中分双扇推拉门)　(d)小型杂物梯

图 2.5.15　电梯平面、剖面构造示意图

电梯组成示意图如图 2.5.16 所示。

(二)自动扶梯

自动扶梯由电机牵引，梯级踏步连同扶手同步运行。机房一般搁置在地面以下。自动扶梯可以正逆运行，既可以上升又可以下降。在机械停止运转时，也可以作为普通楼梯使用。图 2.5.17 所示是自动扶梯的平面形式。

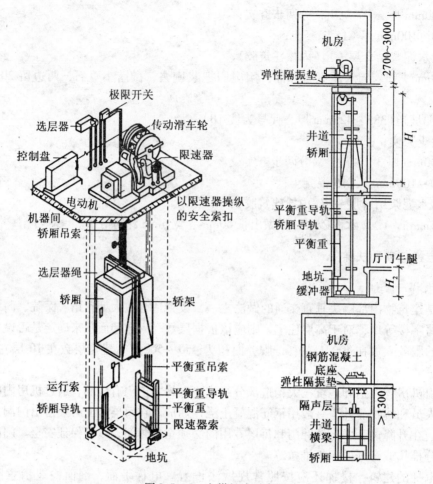

图 2.5.16 电梯组成示意图

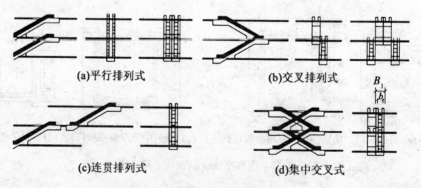

(a)平行排列式   (b)交叉排列式

(c)连贯排列式   (d)集中交叉式

图 2.5.17 自动扶梯平面形式

自动扶梯的坡度通常为30°和35°，自动楼梯的基本尺寸如图2.5.18所示。自动扶梯型号规格见表2.5.3。

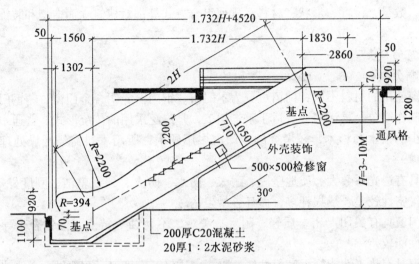

图 2.5.18　自动楼梯基本尺寸

表 2.5.3　　　　　　　　自动扶梯型号规格（倾斜角均为 30°）

梯型	输送能力 （人·h⁻¹）	提升高度 （m）	速度（m·s⁻¹）	楼梯宽度（mm）	
				净宽	外宽
单人	5000	3～10	0.5	600	1350
双人	8000	3～8.5	0.5	1000	1750

任务六　门窗节点构造图识读

【知识目标】

1. 熟悉门窗的组成及分类；
2. 掌握常见门窗的构造要求。

【能力目标】

1. 能看懂门窗图集和会正确选择门窗；
2. 会识读与绘制门窗节点图。

【学习重点】

掌握门窗的构造要求及安装方法。

一、门窗概述

(一)门窗的作用

门和窗是建筑中两个重要的围护构件。门的作用主要是通行和疏散，还有采光、通风、分隔与联系建筑空间的作用；窗的作用主要是采光、通风及眺望。在不同情况下，门和窗还有分隔、保温、隔热、隔声、防水、防火、防尘、防辐射及防盗等作用。此外，门和窗的大小、数量、位置、形状、材料及排列组合方式等都对建筑立面造型和装饰效果有较大影响。

(二)门窗的分类

1. 按材料分类

根据门窗使用的材料不同，门窗可分为木门窗、钢门窗、铝合金门窗、塑钢门窗等。

木门窗制作简单、灵活多变，适于手工加工，是广泛采用的传统形式。普通木门窗多采用变形较少的松木和杉木，较考究的木门窗多用硬木，所用木料需经干燥处理，以防变形。

钢门窗具有透光系数大、质地坚固、耐久、防水、防火、外观整洁、刚度好等特点，但钢门窗的气密性较差、热损耗多，而且容易生锈。

铝合金门窗具有关闭严密、质轻、耐水、美观、不锈蚀等特点，但铝合金导热系数大，故保温性能较差。

塑钢门窗具有热工性能好、密封性好、隔声、质轻、刚度好、耐腐蚀、美观光洁的特点，应用日益广泛，已逐渐取代铝合金门窗。

2. 按开启方式分类

1)门

门的开启方式主要是由使用要求决定的，通常有以下几种方式，如图2.6.1所示。

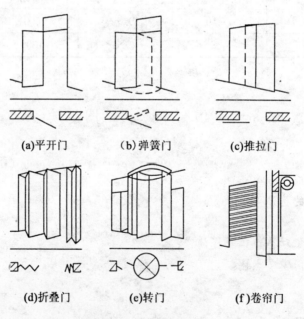

(a)平开门　　　　(b)弹簧门　　　　(c)推拉门

(d)折叠门　　　　(e)转门　　　　(f)卷帘门

图 2.6.1　门的开启方式

(1)平开门：是水平开启的门。它的铰链装于门扇的一侧，与门框相连，使门扇围绕铰链轴转动，有单、双扇之分，可以内开或外开，作为安全疏散门时，一般应外开，在寒冷地区，为满足保温要求，可以做成内、外开的双开门。平开门是建筑物中使用最广泛的门。

(2)弹簧门：弹簧门形式同平开门，也是水平开启的门，但侧边用弹簧铰链或下面用地弹簧转动，开启后能自动关闭。弹簧门又称自由门，分为单向弹簧门和双向弹簧门两种，单向弹簧门常用于有自动关闭要求的房间，如卫生间的门、纱门等；双向弹簧门多用于人流出入频繁或有自动关闭要求的公共场所，如公共建筑门厅的门等。双向弹簧门门扇上一般要安装玻璃，供出入的人相互观察，以免碰撞。但托儿所、幼儿园等的门，不可采用弹簧门，以免碰伤小孩。

(3)推拉门：通过上下轨道，左右推拉滑动进行开关，有单扇和双扇两种，开启后占用空间少，受力合理，不易变形，但门窗在关闭时难以封闭，构造复杂。适用于两个空间需扩大联系的门，在人流较多的场所，还可以采用光电式或触动式设施使推拉门自动起闭。

(4)折叠门：门扇可拼合、折叠推移到洞口的一侧或两侧，少占房间的使用面积。简单的折叠门，可以只在侧边安装铰链，复杂的还要在门的上边或下边安装导轨及转动五金配件。

(5)转门：由两个固定的弧形门套和垂直旋转的门扇构成，门扇有三扇或四扇，固定在中轴上，绕中轴在弧形门套内水平旋转，对防止内外空气对流有一定作用。它可以作为人员进出频繁、且有采暖或空调设备的公共建筑的外门。在转门的两旁还应设平开门或弹簧门，作为不需要空气调节的季节和大量人流疏散之用。转门构造复杂、造价较高，一般情况下不宜采用。

(6)卷帘门：由很多金属页片连接而成的门，开启时，门洞上部的转轴将页片向上卷起。这种门开启时不占使用面积，但加工复杂，常用于商店橱窗或商店出入口外侧的封闭门。此外，还有上翻门、升降门等形式，一般适用于门洞口较大、有特殊要求的门。在功能方面有特殊要求的门有保温门、隔声门、防火门、防盗门等。

2)窗

窗的开启方式主要取决于窗扇合页安装的位置和转动方式，依据开启方式不同，常见的窗有以下几种，如图2.6.2所示。

(1)固定窗：无窗扇，是将玻璃直接安装在窗框上，不能开启，不能通风，只供采光和眺望，多用于门的亮子窗或与开启窗配合使用。

(2)平开窗：是窗扇用合页与窗框侧边相连、可向内或向外水平开启的窗。其构造简单，开启灵活，制作维修均方便，是民用建筑中采用最广泛的窗。

(3)悬窗：根据合页和转轴位置不同，可分为上悬窗、中悬窗和下悬窗。上悬窗合页安装在窗扇的上边，一般向外开，防雨好，多用于外窗和窗亮子。下悬窗合页安装在窗扇的下边，一般向内开，通风较好，不挡雨，不能用做外窗，一般用于内门的上亮子。中悬窗是在窗扇两侧中部装水平转轴，窗扇绕水平轴旋转，开启时窗扇上部向内、下部向外，对挡雨、通风有利，并且开启易于机械化，故常用做大空间建筑的高侧窗，上下悬窗联动，也可用于靠外廊的窗。

(4)立转窗：在窗扇上下两边设垂直转轴，转轴可设在中部或偏在一侧，开启时窗扇绕转轴垂直旋转。立转窗开启方便，通风采光好，但防雨和密闭性较差。多用于单层厂房

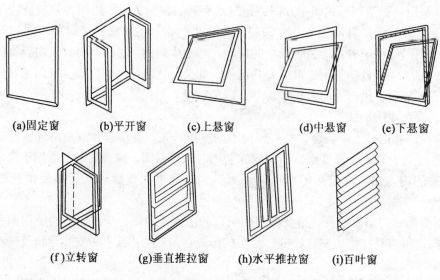

(a)固定窗   (b)平开窗   (c)上悬窗   (d)中悬窗   (e)下悬窗

(f)立转窗   (g)垂直推拉窗   (h)水平推拉窗   (i)百叶窗

图 2.6.2　窗的开启方式

的低侧窗。

（5）推拉窗：分垂直推拉窗和水平推拉窗两种，窗扇是沿水平或竖向导轨或滑槽推拉，开启时不占室内外空间。推拉窗窗扇及玻璃尺寸均比平开窗大，有利于采光和眺望。但它不能全部开启，通风效果受到影响。

（6）百叶窗：主要用于遮阳、防雨及通风，但采光差。百叶窗可用金属、木材、钢筋混凝土等制作，有固定式和活动式两种形式。工业建筑中多用固定式百叶窗，叶片常做成45°或60°。

（三）门窗的构造要求

门窗在使用中要求开启灵活、关闭紧密，便于清洁和维修，并且坚固、耐用，同时，门窗的设计尺度应符合《建筑模数协调统一标准》的要求。

门的尺度指门洞的高度和宽度尺寸，主要取决于人的通行要求、家具器械的搬运及与建筑物的比例关系等。一般门洞口宽度不应小于700mm，洞口高度不应小于2000mm。通常，单扇门的洞口宽度为700~1000mm，双扇门为1200~1800mm，当洞口宽度大于或等于3000mm时，应设四扇门。门的洞口高度一般为2000~2100mm，当洞口大于或等于2400mm时，应设亮子窗，亮子窗的高度一般为300~900mm。

窗的尺度主要取决于房间的采光、通风、构造做法和建筑造型等要求。窗洞口的高度与宽度尺寸通常采用扩大模数3M数列作为洞口的标志尺寸，一般洞口高度为600~3600mm，洞口高度为1500~2100mm时，设亮子窗，亮子窗的高度一般为300~600mm。洞口高度大于或等于2400mm时，可将窗组合成上下扇窗。窗洞口宽度一般为600~3600mm，根据建筑立面造型需要可达6000mm，甚至更宽。

门窗各地均有通用图集，设计时可按所需类型及尺度大小直接选用。

二、木门窗构造

(一)平开木门构造

平开木门一般由门框、门扇、亮子、五金零件及其附件组成,如图2.6.3所示。

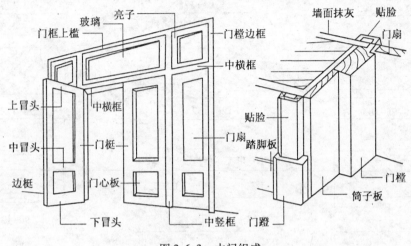

图2.6.3　木门组成

门扇按其构造方式不同,有镶板门、夹板门、拼板门、玻璃门和纱门等类型。亮子又称腰头窗,在门上方,为辅助采光和通风之用,有平开、固定及上悬、中悬、下悬几种。

门框是门扇、亮子与墙的联系构件。五金零件一般有铰链、插销、门锁、拉手、门碰头等。附件有贴脸板、筒子板等。

1. 门框

门框又称门樘,一般由两根竖直的边框和上框组成。当门带有亮子时,还有中横框,多扇门则还有中竖框。

(1)门框断面。门框的断面形式与门的类型、层数有关,同时应利于门的安装,并应具有一定的密闭性,如图2.6.4所示。门框的断面尺寸主要考虑接榫牢固与门的类型,还要考虑制作时的刨光损耗。故门框的毛料尺寸:双裁口的木门(门框上安装两层门扇时)厚度×宽度为(60~70)mm×(130~150)mm,单裁口的木门(只安装一层门扇时)为(50~70)mm×(100~120)mm。

为便于门扇密闭,门框上要有裁口(或铲口)。根据门扇数与开启方式的不同,裁口的形式可分为单裁口与双裁口两种。单裁口用于单层门,双裁口用于双层门或弹簧门。裁口宽度要比门扇宽度大1~2mm,以利于安装和门扇开启。裁口深度一般为8~10mm。

由于门框靠墙一面易受潮变形,故常在该面开1~2道背槽,以免产生翘曲变形,同时也利于门框的嵌固。背槽的形状可为矩形或三角形,深度为8~10mm,宽为12~20mm。

(2)门框安装。门框的安装根据施工方式分立口和塞口两种,如图2.6.5所示。

立口又称立樘子,是在砌墙体前,在立门框位置支立门框再砌墙体,其特点是框与墙体结合紧密,但立框与砌墙的施工工序交叉,对施工速度有影响。

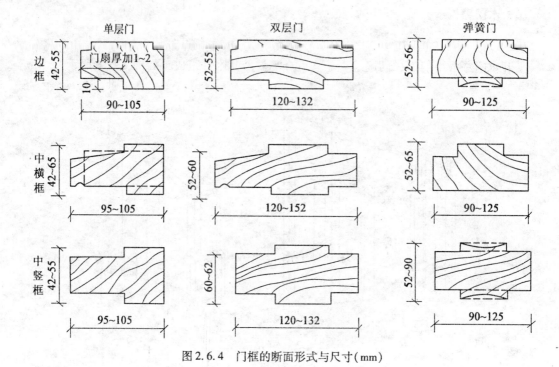

图 2.6.4 门框的断面形式与尺寸(mm)

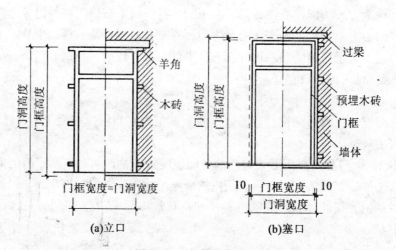

图 2.6.5 门框安装方式

塞口又称塞樘子,是在墙体砌筑好后再安装门框。安装要求:洞口宽度应比门框大20~30mm,高度应比门框大10~20mm;门洞两侧砖墙体上每间隔500~600mm预埋木砖或预留缺口,以便用钢钉或水泥砂浆固定门框;框与墙体间的缝隙应用沥青麻丝嵌填,如图2.6.6所示。

(3)门框在墙中的位置。门框在墙中的位置,可在墙的中间或与墙的一边平,如图2.6.7所示。一般多与开启方向一侧平齐,并尽可能使门扇开启时贴近墙面。门框四周的抹灰极易开裂脱落，因此，在门框与墙结合处应做贴脸板和木压条盖缝，贴脸板一般为15~20mm厚、30~75mm宽。木压条厚与宽为10~15mm，对装修标准高的建筑，还可在门洞两侧和上方设筒子板。

2. 门扇

门扇的种类很多，常用的木门门扇有镶板门（包括玻璃门、纱门）、夹板门和拼板门等。

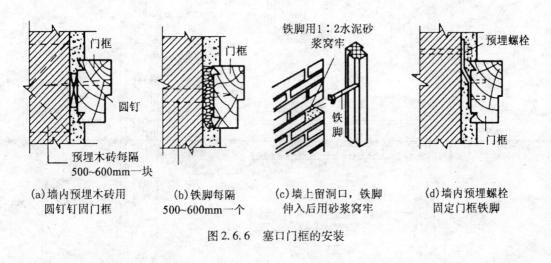

图2.6.6 塞口门框的安装

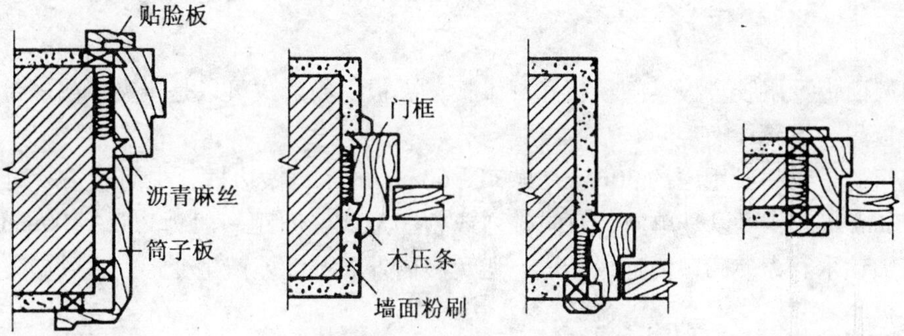

(a)墙内预埋木砖用 圆钉钉固门框
(b)铁脚每隔 500~600mm一个
(c)墙上留洞口，铁脚 伸入后用砂浆窝牢
(d)墙内预埋螺栓 固定门框铁脚

(a)外平　(b)立中　(c)内平　(d)内外平

图2.6.7 门框在墙体中的位置

（1）镶板门。这是广泛使用的一种门，门扇由边梃、上冒头、中冒头和下冒头组成骨架，内装门芯板而构成，如图2.6.8所示。这种门构造简单，加工制作方便，适于一般民用建筑中用做内门和外门。

门扇的边梃与上、中冒头的断面尺寸一般相同，厚度为40~50mm，宽度为100~120mm。为了减少门扇的变形，下冒头的宽度一般为160~250mm，并与边梃采用双榫结合。门芯板一般采用10~12mm厚的木板拼成，也可采用胶合板、纤维板、塑料板、玻璃或塑料纱等。

（2）夹板门。这种门是用断面较小的方木做成骨架，双面粘贴面板而成，如图2.6.9

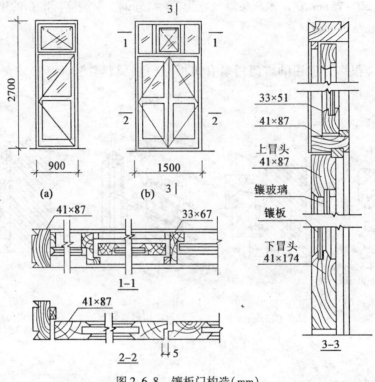

图 2.6.8　镶板门构造(mm)

所示。门扇面板可用胶合板、塑料板和纤维板,夹板门的形式可以是全夹板门、带玻璃或带百叶夹板门。

　　夹板门的骨架一般用厚约 30mm、宽 30~60mm 的木料做边框,中间肋条厚约 30mm、宽 10~25mm 木条,可以是单向、双向排列或密肋形式,间距一般为 200~400mm,安门锁处需另加锁木。为使门扇内通风干燥,避免因内外温湿度差产生变形,在骨架上需设通气孔。

　　(3)拼板门。这种门的门扇由骨架和条板组成。有骨架的拼板门称为拼板门,无骨架的拼板门称为实拼门。有骨架的拼板门又分为单面直拼门、单面横拼门和双面保温拼板门三种,如图 2.6.10 所示。拼板厚 12~15mm,其骨架断面尺寸为(40~50)mm×(95~105)mm。无骨架拼板门(实拼门)的板厚为 45mm 左右。拼板与骨架结合主要是单面槽结合,实拼门拼板的结合方式有斜缝、高低缝和企口缝三种,如图 2.6.11 所示。

　　若双扇拼板门的门扇尺寸较大,其骨架材料宜采用型钢,这种钢骨架的门称为平开钢木门。它的门框不是木门框,而是混凝土门框,或局部采用混凝土块,将其砌于墙体内,混凝土块中应预埋铁件用作安装铰链,如图 2.6.12 所示。

　　平开钢木门的尺寸较大,常用于通行汽车的单层厂房或仓库建筑中,如图 2.6.13 所示。

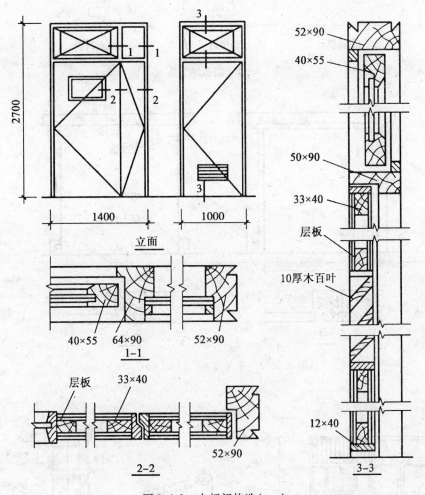

2700

1400　　　1000

立面

40×55　64×90　　52×90

1-1

层板　　33×40

52×90

2-2

52×90
40×55
50×90
33×40
层板
10厚木百叶
12×40

3-3

图 2.6.9　夹板门构造(mm)

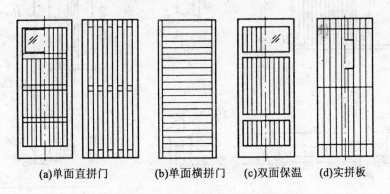

(a)单面直拼门　　(b)单面横拼门　　(c)双面保温　　(d)实拼板

图 2.6.10　拼板门立面形式

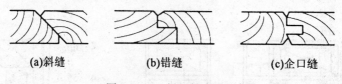

(a)斜缝   (b)错缝   (c)企口缝

图 2.6.11　拼板结合方式

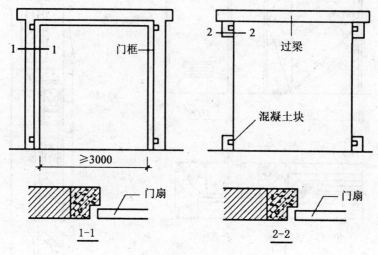

图 2.6.12　平开钢木门门框(mm)

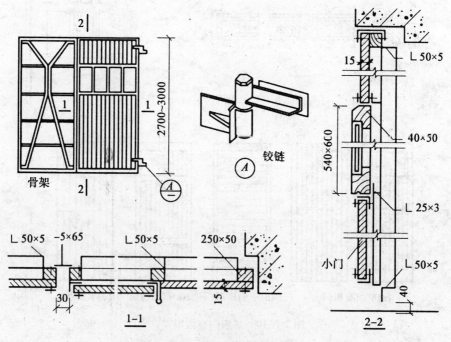

图 2.6.13　厂房平开钢木门(mm)

（二）平开木窗构造

平开木窗由窗框、窗扇（玻璃扇、纱扇）、五金（铰链、风钩、插销）及附件（窗帘盒、窗台板、贴脸等组成，如图 2.6.14 所示。

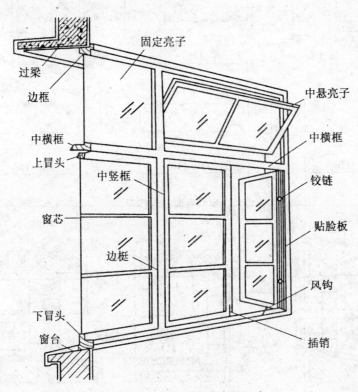

固定亮子
过梁
边框
中横框
上冒头
中竖框
窗芯
边框
下冒头
窗台
中悬亮子
中横框
铰链
贴脸板
风钩
插销

图 2.6.14　平开木窗的组成

1. 窗框

最简单的窗框由边框及上、下框组成。当窗尺度较大时，应增加中横框或中竖框；通常在垂直方向有两个以上窗扇时，应增加中横框，在水平方向有三个以上的窗扇时，应增加中竖框；在构造上应有裁口及背槽处理，裁口亦有单裁口与双裁口之分，如图 2.6.15 所示。

1）窗框断面尺寸

窗框断面尺寸应考虑接榫牢固，一般单层窗的窗框断面厚 40～60mm、宽 70～95mm（净尺寸），中横框和中竖框因两面有裁口，并且横框常有披水，断面尺寸应相应增大。双层窗窗框的断面宽度应比单层窗宽 20～30mm。

2）窗框安装

窗框的安装与门框一样，分立口与塞口两种。塞口时，洞口的高、宽尺寸应比窗框外缘尺寸大 10～20mm。

3）窗框在墙体中的位置

窗框在墙体中的位置要根据房间的使用要求、墙体材料与厚度确定，如图 2.6.16 所示。

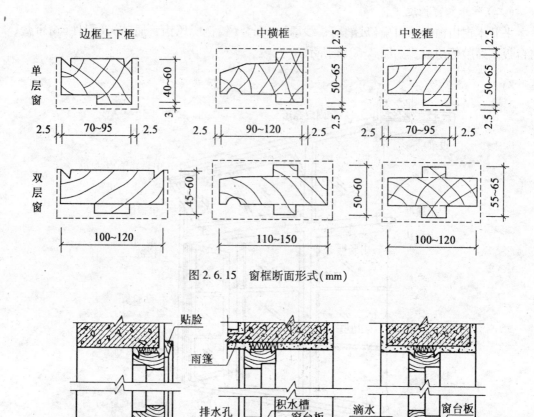

图 2.6.15　窗框断面形式(mm)

图 2.6.16　窗框在墙洞中的位置及细部处理

当与墙内表面平，安装时，窗框突出砖面 20mm，以便墙面粉刷后与抹灰面平。框与抹灰面交接处，应用贴脸板搭盖，以阻止由于抹灰干缩形成缝隙后风透入室内，还可增加美观。贴脸板的形状及尺寸与门的贴脸板相同。

当窗框立于墙中时，应内设窗台板，外设窗台。窗框外平时，靠室内一面设窗台板。窗台板可用木板，亦可用预制水磨石板。

窗框与墙间的缝隙应堵塞密实，以满足防风、挡雨、保温、隔声等要求。

2. 窗扇

常见的木窗扇有玻璃扇和纱窗扇。窗扇是由上、下冒头和边梃榫接而成，有的还用窗芯(又叫窗棂)分格，如图 2.6.17 所示。

1)断面形状与尺寸

窗扇的上下冒头、边梃和窗芯均设有裁口，以便安装玻璃或窗纱，裁口深度约 10mm，一般设在外侧，用于玻璃窗的边梃及上冒头，断面厚×宽为(35 ~ 42)mm×(50 ~ 60)mm，下冒头由于要承受窗扇重量，可适当加大。

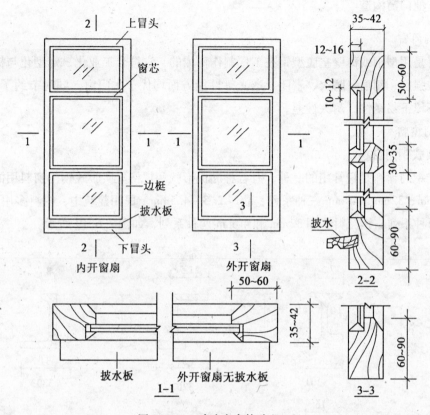

图 2.6.17　玻璃窗扇构造(mm)

2)玻璃的选择与安装

建筑用玻璃按性能分,有普通平板玻璃、磨砂玻璃、压花玻璃(装饰玻璃)、吸热玻璃、反射玻璃、中空玻璃、钢化玻璃、夹层玻璃等。平板玻璃制作工艺简单,价格最便宜,在大量民用建筑中用得最广。为了遮挡视线的需要,也选用磨砂玻璃或压花玻璃。其他几种玻璃,则多用于有特殊要求的建筑中。

玻璃的安装一般用油灰(桐油灰)或木压条嵌固。为使玻璃牢固地装于窗扇上,应先用小钉将玻璃卡住,再用油灰嵌固。对于不会受雨水侵蚀的窗扇玻璃嵌固,也可用小木压条镶嵌,如图 2.6.18 所示。

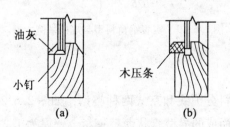

图 2.6.18　窗扇玻璃镶嵌(mm)

三、其他门窗构造

(一)钢门窗

钢门窗是用型钢或薄壁空腹型钢在工厂制作而成的，它符合工业化、定型化与标准化的要求，在强度、刚度、防火、密闭、透光等性能方面均优于木门窗，同时节约了木材，但在潮湿环境下易锈蚀，耐久性差。

1. 钢门窗料

1)实腹式钢门窗料

实腹式钢门窗料是最常用的一种，有各种断面形状和规格。实腹式钢门窗料用的热轧型钢有 25mm、32mm、40mm 三种系列，肋厚 2.5~4.5mm。民用建筑中，窗料多用 25mm 和 32mm 两种系列，钢门料多用 32mm 和 40mm 两种系列，如图 2.6.19 所示。

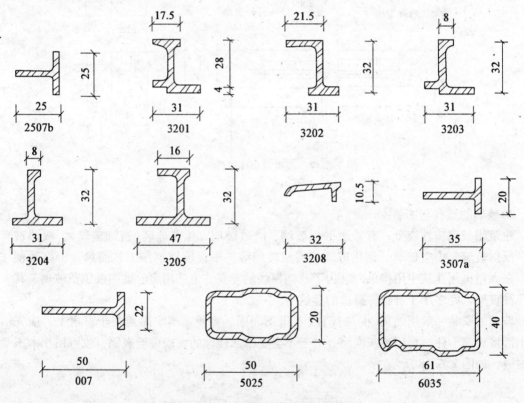

图 2.6.19　实腹钢窗料型与规格举例

2)空腹式钢门窗料

在我国，空腹式钢门窗料分沪式和京式两种类型，如图 2.6.20 所示。这种钢门窗料是采用低碳钢经冷轧、焊接而成的异型管状薄壁钢材，壁厚为 1.2~1.5mm。它与实腹式窗料比较，具有更大的刚度，外形美观，自重轻，可节约钢材 40% 左右。但由于壁薄、耐腐蚀性差，一般在成型后，内外表面需做防腐处理，以提高防锈蚀的能力，不宜用于湿度大、腐蚀性强的环境。

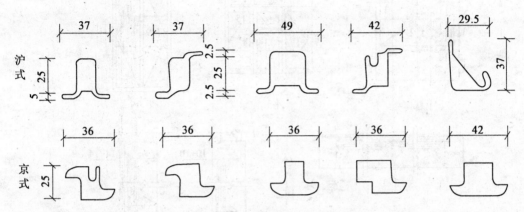

图 2.6.20　空腹式钢窗料型与规格举例(mm)

2. 基本钢门窗

为了适应不同尺寸门窗洞口需要，便于门窗的组合和运输，钢门窗都以标准化的系列门窗规格作为基本单元，其高度和宽度为 300mm 的倍数。设计时，可根据具体情况，直接选用或用这些基本单元组合出所需大小和形式的门窗。

1) 实腹式基本钢门窗

为不使基本钢门窗产生过大变形而影响使用，每扇窗的高宽不宜过大。一般高度不大于 1200mm，宽度为 400～600mm。为运输方便，每一基本窗单元的总高度不宜大于 2100mm，总宽度不大于 1800mm。基本钢门的高度一般不超过 2400mm。具体设计时，应根据面积的大小、风荷载情况及允许挠度值等因素来选择窗料规格。钢窗的立面划分应尽量减少规格，立面式样要统一。基本窗的形式多为平开式，还有上悬式、固定式、中悬式和百叶窗几种；门主要为平开门。

钢门窗的构造如图 2.6.21 所示，平开钢窗与木窗在构造上的不同之处是：在两窗扇闭合处设有中竖框用做关闭窗扇时固定执手。

中悬钢窗的构造特点是框与扇以中转轴为界，上、下两部分用料不同，在转轴处焊接而成。

钢门一般分单扇门和双扇门。单扇门 900mm 宽，双扇门 1500mm 或 1800mm 宽，高度一般为 2100mm 或 2400mm。钢门扇可以按需要做成半截玻璃门，下部为钢板，上部为玻璃，也可以全部为钢板。钢板厚度为 1～2mm。

钢门窗安装采用塞口法，门窗框与洞口四周通过预埋铁件用螺钉牢固连接。固定点间距为 500～700mm。在砖墙上安装时多预留孔洞，将燕尾形铁脚插入洞口，并用砂浆嵌牢。在钢筋混凝土梁或墙柱上则先预埋铁件，将钢窗的"Z"形铁脚焊接在预埋铁件上，如图 2.6.22 所示。

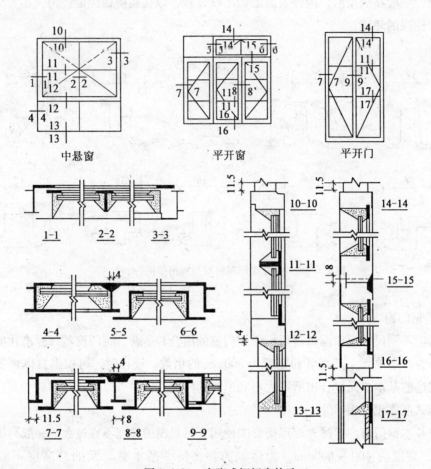

图 2.6.21　实腹式钢门窗构造

钢门窗玻璃的安装方法与木门窗不同，一般先用油灰打底，然后用弹簧夹子或钢皮夹子将玻璃嵌固在钢门窗上，然后再用油灰封闭，如图 2.6.23 所示。

2）空腹式基本钢门窗

空腹式钢门窗的形式及构造原理与实腹式钢门窗一样，只是空腹式窗料的刚度更大，因此窗扇尺寸可以适当加大。

3. 组合钢门窗构造

当钢门窗的高、宽超过基本钢门窗尺寸时，就要用拼料将门窗基本单元进行组合，组合方式有竖向组合、横向组合和横竖向组合三种。

拼料起横梁与立柱的作用，承受门窗的水平荷载。拼料与基本门窗之间一般用螺栓或焊接相连，如图 2.6.24 所示。当钢门窗很大时，特别是水平方向很长时，为避免大的伸缩变形引起门窗损坏，必须预留伸缩缝，一般是用两根"L"形 56mm×36mm×4mm 的角钢用螺栓组成拼件，角钢上穿螺栓的孔为椭圆形，使螺栓有伸缩余地。

拼料与墙洞口的连接一定要牢固。当与砖墙连接时，采用预留孔洞，用细石混凝土锚

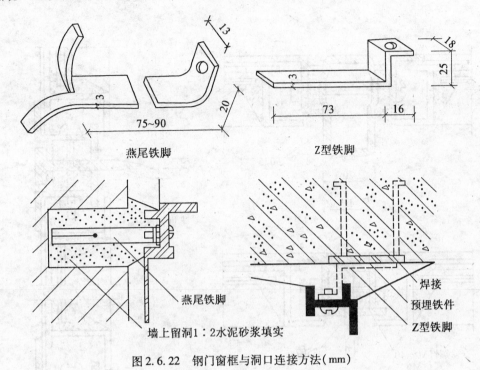

燕尾铁脚　　　　　　　　　Z型铁脚

墙上留洞1：2水泥砂浆填实

燕尾铁脚

焊接
预埋铁件
Z型铁脚

图2.6.22　钢门窗框与洞口连接方法(mm)

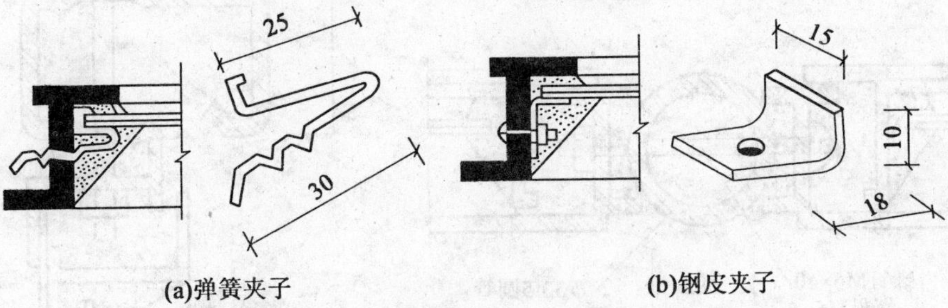

(a)弹簧夹子　　　　　　　(b)钢皮夹子

图2.6.23　钢门窗玻璃安装方法(mm)

固。与钢筋混凝土柱和梁的连接，采用预埋铁件焊接，如图2.6.25所示。

普通钢门窗、特别是空腹式钢门窗易锈蚀，需经常进行表面油漆维护。

(二)彩板门窗

彩板门窗是用0.7～0.9mm厚的冷轧热镀锌板或合金化热镀锌板做基材，经辊涂环氧底漆、外涂聚酯漆轧制成型的门窗型材。这种门窗有较高的防腐蚀性能、色泽鲜艳、表面光洁，隔声、保温、密封性能好，且耐久性、耐火性能优于其他材质的门窗，是一种新型的钢门窗。

彩板门窗断面形式复杂、种类较多，通常在出厂前就已将玻璃以及五金零件装好，在现场进行成品安装。

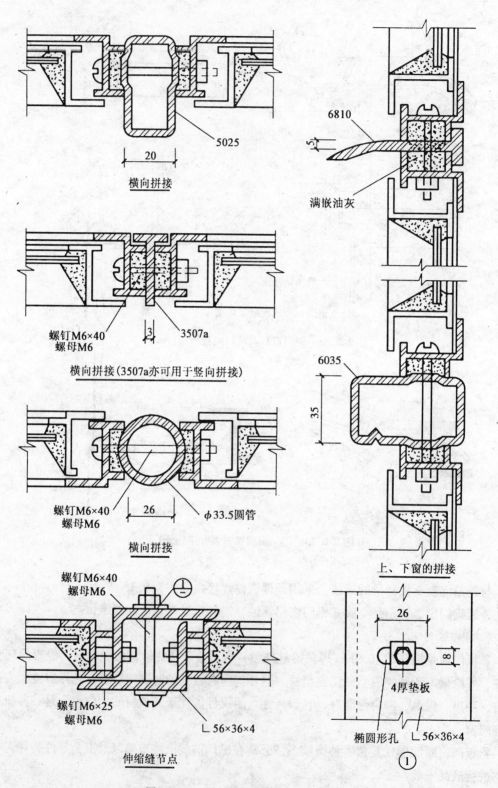

图 2.6.24　拼料与基本钢门窗连接构造

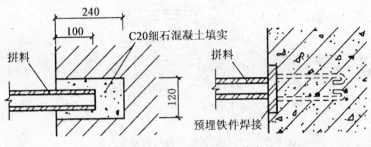

图 2.6.25 拼料与墙体的连接方法

彩板平开窗目前有两种类型，即带副框和不带副框的两种。当外墙面为花岗石、大理石等贴面材料时，常采用带副框的门窗。先安装副框，待室内外粉刷工程完成后，再用自攻螺钉将连接件固定在副框上，并用密封胶将洞口与副框及副框与窗樘之间的缝隙进行密封，如图 2.6.26 所示。

当外墙装修为普通粉刷时，常用不带副框的做法，即直接用膨胀螺钉将门窗樘子固定在墙上，如图 2.6.27 所示。

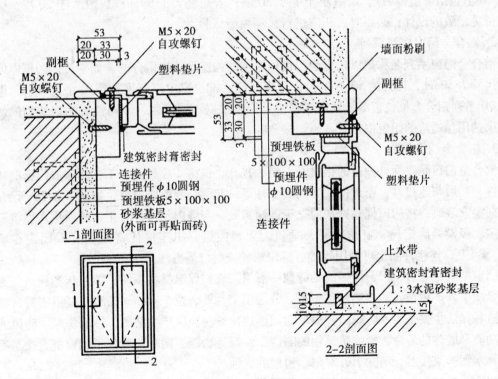

图 2.6.26 带副框彩钢门窗安装方法

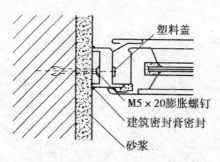

图 2.6.27　不带副框彩钢门窗安装方法

（三）铝合金门窗

1. 铝合金门窗的设计要求

（1）应根据使用和安全要求确定铝合金门窗的风压强度性能、雨水渗漏性能、空气渗透性能综合指标。

（2）组合门窗设计时宜采用定型产品门窗作为组合单元。非定型产品的设计应考虑洞口最大尺寸和开启扇最大尺寸的选择和控制。

（3）外墙门窗的安装高度应有限制。广东地区规定，外墙铝合金门窗安装高度小于等于 60m（不包括玻璃幕墙），层数小于等于 20 层；若高度大于 60m 或层数大于 20 层，则应进行更细致的设计；必要时，还应进行风洞模型试验。

2. 铝合金门窗框料系列

铝合金门窗系列名称是以铝合金门窗框厚度的构造尺寸来区分的，如平开门门框厚度构造尺寸为 50mm，即称为 50 系列铝合金平开门；推拉窗窗框厚度构造尺寸 700mm，即称为 70 系列铝合金推拉窗等。实际工程中，通常根据不同地区、不同性质的建筑物的使用要求选用相适应的门窗框。

3. 铝合金门窗安装

铝合金门窗是表面处理过的铝材经下料、打孔、铣槽、攻丝等加工，制作成门窗框料的构件，然后与连接件、密封件、开闭五金件等一起组合装配成门窗，如图 2.6.28 所示。

门窗安装时，将门窗框在抹灰前立于门窗洞处，与墙内预埋件对正，然后用木楔将三边固定。经检验确定门、窗框水平、垂直、无翘曲后，用连接件将铝合金框固定在墙（柱、梁）上，连接件固定可采用焊接、膨胀螺栓或射钉等方法。

门窗框固定好后，门窗洞四周的缝隙一般采用软质保温材料填塞，如泡沫塑料条、泡沫聚氨酯条、矿棉毡条和玻璃丝毡条等，分层填实，外表留 5～8mm 深的槽口用密封膏密封。这种做法主要是为了防止门、窗框四周形成冷热交换区产生结露，影响防寒、防风的正常功能和墙体的寿命，影响建筑物的隔声、保温等功能；同时，避免了门窗框直接与混凝土、水泥砂浆接触，消除了碱对门、窗框的腐蚀。

铝合金门窗装入洞口应横平竖直，外框与洞口应弹性连接牢固，不得将门、窗外框直接埋入墙体，防止碱对门窗框的腐蚀。

门窗框与墙体等的连接固定点，每边不得少于 2 点，且间距不得大于 0.7m。在基本风压大于等于 0.7kPa 的地区，不得大于 0.5m；边框端部的第一固定点距端部的距离不得

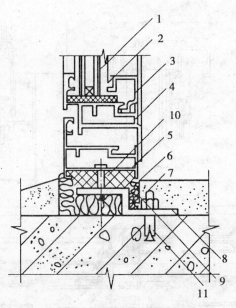

1—玻璃；2—橡胶条；3—压条；4—内扇；5—外框；6—密封膏；
7—砂浆；8—地脚；9—软填料；10—塑料垫；11—膨胀螺栓
图2.6.28　铝合金门窗安装节点

大于0.2m。

4. 常用铝合金门窗构造

铝合金推拉窗有沿水平方向左右推拉和沿垂直方向上下推拉两种形式，沿垂直方向推拉的窗用得较少。铝合金推拉窗外形美观、采光面积大、开启不占空间、防水及隔声效果均佳，并具有很好的气密性和水密性，广泛用于宾馆、住宅、办公、医疗建筑等。推拉窗可用拼樘料(杆件)组合其他形式的窗或门连窗。推拉窗可装配各种形式的内、外纱窗，纱窗可拆卸，也可固定(外装)。推拉窗在下框或中横框两端铣切100mm，或在中间开设其他形式的排水孔，使雨水及时排除。

推拉窗常用的有90系列、70系列、60系列、55系列等，其中90系列是目前广泛采用的品种，其特点是框四周外露部分均等，造型较好，边框内设内套，断面呈"已"字形。

70带纱系列，其主要构造与90系列相仿，不过将框厚由90mm改为70mm，并加上纱扇滑轨，如图2.6.29所示。

铝合金门窗玻璃的厚度和类别主要根据面积大小、热功要求来确定，一般多选用3～8mm厚度的平板玻璃、镀膜玻璃、钢化玻璃或中空玻璃等。在玻璃与铝型材接触的位置设垫块，周边用橡皮条密封固定。安装橡胶密封条时，应留有伸缩余量，一般比窗的装配边长20～30mm，并在转角处斜边断开，然后用胶结剂粘贴牢固，以免出现缝隙。

铝合金窗的组合主要有横向组合和竖向组合两种。组合时，应采用套插、搭接形成曲面组合，搭接长度宜为10mm，并用密封膏密封，如图2.6.30所示。

(四)塑钢门窗

塑料门窗是以聚氯乙烯、改性聚氯乙烯或其他树脂为主要原料，以轻质碳酸钙为填

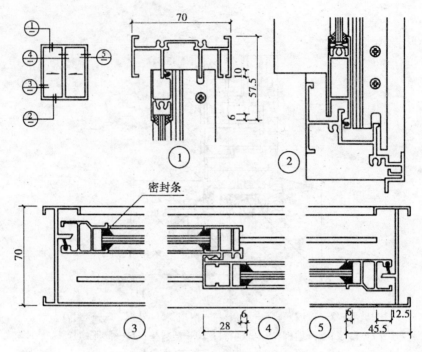

图 2.6.29   70 系列推拉窗构造

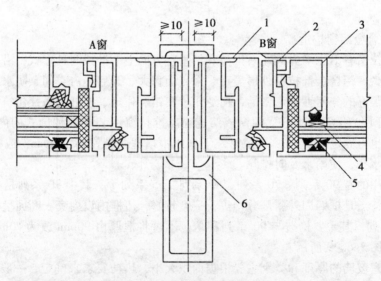

1—外框；2—内扇；3—压条；4—橡胶条；5—玻璃；6—组合件

图 2.6.30   铝合金门窗组合方式示意图

料，添加适量助剂和改性剂，经挤压机挤压成各种截面的空腹门窗异型材，再根据不同的品种规格选用不同截面异型材料组装而成。塑料的变形大、刚度差。

塑钢门窗是以改性硬质聚氯乙烯（简称 UPVC）为主要原料，加上一定比例的稳定剂、着色剂、填充剂、紫外线吸收剂等辅助剂，经挤出机挤出成型为各种断面的中空异型材。

经切割后，在其内腔衬以型钢加强筋，以增强型材抗弯曲变形能力，再用热熔焊接机焊接成型为门窗框扇，配装上橡胶密封条、压条、五金件等附件而制成的门窗。它比全塑门窗刚度更好，自重更轻，如图2.6.31所示。

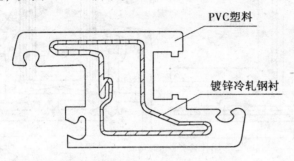

图2.6.31　塑钢共挤型材构造断面

1. 塑钢门窗的组装与构造

塑钢门窗的组装多用组角与榫接工艺。考虑到PVC塑料与钢衬的收缩率不同，钢衬的长度应比塑料型材长度短1~2mm，且能使钢衬较宽松地插入塑料型材的空腔中，以适应温度变形。组角和榫接时，在钢衬型材的内腔插入金属连接件，用自攻螺钉直接锁紧形成闭合钢衬结构，使整窗的强度和整体刚度大大提高，如图2.6.32所示。

2. 塑钢门窗的安装

塑钢门窗应采用塞口安装，不得采用立口安装。门窗框与墙体固定时，应先固定上框，而后固定边框。门窗框每边的固定点不得少于3个，且间距不得大于600mm。门窗框与混凝土墙多采用射钉、塑料膨胀螺栓或预埋铁件焊接固定；与砖墙多采用塑料膨胀螺栓或水泥钉固定，注意不得固定在砖缝处；与加气混凝土墙多采用木螺钉将固定片固定在已预埋的胶粘木块上。

门窗框与洞口的缝隙内应采用闭孔泡沫塑料、发泡聚苯乙烯或毛毡等弹性材料分层填塞，填塞不宜过紧，以适应塑钢门窗的自由胀缩。对于保温、隔声要求较高的工程，应采用相应的隔热、隔声材料填塞。墙体面层与门窗框之间的接缝用密封胶进行密封处理，如图2.6.33所示。

四、建筑遮阳

(一)遮阳的作用

遮阳是为防止直射阳光照入室内，以减少太阳辐射热，避免夏季室内过热或产生眩光，保护室内物品不受阳光照射而采取的一种建筑措施。

遮阳的类型主要包括绿化遮阳、活动遮阳和建筑构件遮阳三种。

对于低层建筑，可通过在建筑物四周种植树木或攀缘植物，起到遮阳的作用。对于临时性建筑或标准较低的建筑，可用芦席、油毡、波形瓦、纺织物等做遮阳用。

从建筑构造的角度出发，给建筑物设置永久性遮阳，既能解决遮阳、隔热、挡雨等问题，又能丰富建筑的立面效果，美化建筑，改变建筑艺术形象。但是不得不指出的是，在窗前设置遮阳板进行遮阳，对采光、通风都会带来不利影响。因此，设计遮阳设施时，应

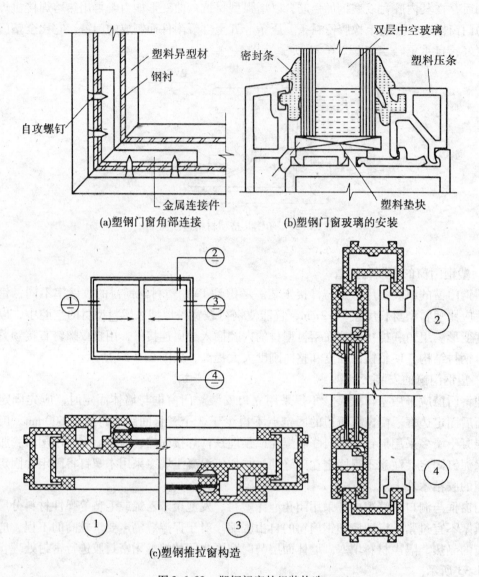

(a)塑钢门窗角部连接　　　(b)塑钢门窗玻璃的安装

(c)塑钢推拉窗构造

图2.6.32　塑钢门窗的组装构造

对采光、通风、日照、经济、美观等做通盘考虑，以达到功能、技术和艺术的统一。

（二）遮阳的基本形式

按布置方式和效果而言，遮阳可分为水平式、垂直式、混合式、挡板式和旋转式五种基本形式，如图2.6.34所示。

1. 水平式遮阳

在窗口上方设置一定宽度的水平方向的遮阳板，能够遮挡高度角较大时从窗口上方照射下来的阳光，适用于南向及其附近朝向的窗口，或北回归线以南低纬度地区的北向及其附近的窗口。水平遮阳板可做成实心板，也可做成栅格板或百叶板，较高大的窗口可在不同高度设置双层或多层水平遮阳板，以减少板的出挑宽度。

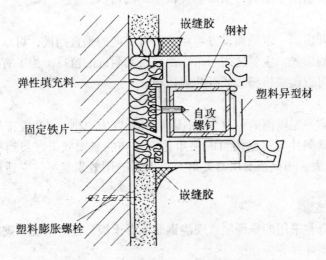

图 2.6.33　塑钢门窗框与墙体连接方法

图中标注：嵌缝胶、钢衬、弹性填充料、塑料异型材、自攻螺钉、固定铁片、嵌缝胶、塑料膨胀螺栓

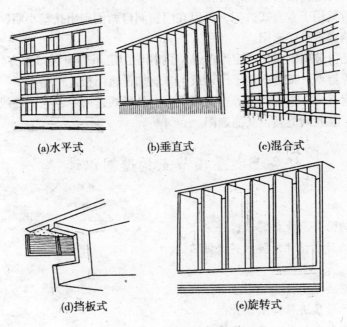

(a)水平式　　(b)垂直式　　(c)混合式

(d)挡板式　　　　(e)旋转式

图 2.6.34　遮阳的基本形式

2. 垂直式遮阳

在窗口两侧设置垂直方向的遮阳板，能够遮挡高度角较小的、从窗口两侧斜射过来的阳光。根据光线的来向和具体处理的不同，垂直式遮阳板可以垂直：于墙面，也可以与墙面成一定的夹角。主要适用于偏东偏西的南向或北向窗口。

3. 混合式遮阳

这种是以上两种遮阳板的综合，能够遮挡从窗口左右两侧及前上方射来的阳光，遮阳效果比较均匀。主要适用于南向、东南向及西南向的窗口。

4. 挡板式遮阳

在窗口前方离开窗口一定距离设置与窗户平行方向的垂直挡板，可以有效地遮挡高度角较小的正射窗口的阳光。主要适用于东、西向及其附近的窗口。为了有利于通风、避免遮挡视线和风，还可以做成格栅式或百叶式挡板。

5. 旋转式遮阳

在离开门窗外侧一定距离的位置(以不影响窗开启为原则)，设置排列成行可以旋转的挡板，通过旋转遮阳片与房屋门窗的夹角达到不同的遮阳效果。当挡板与门窗夹角为90°角时，透光量最大；当挡板与门窗夹角为0°时，遮阳效果最好，它适用于任何朝向的房屋。

(三)遮阳的构造

建筑构件遮阳最常采用的是预制或现浇钢筋混凝土板，也可采用砖砌或玻璃钢、磨砂玻璃、钢百叶、铝塑叶片等。

钢筋混凝土遮阳板一般与房屋中的圈梁整浇后挑出，形成类似雨篷的结构或预制钢筋混凝土板预留钢筋与主体结构整浇或焊接。

砖砌遮阳一般只用于垂直式遮阳，可以在门窗洞口两侧砌出扶壁小墙，也可用砖混结构的外墙扶壁柱兼做垂直式遮阳。

玻璃钢遮阳是由玻璃钢制作成定型产品，用螺栓固定于门窗洞口上方。它具有轻便、美观、便于安装等特点，特别适用于已建成的建筑加设遮阳板。

磨砂玻璃、钢百叶、塑铝叶片等遮阳通常用在悬挑式遮阳中，它们一般悬挂于窗洞口上方的悬挑板下，既通风透气，又能遮阳。

任务七　屋顶节点构造图识读

【知识目标】
1. 熟悉屋顶的分类及设计要求；
2. 掌握屋顶的排水设计级防水构造做法。

【能力目标】
1. 能根据建筑造型选择合适的屋面形式；
2. 能对一般平屋顶进行排水设计；
3. 能熟练识读并绘制屋面节点构造图。

【学习重点】
1. 掌握屋顶的防水排水设计；
2. 掌握屋面防水构造做法。

一、屋顶的类型及设计要求

(一)屋顶的类型

屋顶是建筑物最上层的围护结构，主要由屋面层、承重结构层、保温或隔热层和顶棚等组成，如图 2.7.1 所示。

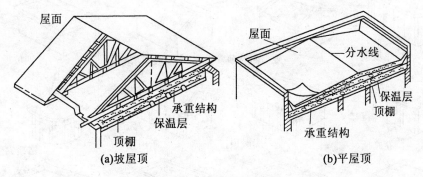

(a)坡屋顶　　　　　　　　　　　　(b)平屋顶

图 2.7.1　屋顶的构造组成

屋顶的类型与建筑的使用功能、屋面材料、结构形式、经济及建筑造型要求等有关，一般可分为平屋顶、坡屋顶及曲面屋顶三大类，如图 2.7.2 所示。

1. 平屋顶

平屋顶通常是指排水坡度小于 5% 的屋顶。为了排除屋顶的雨水，平屋顶也必须有一定的排水坡度，常用坡度为 2%～3%。采用平屋顶可以节省材料，扩大建筑空间，提高预制安装程度，同时，屋顶上面可以作为固定的活动场所，如做成露台、屋顶花园、屋顶养鱼池等。

2. 坡屋顶

坡屋顶通常是指屋面坡度较陡的屋顶，其坡度一般大于 10%。坡屋顶是我国传统的建筑屋顶形式，在民居建筑中应用非常广泛，城市建设中为满足景观环境或建筑风格的要求，也常采用各种形式的坡屋顶。

坡屋顶按其分坡的多少，可分为辅单坡屋顶、双坡屋顶和四坡屋顶。建筑物进深不大时，可选用单坡屋顶；进深较大时，宜采用双坡或四坡屋顶。

3. 曲面屋顶

曲面屋顶是由各种薄壁壳体或悬索结构、网架结构等作为屋顶承重结构的屋顶。这类屋顶结构的内力分布均匀、合理，节约材料，适用于大跨度、大空间和造型特殊的建筑屋顶。

(二)屋顶的作用及设计要求

屋顶是建筑物最上层的围护结构，其主要作用是抵御自然界风、雨、雪、太阳辐射以及气温变化等不利因素的影响，保证顶层房间有一个良好的使用环境；承受屋顶自重、风雪荷载以及施工和检修屋面的各种荷载；同时，屋顶是决定建筑轮廓形式的重要部分，对建筑艺术形象起着突出的作用。因此，屋顶设计应从功能出发，满足以下几方面的要求：

1. 防水、排水要求

作为围护结构，对屋顶最基本的功能要求是防止渗漏，因而屋顶的防水、排水设计就成为屋顶构造设计的核心。通常的做法是考虑防排结合，即采用抗渗性好的防水材料及合理的构造处理来防渗，选用适当的排水坡度和排水方式，将屋面上的雨水迅速排除，以减少渗漏的可能。

图 2.7.2 屋顶的类型

2. 保温隔热要求

作为围护结构的屋顶，其良好的保温隔热性能不仅可以保证建筑物的室内气温稳定，而且可以避免能源浪费和室内表面结露、受潮等。

3. 强度和刚度要求

屋顶承重结构应具有足够的强度和刚度，以承受自重风/雪荷载及积灰荷载、屋面检修荷载等，同时，屋顶受力后不应有较大的变形，否则会使防水层开裂，造成屋面渗漏。

4. 建筑美观要求

屋顶是建筑物外部形体的重要组成部分,其形式在很大程度上影响建筑造型和建筑物的性格特征。因此,在屋顶设计中应注重建筑艺术效果。

5. 其他要求

随着社会的进步和建筑科技的发展,人们对屋顶提出了更高的要求,如为改善生态环境,要求能利用屋顶开辟园林绿化空间;现代超高层建筑出于消防扑救的需要,要求能在屋顶设置直升飞机停机坪等设施;某些有幕墙的建筑,要求在屋顶设置擦窗机轨道;某些节能型建筑,需利用屋顶安装太阳能集热器等。

总之,屋顶设计时应综合考虑上述各种要求,协调好各要求之间的关系,最大限度地发挥屋顶的综合效益。

二、屋顶防水与排水设计

(一)屋顶防水

屋顶防水就是根据建筑物屋面防水等级及设防要求,选择合适的防水材料,在屋面上形成一个封闭的防水覆盖层,防止雨水渗漏。

1. 防水等级

我国现行的《屋面工程质量验收规范》(GB50207—2012)。按建筑物的性质、重要程度、使用功能要求、防水层合理使用年限以及设防要求等,将屋面防水划分为四个等级,各等级均有不同的设防要求,见表2.7.1。

表2.7.1　　　　　　　　　　　　　屋面防水等级和设防要求

项　目	屋面防水等级			
	I	II	III	IV
建筑物类别	特别重要或对防水有特殊要求的建筑	重要的建筑和高层建筑	一般的建筑	非永久性的建筑
防水层合理使用年限	25 年	15 年	10 年	5 年
防水层选用材料	宜选用合成高分子防水卷材、高聚物改性沥青防水卷材、金属板材、合成高分子防水涂料、细石防水混凝土等材料	宜选用高聚物改性沥青防水卷材、合成高分子防水卷材、金属板材、合成高分子防水涂料、高聚物改性沥青防水涂料、细石防水混凝土、平瓦、油毡瓦等材料	宜选用三毡四油沥青防水卷材、高聚物改性沥青防水卷材、合成高分子防水卷材、金属板材、合成高分子防水涂料、高聚物改性沥青防水涂料、细石混凝土、平瓦、油毡瓦等材料	宜选用二毡三油沥青防水卷材、高聚物改性沥青防水涂料等材料
设防要求	三道或三道以上防水设防	二道防水设防	一道防水设防	一道防水设防

2. 防水材料

1）防水材料的种类

防水材料根据其防水性能及适应变形能力的差异，可分成柔性防水材料和刚性防水材料两大类。

（1）柔性防水材料。目前使用的屋面防水材料除了传统的沥青卷材外，工程中大量采用的是高聚物改性沥青防水卷材、合成高分子防水卷材、防水涂料等新型防水材料。

①高聚物改性沥青防水卷材是以高分子聚合物改性沥青为涂盖层，以纤维织物或纤维毡为胎体，以粉状、粒状、片状或薄膜材料为复面材料制成的可卷曲的片状防水材料，主要品种有 SBS、APP 改性沥青防水卷材，再生橡胶防水卷材，铝箔橡胶改性沥青防水卷材等。其特点是比沥青防水卷材抗拉强度高，抗裂性好，有一定的温度适用范围。

②合成高分子防水卷材是以各种合成橡胶或合成树脂或二者的混合物为主要原料，加入适量的化学助剂和填充料加工制成的弹性或弹塑性防水卷材。主要品种有三元乙丙橡胶、聚氯乙烯（PVC）、氯化聚乙烯（CPE）、氯化聚乙烯橡胶共混防水卷材等。合成高分子防水卷材具有抗拉强度高，抗老化性能好，抗撕裂强度高，低温柔韧性好以及冷施工等特性。

③防水涂料常用的有三大类，即沥青基防水涂料、高聚物改性沥青防水涂料、合成高分子防水涂料。防水涂料具有温度适应性好、施工操作简便、速度快、劳动强度低、污染少、易于修补等特点，特别适用于轻型、薄壳等异型屋面的防水。

（2）刚性防水材料。主要有防水砂浆、细石混凝土、配筋细石混凝土等。

防水砂浆、细石混凝土是利用材料自身的防水性和密实性，加入适量的外加剂制成的刚性防水材料，构造简单、施工方便、造价低，但对温度变化和结构变形比较敏感，易产生裂缝，多用于气温变化小的南方地区的屋面防水。

2）防水材料厚度要求

为确保屋面防水质量，使屋面防水层在合理使用年限内不发生渗漏，不仅应根据材料的材性等选择防水材料，而且应根据设防要求选定其厚度，见表2.7.2。

（二）屋顶排水

为防止屋面积水过多、过久，造成屋顶渗漏，屋顶除了做好防水外，还需进行周密的排水设计。其内容包括：选择屋顶排水坡度，确定排水方式，进行屋顶排水组织设计。

1. 屋顶坡度选择

1）屋顶排水坡度的表示方法

常用的坡度表示方法有斜率法、百分比法、角度法。

斜率法以屋脊高度与相应的排水坡水平投影长度的比值来表示，如1：2、1：3等。

百分比法以屋脊高度与排水坡水平投影长度之比的百分比值来表示，如2%、3%等。

角度法以倾斜面与水平面所成夹角的大小来表示，如30°、45°。

坡屋顶的坡度多采用斜率法或角度法表示，平屋顶的坡度多采用百分比法表示。不同的屋面防水材料有各自的排水坡度范围，如图2.7.3所示。

表 2.7.2   屋面防水材料厚度要求

防水等级	防水层选用材料	厚度（mm）	防水等级	防水层选用材料	厚度（mm）
Ⅰ	合成高分子防水卷材 高聚物改性沥青防水卷材 合成高分子防水涂膜 细石防水混凝土	≥1.5 ≥3.0 ≥1.5 ≥40	Ⅲ	合成高分子防水卷材 高聚物改性沥青防水卷材 合成高分子防水涂膜 高聚物改性沥青防水涂膜 沥青基防水涂膜 细石防水混凝土	≥1.2 ≥4.0 ≥2.0 ≥3.0 ≥8.0 ≥40
Ⅱ	合成高分子防水卷材 高聚物改性沥青防水卷材 合成高分子防水涂膜 高聚物改性沥青防水涂膜 细石防水混凝土	≥1.2 ≥3.0 ≥1.5 ≥3.0 ≥40	Ⅳ	沥青防水卷材 沥青基防水涂膜 高聚物改性沥青防水涂膜 细石防水混凝土 沥青防水卷材	三毡四油 ≥4.0 ≥2.0 ≥40 二毡三油

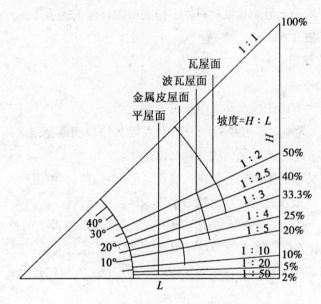

图 2.7.3 常见屋面坡度范围

2)屋顶坡度的形成方法

屋顶坡度的形成有材料找坡和结构找坡两种做法,如图 2.7.4 所示。

(1)材料找坡。材料找坡又称垫坡或填坡,是指屋面结构层保持水平,在水平搁置的屋面板上用轻质材料,如水泥炉渣、石灰炉渣或水泥膨胀蛭石等,铺设找坡层。保温屋顶中有时利用保温层兼做找坡层。这种做法一般用于坡向长度较小的屋面。找坡层的厚度最薄处不小于 20mm。平屋顶材料找坡的坡度不宜过大,一般为 2%。

材料找坡的屋面板可以水平放置，天棚面平整，但材料找坡增加屋面荷载，材料和人工消耗较多。

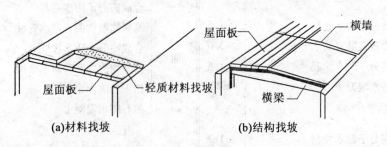

图2.7.4　屋顶坡度的形成

(2)结构找坡。结构找坡又称搁置坡度或撑坡，是指屋顶结构自身带有排水坡度，例如在上表面倾斜的屋架或屋面梁上安放屋面板，屋顶表面即呈倾斜坡面；又如在顶面倾斜的山墙上搁置屋面板时，也形成结构找坡。平屋顶结构找坡的坡度宜为3%。

结构找坡无需在屋面上另加找坡材料，不增加荷载，但天棚顶倾斜，室内空间不够规整，结构和构造较复杂。

2. 屋顶排水方式确定

1)排水方式

屋顶排水方式分为有组织排水和无组织排水两大类。

(1)无组织排水。无组织排水是指屋面雨水直接从檐口滴落至地面的一种排水方式，因为不用天沟、雨水管等导流雨水，故又称自由落水。

无组织排水具有构造简单、造价低廉的优点，但雨水有时会溅湿勒脚，污染墙面，甚至影响人行道交通，一般仅适用于低层及雨水较少地区的建筑。

(2)有组织排水。有组织排水是指雨水经由屋面大沟(即屋面上的排水沟，位于檐口部位时又称檐沟)、水落口、雨水管等排水装置被引导至地面或地下管网的一种排水方式。其优缺点与无组织排水相反，在建筑工程中应用广泛。有组织排水又可分为外排水和内排水两种。

①有组织外排水是水落管装设在室外的一种排水方式，其优点是水落管不影响室内空间的使用和美观，构造简单，是屋顶常用的排水方式，如图2.7.5所示。

一般将屋顶做成双坡或四坡，天沟设在墙外，称檐沟外排水；天沟设在女儿墙内，称女儿墙外排水。为了屋面上人或建筑造型需要，也可在外檐沟内设置易于泻水的女儿墙。

②有组织内排水是水落管装设在室内的一种排水方式，在多跨房屋、高层建筑以及有特殊需要时采用，如图2.7.6所示。

水落管可设在跨中的管道井内，也可设在外墙内侧。当屋顶空间较大，设有较高吊顶空间时，也可采用内落外排水。

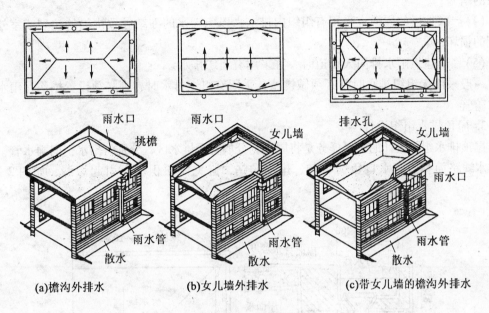

(a)檐沟外排水　　　　(b)女儿墙外排水　　　　(c)带女儿墙的檐沟外排水

图2.7.5　有组织外排水

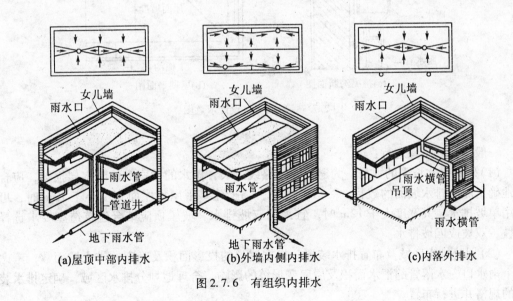

(a)屋顶中部内排水　　　(b)外墙内侧内排水　　　(c)内落外排水

图2.7.6　有组织内排水

2)排水方式选择

确定屋顶排水方式时,应根据气候条件、建筑物的高度、质量等级、使用性质、屋顶面积大小等因素加以综合考虑。一般遵循的原则是:

(1)等级低的建筑,为了控制造价宜优先选择无组织排水;

(2)在年降雨量大于900mm的地区,檐口高度大于8m时,或在年降雨量小于900mm的地区,檐口高度大于10m时,宜选择有组织排水;

(3)积灰较多的屋面应采用无组织排水,以免大量的粉尘积于屋面,降雨时造成流水通道的堵塞；

(4)严寒地区的屋面宜采用有组织内排水，以免雪水的冻结导致挑檐的拉裂或室外水落管的损坏；

(5)临街建筑雨水排向人行道时，宜采用有组织排水。

一般采用无组织排水时，必须做挑檐；采用有组织排水时，则必须设置檐沟、雨水口和水落管。

3. 屋顶排水组织设计

屋顶排水组织设计的主要任务是将屋面划分成若干排水区，分别将雨水引向雨水管，做到排水线路简捷、雨水口负荷均匀、排水顺畅，避免屋顶积水而引起渗漏，如图 2.7.7 所示。

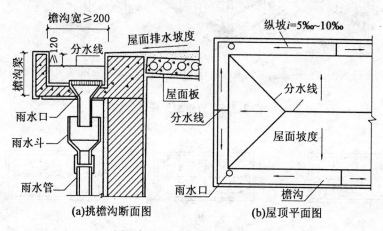

(a)挑檐沟断面图   (b)屋顶平面图

图 2.7.7　屋面排水设计示意图

一般按下列步骤进行：

(1)确定排水坡面的数目。为避免水流路线过长，雨水的冲刷力使防水层损坏，应合理地确定屋面排水坡面的数目。一般情况下，临街建筑平屋顶屋面宽度小于 12m 时，可采用单坡排水；其宽度大于 12m 时，宜采用双坡排水。坡屋顶应结合建筑造型要求选择单坡、双坡或四坡排水。

(2)划分排水区域及布置排水装置。根据屋顶的投影面积及确定的排水坡面数，考虑每个雨水口、水落管的汇水面积及屋面变形缝的影响，合理地划分排水区域，确定排水装置的规格并进行布置。

①一般每个雨水口、水落管的汇水面积不宜超过 200m²，可按 150 ~ 200m² 计算。当屋面有高差时，若高屋面的投影面积小于 100m²，可将高屋面的雨水直接排至低屋面上，但需对低屋面受水冲刷的部位做好防护措施(平屋顶可加铺卷材，再铺 300 ~ 500mm 宽的细石混凝土滴水板，坡屋顶可采用镀锌铁皮泛水)；若高屋面的投影面积大于 100m²，高屋面则应设置独自的排水系统。

②天沟的形式和材料可根据屋面类型的不同有多种选择，如坡屋顶中可用钢筋混凝土、镀锌铁皮、石棉水泥瓦等做成槽形或三角形天沟。

③天沟的断面尺寸应根据地区降雨量和汇水面积的大小确定，天沟的净宽应不小于

200mm，且沟底沿长度方向应分段设置 0.5% ~1% 的纵向坡度及雨水口，沟底水平落差不得超过 200mm，天沟上口与分水线的距离应不小于 120mm。

　　④水落管的管径有 75mm、100mm、125mm 等几种，其间距宜控制在 15 ~24m。一般民用建筑常用管径为 100mm 的 PVC 管或镀锌铁管。水落管应位于建筑的实墙处，距墙面不应小于 20mm，管身用管箍与墙面固定，管箍的竖向间距不大于 1200mm。水落管下端出水口距散水距离不应大于 200mm，接头承插长度不应小于 40mm。

三、屋顶构造

(一)平屋顶
平屋顶按屋面防水层的不同，分为卷材防水屋顶、刚性防水屋顶、涂膜防水屋顶等。

1. 卷材防水屋顶

　　卷材防水屋顶是指以防水卷材和粘结剂分层粘贴而形成整体封闭防水覆盖层的屋顶。卷材防水的整体性、抗渗性好，具有一定的延伸性和适应变形能力，也称柔性防水，适用于防水等级为 I ~ IV 级的屋面防水工程。

　　1)卷材防水屋顶的构造层次和做法

　　卷材防水屋顶由多层材料叠合而成，其基本构造层次按构造要求由结构层、找坡层、找平层、结合层、防水层和保护层组成，如图 2.7.8 所示。

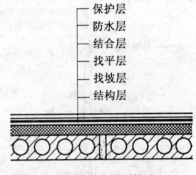

图 2.7.8　卷材防水屋顶构造

　　(1)结构层。通常为预制或现浇钢筋混凝土屋面板，要求具有足够的强度和刚度。

　　(2)找坡层。当屋顶采用材料找坡时，应选用轻质材料形成所需要的排水坡度，通常是在结构层上铺 1:6 ~1:8 的水泥焦渣或水泥膨胀蛭石等。当屋顶采用结构找坡时，则不设找坡层。

　　(3)找平层。柔性防水层要求铺贴在坚固而平整的基层上，以避免卷材凹陷或断裂。因此必须在结构层或找坡层上设置找平层。找平层一般为 20 ~30mm 厚的 1:3 水泥砂浆、细石混凝土和沥青砂浆，厚度视防水卷材的种类而定。

　　(4)结合层。结合层的作用是使卷材防水层与基层粘结牢固。结合层所用材料应根据卷材防水层材料的不同来选择，如沥青卷材多涂刷冷底子油作为结合层；对于改性沥青防水层和合成高分子防水层屋面，则用配套的专用基层处理剂。冷底子油用沥青加入汽油或煤油等溶剂稀释而成，喷涂时不用加热，在常温下进行，故称冷底子油。

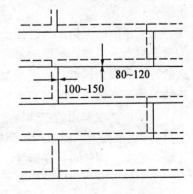

　　(5)防水层。防水层是由胶结材料与卷材粘合而成，卷材连续搭接，形成屋面防水的主要部分。卷材一般平行于屋脊铺设，从檐口到屋脊层层向上粘贴，上下搭接不小于 70mm，左右搭接不小于 100mm，如图 2.7.9 所示。

图 2.7.9　平行于屋脊方向铺设油毡

传统的油毡防水层是由沥青胶结材料和油毡卷材交替粘合而形成的屋面整体防水覆盖层，一般平屋顶交替铺设三层油毡和四层沥青胶结材料，通称"三毡四油"，在屋面的重要部位和严寒地区要做"四毡五油"。高聚物改性沥青或合成高分子卷材防水层则一般为单层卷材防水构造，防水要求较高时可采用双层卷材防水构造。

（6）保护层。设置保护层的目的是保护防水层。保护层的材料及做法应根据防水层所用材料和屋面的利用情况而定，如图2.7.10所示。

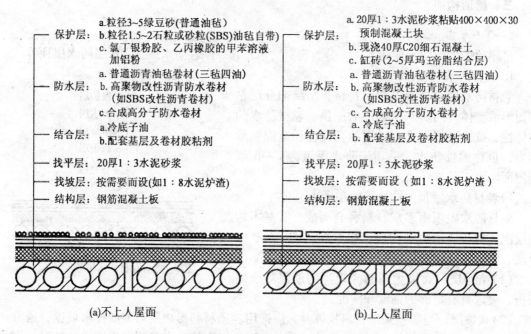

图 2.7.10　平屋面卷材防水构造

不上人屋面保护层的做法：当采用油毡防水层时，通常在防水层表面粘着一层粒径3～6mm的粗砂或小石子，称为绿豆砂或豆石保护层，要求耐风化、颗粒均匀、色浅；高聚物改性沥青或合成高分子卷材防水层可用铝箔面层、彩砂、涂料或银色着色剂等作为保护层。

上人屋面的保护层具有保护防水层和兼做行走面层的双重作用，因此上人屋面保护层应满足耐水、平整、耐磨的要求。其构造做法通常可采用水泥砂浆或沥青砂浆铺贴缸砖、大阶砖、混凝土板等；也可现浇40mm厚C20细石混凝土，现浇细石混凝土保护层的细部构造处理与刚性防水屋面基本相同。

2）柔性防水屋面的细部构造

（1）泛水构造。泛水指屋面防水层与垂直面交接处的防水构造，突出于屋面之上的女儿墙、烟囱、楼梯间、变形缝、检修孔、立管等的壁面与屋顶的交接处是最容易漏水的地方，必须将屋面防水层延伸到这些垂直面上，形成立铺的防水层，称为泛水。

构造做法要点主要包括：将屋面的卷材防水层继续铺至垂直面上，形成卷材泛水，高度不得小于250mm，一般需加铺卷材一层；卷材防水层下的砂浆找平层在泛水处应抹成弧形($R=50\sim100\text{mm}$)或45°斜面；做好泛水上口的卷材收头固定，防止卷材在垂直墙面上下滑动，通常需要在垂直墙中凿出通长凹槽，将卷材的收头压入槽内，用防水压条钉压后再用密封材料嵌填封严，外抹水泥砂浆保护，凹槽上部的墙体则用防水砂浆抹面，如图2.7.11所示。

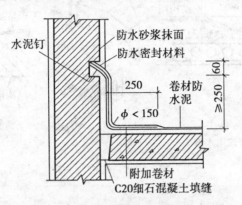

图2.7.11　卷材防水屋面泛水构造(mm)

(2)檐口构造。柔性防水屋面的檐口构造有无组织排水挑檐、有组织排水挑檐沟及女儿墙外排水檐口等。檐口的构造要点是处理好卷材的收头固定、挑檐(屋面板伸出墙外的部分)和檐沟板底面做好滴水，对于有组织排水的檐沟，沟底应增设附加卷材层。女儿墙檐口构造的关键是泛水的构造处理，其顶部通常做混凝土压顶，并设有坡度坡向屋面，如图2.7.12所示。

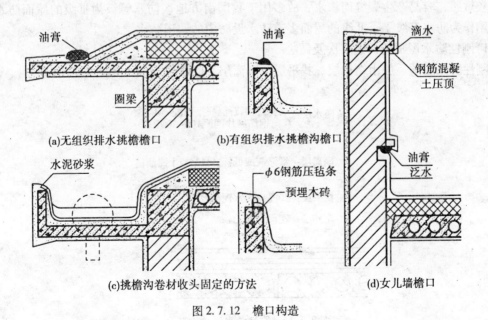

图2.7.12　檐口构造

(3)雨水口构造。柔性防水屋面雨水口的规格和类型与刚性防水屋面所用雨水口相同。雨水口在构造上要求排水通畅、防止渗漏水堵塞，如图 2.7.13 所示。

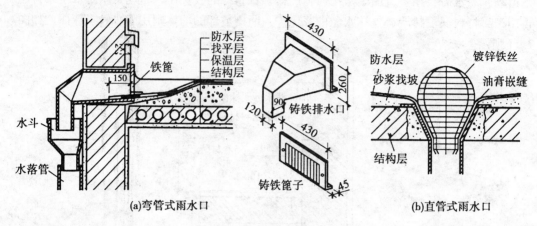

(a)弯管式雨水口

(b)直管式雨水口

图 2.7.13　雨水口构造(mm)

女儿墙弯管式雨水口穿过女儿墙预留孔洞内，屋面防水层应铺入雨水口内壁四周不小于 100mm，并安装铸铁筛子，以防杂物流入造成堵塞。檐沟内的直管式雨水口为防止其周边漏水，应加铺一层卷材，并贴入连接管内 100mm，雨水口上用定型铸铁罩或铅丝球盖住，用油膏嵌缝。

2. 刚性防水屋顶

刚性防水屋顶是指用刚性防水材料如防水砂浆、细石混凝土、配筋细石混凝土等作为屋面防水层的屋顶。这种屋面具有构造简单、施工方便、造价低廉，但对温度变化和结构变形较敏感，容易产生裂缝而渗水，故多用于我国南方地区防水等级为Ⅲ级的屋面防水，也可用作为防水等级Ⅰ、Ⅱ级的屋面多道防水设防中的一道防水层。

1)刚性防水屋顶的构造层次及做法

刚性防水屋顶一般由结构层、找平层、隔离层和防水层组成，如图 2.7.14 所示。

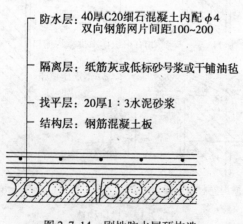

图 2.7.14　刚性防水屋顶构造

（1）结构层。要求具有足够的强度和刚度，一般应采用现浇或预制装配的钢筋混凝土屋面板。

（2）找平层。通常应在结构层上用20mm厚1∶3水泥砂浆找平。若采用现浇钢筋混凝土屋面板或设有隔离层，也可不设找平层。

（3）隔离层。为减少结构层变形及温度变化对防水层的不利影响，宜在防水层下设置隔离层。隔离层又称浮筑层，可采用纸筋灰、低强度等级砂浆或薄砂层上干铺一层油毡等。当防水层中加有膨胀剂类材料时，其抗裂性有所改善，也可不做隔离层。

（4）防水层。常用配筋细石混凝土防水屋面的混凝土强度等级应不低于C20，其厚度宜不小于40mm，双向配置 $\phi4 \sim \phi6.5$、间距 $100 \sim 200$mm 的双向钢筋网片。为提高防水层的防水抗渗性能，可在细石混凝土内掺入适量外加剂（如膨胀剂、减水剂、防水剂等），以提高其密实度。

2）刚性防水屋顶细部构造

（1）分格缝。分格缝又称分仓缝，实质上是在屋面防水层上设置的变形缝。防止结构变形、温度变形及防水层干缩引起防水层开裂。因此，屋面分格缝应设置在温度变形允许的范围以内和结构变形敏感的部位。一般情况下，分格缝设在装配式屋面板的支承端、屋面转折处、现浇屋面板与预制屋面板的交接处、泛水与立墙交接处等部位，如图2.7.15所示。

图 2.7.15 分格缝位置

分格缝间距不宜大于6m，防水层内的钢筋网在分格缝处全部断开，缝内嵌填密封材料，缝口表面用防水卷材铺贴盖缝，防水卷材的宽度一般为 $200 \sim 300$mm。分格缝有横向分格缝（平缝）和屋脊分格缝（凸缝）两种，如图2.7.16所示。

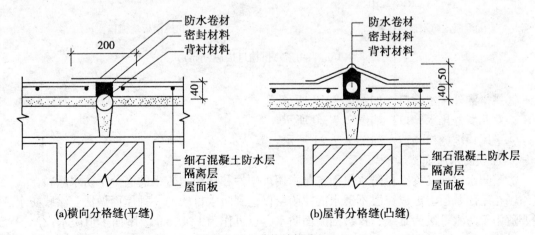

(a)横向分格缝(平缝)   (b)屋脊分格缝(凸缝)

图 2.7.16 分格缝构造(mm)

（2）泛水构造。刚性防水屋顶的泛水构造要点与卷材防水屋顶相同的地方是：泛水应有足够高度，一般不小于250mm；泛水应嵌入立墙上的凹槽内，并用压条及水泥钉固定。不同的地方是：刚性防水层与屋面突出物（女儿墙、烟囱等）间要留分格缝，并用密封材料嵌填，另铺贴附加卷材盖缝形成泛水，如图2.7.17所示。

（3）檐口构造。刚性防水屋顶檐口的形式中较为典型的有以下几种：

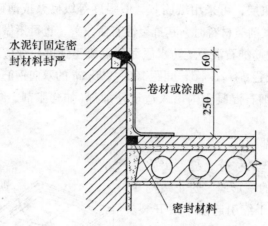

图2.7.17　泛水构造（mm）

①自由落水挑檐口，如图2.7.18所示。

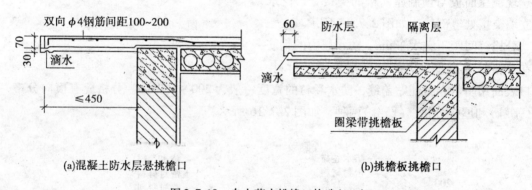

(a)混凝土防水层悬挑檐口　　　　　　　(b)挑檐板挑檐口

图2.7.18　自由落水挑檐口构造（mm）

②挑檐沟外排水檐口，如图2.7.19所示。
③女儿墙外排水檐口，如图2.7.20所示。
④平屋顶坡檐口构造，如图2.7.21所示。

3. 涂膜防水屋面

涂膜防水屋面又称涂料防水屋面，是指用可塑性和粘结力较强的高分子防水涂料，直接涂刷在屋面基层上形成一层不透水的薄膜层以达到防水目的的一种屋面做法。涂膜防水主要适用于防水等级为Ⅲ级、Ⅳ级的屋面防水，也可作为Ⅰ级、Ⅱ级屋面多道防水设施中的一道防水层。这种屋面通常适用于不设保温层的预制屋面板结构，如单层工业厂房的屋面。在有较大震动的建筑物或寒冷地区则不宜采用。

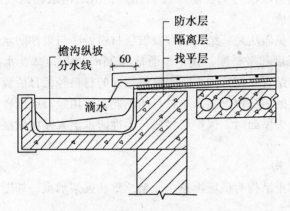

图 2.7.19 挑檐沟外排水檐口构造(mm)

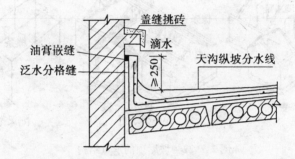

图 2.7.20 女儿墙外排水檐口构造(mm)

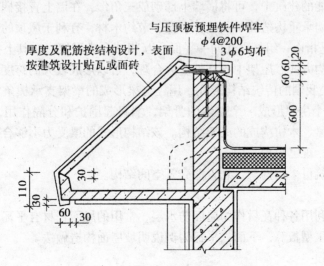

图 2.7.21 平屋顶坡檐口构造(mm)

涂膜防水屋面的构造层次与柔性防水屋面相同，由结构层、找坡层、找平层、结合层、防水层和保护层组成。

涂膜防水屋面的常见做法是：结构层和找坡层材料做法与柔性防水屋面相同。为使防水层的基层有足够的强度和平整度，找平层通常为 25mm 厚 1：2.5 水泥砂浆。为保证防水层与基层粘结牢固，结合层应选用与防水涂料相同的材料经稀释后满刷在找平层上。当屋面不上人时，保护层的做法根据防水层材料的不同，可用蛭石或细砂撒面、银粉涂料涂刷等做法；当屋面为上人屋面时，保护层做法与柔性防水上人屋面做法相同。

（二）坡屋顶

1. 坡屋顶的承重结构

坡屋顶中常用的承重结构有横墙承重、屋架承重和梁架承重，如图 2.7.22 所示。

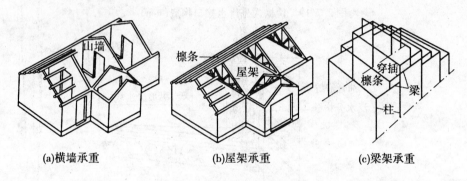

(a)横墙承重　　　　　　(b)屋架承重　　　　　　(c)梁架承重

图 2.7.22　坡屋顶的承重结构

（1）横墙承重又称山墙承重或硬山搁檩，是指对于横墙间距较小(不大于 4m)且横墙兼具分隔和承重功能的建筑中，可将横墙上部砌成三角形，在墙上直接搁置檩条来承重的一种结构方式。横墙承重构造简单、施工方便、节约木材，有利于屋顶的防火和隔音。

（2）屋架承重是指由一组杆件在同一平面内互相结合成屋架，在其上搁置檩条来承受屋面重量的一种结构方式。屋架中各杆件受力合理，可以形成较大的跨度和空间。

（3）梁架承重是我国的传统结构形式，用柱与梁形成的梁架支承檩条，并利用檩条及连系梁(枋)，使整个房屋形成一个整体的骨架，墙只起围护和分隔作用，民间传统建筑中多采用木柱、木梁、木枋构成的梁架结构。该结构形式的梁受力不够合理，消耗木材较多，耐火耐久性差，现已很少采用。

对于大跨度建筑可采用网架、悬索薄壳等空间结构。

2. 屋面构造

坡屋顶一般是利用各种瓦材作为屋面防水层，常用的屋面瓦材有平瓦、波形瓦、油毡瓦、金属瓦、金属压型板等，下面以平瓦为例说明坡屋面构造做法。

1）平瓦屋面铺设

平瓦有黏土平瓦和水泥平瓦之分，其外形根据排水要求设计，如图 2.7.23 所示。瓦的两边及上下留有槽口以便瓦的搭接，瓦的背面有凸缘和小孔用以挂瓦及穿铁丝固定。每张瓦长 380～420mm，宽 230～250mm，厚 20～25mm。屋脊部位需专用的脊瓦盖缝。

平瓦屋面根据使用要求和用材不同，通常有以下几种铺法：

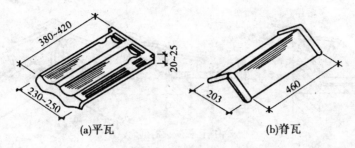

图 2. 7. 23 平瓦、脊瓦(mm)

(a)平瓦　　　　(b)脊瓦

(1)冷摊瓦屋面:在檩条上钉固椽条,然后在椽条上钉挂瓦条并直接挂瓦,如图2.7.24所示。这种做法构造简单经济,但雨雪易从瓦缝中飘入室内,通常用于南方地区质量要求不高的建筑。木椽条断面尺寸一般为40mm×60mm或50mm×50mm,其间距为400mm左右。挂瓦条断面尺寸一般为30~30mm,中距330mm。

(2)木望板瓦屋面:在檩条上铺钉15~20mm厚的木望板(又称屋面板),望板可采取密铺法(不留缝)或稀铺法(望板间留20mm左右宽的缝),在望板上平行于屋脊方向干铺一层油毡,在油毡上顺着屋面水流方向钉10mm×30mm、中距500mm的顺水条,然后在顺水条上面平行于屋脊方向钉挂瓦条并挂瓦,挂瓦条的断面和间距与冷摊瓦屋面相同,如图2.7.24所示。这种做法比冷摊瓦屋面的防水、保温隔热效果要好,但耗用木材多、造价高,多用于质量要求较高的建筑物中。

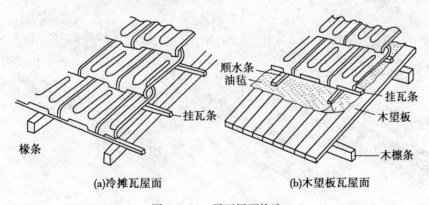

顺水条
油毡
挂瓦条
木望板
挂瓦条
椽条
木檩条

(a)冷摊瓦屋面　　　　(b)木望板瓦屋面

图 2. 7. 24 平瓦屋面构造

(3)钢筋混凝土挂瓦板平瓦屋面:其中挂瓦板为预应力或非预应力混凝土构件,板肋根部预留泄水孔,以便排除由瓦面渗漏下的雨水。挂瓦板的基本断面呈门形、T形、F形,板肋用来挂瓦,中距为330mm,板缝采用1:3水泥砂浆嵌填,如图2.7.25所示。挂瓦板具有檩条、望板、挂瓦条三者的作用,是一种多功能构件,可以节约大量木材。制作挂瓦板应严格控制构件的几何尺寸,使之与瓦材尺寸配合,否则,易出现瓦材搭挂不密合而引起漏水的现象。

(4)钢筋混凝土板瓦屋面:瓦屋面由于保温、防火或造型等的需要,可将预制钢筋混

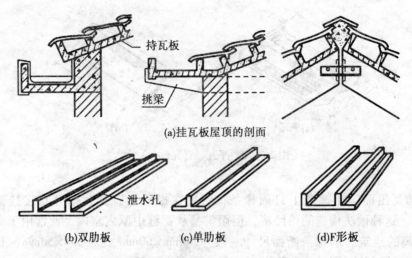

(a)挂瓦板屋顶的剖面

(b)双肋板　　　(c)单肋板　　　(d)F形板

图 2.7.25　钢筋混凝土挂瓦板平瓦屋面

凝土空心板或现浇平板作为瓦屋面的基层盖瓦。盖瓦的方式有两种：一种是在找平层上铺油毡一层，用压毡条钉在嵌在板缝内的木楔上，再钉挂瓦条挂，如图 2.7.26 所示；另一种是在屋面板上直接粉刷防水水泥砂浆并贴瓦或陶瓷面砖或平瓦。在仿古建筑中也常常采用钢筋混凝土板瓦屋面。

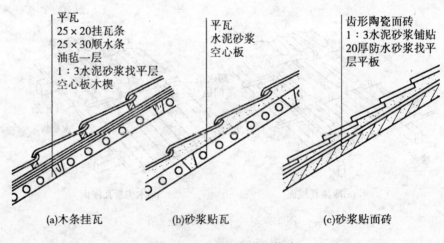

(a)木条挂瓦　　　(b)砂浆贴瓦　　　(c)砂浆贴面砖

图 2.7.26　屋面板盖瓦构造

2)平瓦屋面细部构造

平瓦屋面应做好檐口、天沟、屋脊等部位的细部处理。

(1)檐口构造。

①纵墙檐口：根据造型要求做成挑檐或封檐。挑檐有砖挑檐、挑檐木挑檐、挑椽木挑檐、挑檩檐口、钢筋混凝土挑板挑檐等形式，如图 2.7.27 所示。

②山墙檐口：按屋顶形式分为山墙挑檐(悬山)与山墙封檐(硬山)两种。

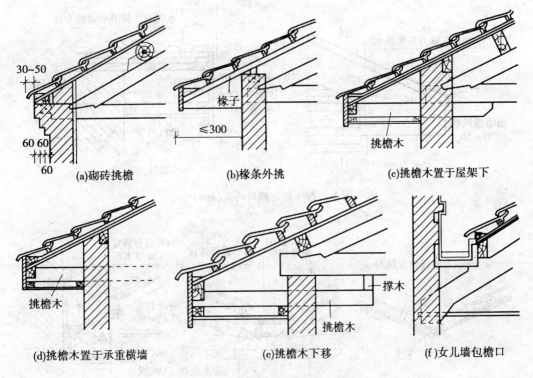

图 2.7.27 平瓦屋面纵墙檐口构造

硬山屋顶的山墙檐口有山墙与屋面等高或高出屋面形成山墙女儿墙两种,如图 2.7.28 所示。悬山屋顶的檐口构造是先将檩条挑出山墙形成悬山,檩条端部钉木封檐板,沿山墙挑檐的一行瓦应用1:2.5 的水泥砂浆做出拔水线,将瓦封固,如图 2.7.29 所示。

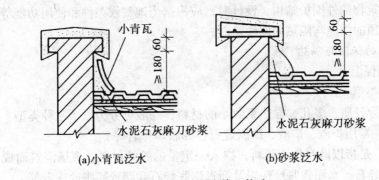

图 2.7.28 硬山檐口构造

(2)天沟和斜沟构造。在等高跨或高低跨相交处,常常出现天沟,而两个相互垂直的屋面相交处则形成斜沟,其做法如图 2.7.30 所示。沟应有足够的断面积,上口宽度不宜小于300~500mm,一般用镀锌铁皮铺于木基层上,镀锌铁皮伸入瓦片下面至少150mm。高低跨和包檐天沟若采用镀锌铁皮防水层时,应从天沟内延伸至立墙(女儿墙)上形成泛水。

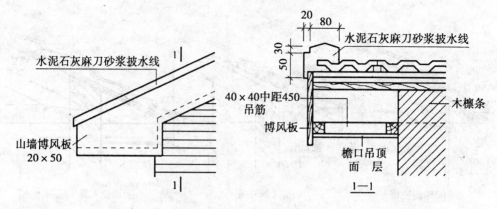

图 2.7.29 悬山檐口构造(mm)

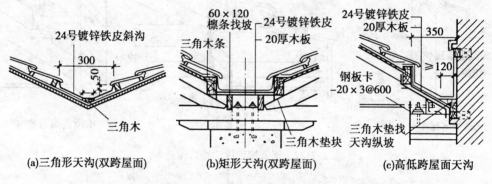

(a)三角形天沟(双跨屋面)　　(b)矩形天沟(双跨屋面)　　(c)高低跨屋面天沟

图 2.7.30 天沟、斜沟构造(mm)

四、屋顶的保温与隔热

屋顶作为建筑物的外围护结构,设计时,应根据当地气候条件和使用功能等方面的要求,妥善解决屋顶的保温与隔热的问题。

(一)平屋顶的保温与隔热

1. 平屋顶的保温

1)保温材料类型

保温材料多为轻质、多孔、导热系数小的材料,一般可分为以下三种类型:

(1)散料类:常用炉渣、矿渣、膨胀蛭石、膨胀珍珠岩等。

(2)整体类:是指以散料作为骨料,掺入一定量的胶结材料,现场浇筑而成,如水泥炉渣、水泥膨胀蛭石、水泥膨胀珍珠岩及沥青膨胀蛭石和沥青膨胀珍珠岩等。

(3)板块类:是指利用骨料和胶结材料由工厂制作而成的板块状材料,如加气混凝土、泡沫混凝土、膨胀蛭石、膨胀珍珠岩、泡沫塑料等块材或板材等。

保温材料的选择应根据建筑物的使用性质、构造方案、材料来源、经济指标等因素综合考虑确定。

2)保温层的设置

平屋顶因屋面坡度平缓,适合将保温层放在屋面结构层上(刚性防水屋面不适宜设保温层)。

　　保温层通常设在结构层之上、防水层之下,如图 2.7.31 所示。为防止寒冷地区或湿度较大的建筑物室内水蒸气渗入保温层,使保温层受潮而降低保温效果,故设置隔汽层。隔汽层可采用气密性好的单层防水卷材或防水涂膜。

　　由于隔汽层的设置,保温层成为封闭状态,施工时,保温层和找平层中残留的水分无法散发出去,在太阳照射下水分汽化成水蒸气使体积膨胀,若水蒸气不排除,则会造成防水层鼓泡起鼓甚至破裂,因此常在保温层中设排汽道或排汽孔,如图 2.7.32 所示。

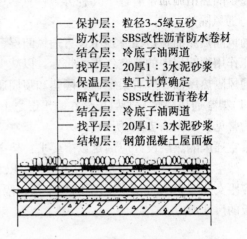

保护层:粒径3~5绿豆砂
防水层:SBS改性沥青防水卷材
结合层:冷底子油两道
找平层:20厚1:3水泥砂浆
保温层:垫工计算确定
隔汽层:SBS改性沥青卷材
结合层:冷底子油两道
找平层:20厚1:3水泥砂浆
结构层:钢筋混凝土屋面板

图 2.7.31　油毡平屋顶保温构造做法

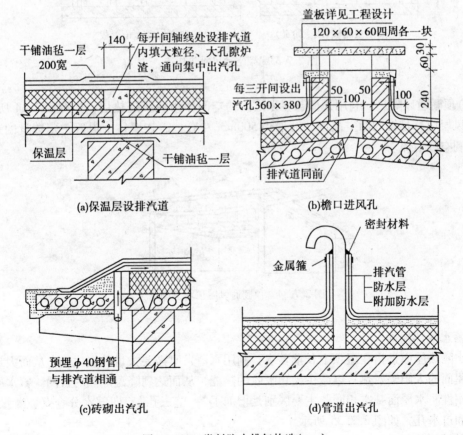

(a)保温层设排汽道　　　　　　　(b)檐口进风孔

(c)砖砌出汽孔　　　　　　　(d)管道出汽孔

图 2.7.32　卷材防水排气构造(mm)

2. 平屋顶的隔热

屋顶隔热措施通常有以下几种方式：

1）通风隔热

通风隔热屋面是指在屋顶中设置通风间层，使上层表面起遮挡阳光的作用，利用风压和热压作用把间层中的热空气不断带走，以减少传到室内的热量，从而达到隔热降温的目的。通风隔热屋面一般有架空通风隔热和顶棚通风隔热两种做法。

（1）架空通风隔热。通风层设在防水层之上，其做法很多，其中以架空预制板或大阶砖最为常见，如图 2.7.33 所示。

架空通风隔热层设计应满足以下要求：架空层应有适当的净高，一般以 180～240mm 为宜；架空层周边设置一定数量的通风孔，以利于空气流通，当女儿墙不宜开设通风孔时，应距女儿墙 500mm 范围内不铺架空板；隔热板的支点可做成砖垄墙或砖墩，间距视隔热板的尺寸而定。

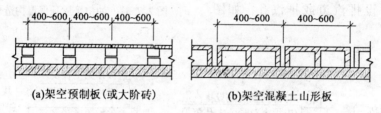

| 400~600 | 400~600 | 400~600 | | | 400~600 | | 400~600 |
(a)架空预制板(或大阶砖)　　　　(b)架空混凝土山形板

图 2.7.33　架空通风隔热构造

（2）顶棚通风隔热。利用顶棚与屋顶之间的空间作为通风隔热层，如图 2.7.34 所示。顶棚通风层应有足够的净空高度，一般为 500mm 左右；需在墙体上设置一定数量的通风孔，以利空气对流。

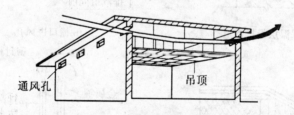

通风孔　　　　　　　　　　吊顶

图 2.7.34　顶棚通风屋顶示意图

2）蓄水隔热屋面

蓄水隔热屋面是指在屋顶上长期蓄水，利用水蒸发时需要大量的汽化热，从而大量消耗晒到屋面的太阳辐射热，以减少屋顶吸收的热能，从而达到降温隔热的目的。蓄水屋面构造与刚性防水屋面基本相同，主要区别是增加了"一壁三孔"，即蓄水分仓壁、溢水孔、泄水孔和过水孔，如图 2.7.35 所示。

3）种植隔热屋面

种植隔热屋面是在屋顶上种植植物，利用植被的蒸腾和光合作用，吸收太阳辐射热，从而达到降温隔热的目的。种植隔热屋面构造与刚性防水屋面基本相同，所不同的是需增

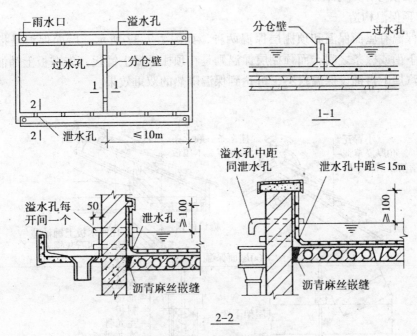

图 2.7.35　蓄水隔热屋面构造

设挡墙和种植介质，如图 2.7.36 所示。

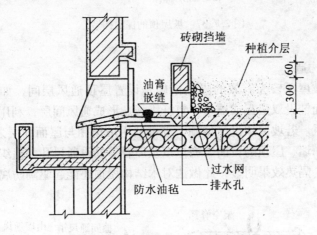

图 2.7.36　种植隔热屋面构造(mm)

4)反射降温屋面

反射降温屋面是利用材料的颜色和光滑度对热辐射的反射作用，将一部分热量反射回去从而达到降温的目的。例如，采用浅色的砾石、混凝土作为屋面，或在屋面上涂刷白色涂料，对隔热降温都有一定的效果。如果在吊顶棚通风隔热的顶棚基层中加铺一层铝箔纸板，利用第二次反射作用，其隔热效果更加显著。

（二）坡屋顶的保温与隔热

1. 坡屋顶保温构造

坡屋顶保温有屋面保温和顶棚层保温两种，如图 2.7.37 所示。屋面保温是指将保温层设在瓦材下面或檩条之间，而顶棚层保温则是在顶棚搁栅上铺板，先在板上铺油毡作隔汽层，在隔汽层上再铺设保温材料，可达到保温隔热的双重效果。

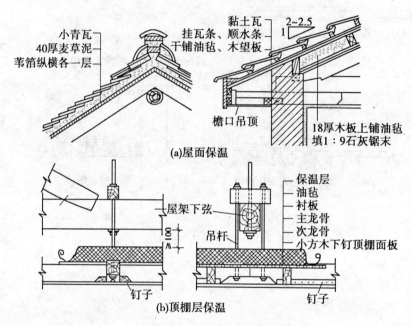

(a)屋面保温

(b)顶棚层保温

图 2.7.37　坡屋顶的保温构造

2. 坡屋顶隔热构造

在炎热地区，坡屋顶较为有效的隔热措施是设置屋顶通风层间，如图 2.7.38 所示。具体做法是：将屋面铺设双层瓦或檩条下钉纤维板，形成通风间层，利用空气流动带走通风层间中的部分热量。若坡屋顶设吊顶棚，也可利用吊顶棚与屋面面层之间形成的空间，组织通风隔热，在山墙、屋顶的坡面、檐口以及屋脊等处设通风孔，组织空气对流，形成屋顶内的自然通风，隔热效果明显，此做法对木结构屋顶还能起驱潮防腐的作用。

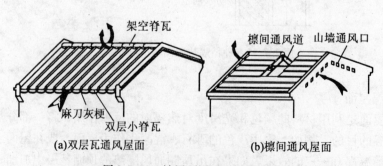

(a)双层瓦通风屋面　　　　　　　(b)檩间通风屋面

图 2.7.38　坡屋顶屋面通风层隔热

坡屋顶设吊顶时，可在山土墙上、屋顶的坡面、檐口及屋脊等处设通风口，利用吊顶较大空间组织穿堂风达到隔热降温的效果，如图2.7.39所示。

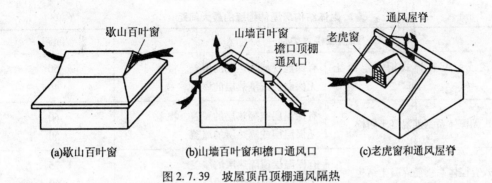

(a)歇山百叶窗　　　　　(b)山墙百叶窗和檐口通风口　　　　　(c)老虎窗和通风屋脊

图2.7.39　坡屋顶吊顶棚通风隔热

任务八　变形缝节点构造图识读

【知识目标】

　　1. 熟悉变形缝的设置条件；

　　2. 掌握变形缝的节点构造图。

【能力目标】

　　1. 能根据建筑实际情况确定是否设置变形缝及其形式；

　　2. 能熟练识读并绘制屋面节点构造图；

　　3. 能对建筑物的变形缝进行构造处理。

【学习重点】

　　1. 掌握变形缝的类型和构造处理方法；

　　2. 注意区别施工缝、分格(仓)缝、变形缝。

一、变形缝的设置

　　建筑物在温度变化、地基不均匀沉降和地震等外界因素的作用下，在结构内部会产生附加应力和变形，造成建筑物的开裂和变形，甚至引起结构安全，影响建筑物的安全使用。为了减少对建筑物的损坏，在加强房屋结构整体性的同时，可预先在建筑物变形敏感的部位将建筑结构断开，以保证建筑物有足够的变形宽度，使其免遭破坏而事先预留的垂直分割的人工缝隙，称为变形缝，包括伸缩缝、沉降缝和防震缝。

　　(一)伸缩缝的设置

　　1. 伸缩缝的作用

　　伸缩缝也称为温度缝，是为了避免由于建筑物过长、热胀冷缩而造成温度应力变形过大，致使建筑物开裂而设置的变形缝。

　　2. 伸缩缝的设置原则

　　伸缩缝沿建筑物长度方向每隔一段距离预留缝隙，将建筑物断开。

砌体结构房屋伸缩缝的最大间距应符合表2.8.1的规定。

钢筋混凝土结构墙体伸缩缝的最大间距应符合表2.8.2的规定。

表2.8.1　　　　　　　　　　砌体结构房屋伸缩缝的最大间距　　　　　　　　（单位：m）

屋盖或楼盖类别		间距
整体式或装配整体式钢筋混凝土结构	有保温层或隔热层的屋盖、楼盖	50
	无保温层或隔热层的屋盖	40
装配式无檩体系钢筋混凝土结构	有保温层或隔热层的屋盖、楼盖	60
	无保温层或隔热层的屋盖	50
装配式有檩体系钢筋混凝土结构	有保温层或隔热层的屋盖	75
	无保温层或隔热层的屋盖	60
瓦材屋盖、木屋盖或楼盖、轻钢屋盖		100

注：①对烧结普通砖、多孔砖、配筋砌块砌体房屋取表中数值；对石砌体、蒸压灰砂砖、蒸压粉煤灰砖和混凝土砌块房屋取表中数值乘以0.8系数。当有实践经验并采取有效措施时，可不遵守本表规定。

②在钢筋混凝土屋面上挂瓦的屋盖按钢筋混凝土屋盖取用。

③按本表设置的墙体伸缩缝，一般不能同时防止由于钢筋混凝土屋盖的温度变形和砌体干缩变形引起的墙体局部裂缝。

④层高大于5m的烧结普通砖、多孔砖、配筋砌块砌体结构单层房屋，其伸缩缝的间距按表中的数值乘以1.3。

⑤温差较大且变化频繁地区和严寒地区不采暖的房屋及构筑物墙体的伸缩缝的最大间距，按表中的数值可以适当减小。

⑥墙体的伸缩缝应与结构的其他变形缝相重合，在进行立面处理时，必须保证缝隙的伸缩作用。

表2.8.2　　　　　　　　　　钢筋混凝土结构伸缩缝最大间距　　　　　　　　（单位：m）

结构类别		室内或土中	露天
排架结构	装配式	100	70
框架结构	装配式	75	50
	现浇式	55	35
剪力墙结构	装配式	65	40
	现浇式	45	30
挡土墙、地下室墙壁等类结构	装配式	40	30
	现浇式	30	20

注：①装配整体式结构房屋的伸缩缝间距宜按表中现浇式的数值取用。

②框架-剪力墙结构或框架-核心筒结构房屋的伸缩缝间距可根据结构的具体布置情况取表中框架结构与剪力墙结构之间的数值。

③当屋面无保温和隔热措施时，框架结构、剪力墙结构的伸缩缝间距宜按表中"露天"栏中的数值取用。

④现浇挑檐、雨罩等外露结构的伸缩缝间距不宜大于12m。

3. 伸缩缝的设置要求和缝宽

伸缩缝要求将建筑物的地面以上的构件全部断开，基础因受温度变化影响小，可不断开。伸缩缝的宽度为 20～40mm，或按照有关规范由单项工程设计确定。

（二）沉降缝的设置

1. 沉降缝的作用

沉降缝是为了避免由于建筑物高度、重量、结构、地基等方面的不同而产生不均匀沉降变形过大，致使建筑物某些薄弱部位发生竖向错动、开裂而设置的变形缝。

2. 沉降缝的设置原则

在建筑物的下列部位，宜设置沉降缝：

（1）建筑平面的转折部位；

（2）高度差异或荷载差异较大处；

（3）长高比过大的砌体承重结构或钢筋混凝土框架结构的适当部位；

（4）地基土的压缩有明显差异处、基础或建筑结构不同处；

（5）分期建造房屋的交界处。

3. 沉降缝的设置要求和缝宽

沉降缝的设缝目的是解决不均匀沉降变形，应从基础开始断开，即要求将建筑物自基础至地面以上的构件全部断开。

沉降缝的宽度应按表 2.8.3 所列尺寸选取。

表 2.8.3　　　　　　　　　　　　　　沉降缝宽度

地基性质	建筑物高度 H 或层数	沉降缝宽度（mm）
一般地基	$H<5m$	30
	$H=5～10m$	50
	$H=10～15m$	70
软弱地基	2～3 层	50～80
	4～5 层	80～120
	6 层以上	>120
湿陷性黄土地基		≥30～70

（三）防震缝的设置

1. 防震缝的作用

防震缝是为了避免地震时建筑物因结构、刚度、高度等不同，相邻两部分之间产生相互挤压、拉伸，造成撞击变形和破坏而设置的变形缝。

2. 防震缝的设置原则

当地震设防的地区，遇下列情况之一宜设置防震缝：

（1）房屋立面高差在 6m 以上；

（2）房屋有错层，且楼板高差较大；

（3）各部分结构刚度、质量截然不同。

对于体型复杂、平立面特别不规则的建筑结构，可按实际需要在适当的部位设置防震缝，形成多个较规则的抗侧力结构单元。

3. 防震缝的设置要求和缝宽

防震缝要求将建筑物地面以上的构件全部断开，基础可不断开。防震缝的宽度与该地区设防烈度和建筑物高度有关。一般多层砌体建筑的缝宽为 50 ~ 100mm。钢筋混凝土框架结构建筑高度在 15m 以下时，取 70mm；当建筑高度超过 15m 时，抗震设防烈度为 7度，高度每增加 4m，缝宽增加 20mm；抗震设防烈度为 8 度，高度每增加 3m，缝宽增加 20mm；抗震设防烈度为 9 度，高度每增加 2m，缝宽增加 20mm。

在地震设防的地区，沉降缝和伸缩缝应符合防震缝的要求。

二、变形缝构造

变形缝一般通过基础、地层、墙体、楼板、屋顶等部分，这些部位均应做好构造处理。

（一）变形缝的结构设置

1. 伸缩缝的设置

1）墙承重结构

承重墙体结构中设置伸缩缝，可以采取单墙承重方案和双墙承重方案，如图2.8.1 所示。

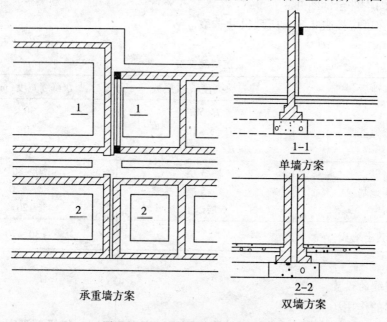

承重墙方案 　　　　　　　　　　　　　　　 2-2
　　　　　　　　　　　　　　　　　　　　　双墙方案

图 2.8.1　承重墙结构中伸缩缝设置

2）柱承重结构

柱承重结构中设置伸缩缝，可以采取悬臂梁承重方案和双柱承重方案，如图 2.8.2 所示。

2. 沉降缝的设置

设置沉降缝时，基础必须断开，基础沉降缝的处理方式如下：

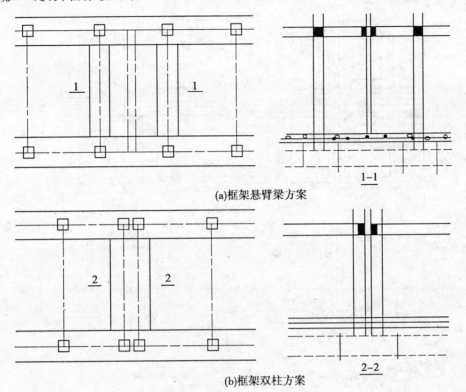

(a)框架悬臂梁方案

(b)框架双柱方案

图 2.8.2 承重结构柱中伸缩缝设置

1)墙承重结构

墙体承重结构中，墙下条形基础中设置沉降缝，可以采取双墙偏心基础、一侧悬挑梁基础等，如图 2.8.3 所示。

2)柱承重结构

柱承重结构中设置沉降缝，可以采取柱下偏心基础、一侧悬挑梁基础、柱基础交叉布置等。

(二)变形缝的处理

1. 墙体变形缝

1)砖墙伸缩缝的形式

砖墙伸缩缝的形式按照墙厚的不同，可以设置为平缝、错口缝、企口缝，如图 2.8.4 所示。

2)墙体变形缝的构造处理

在变形缝的缝口填沥青麻丝、泡沫塑料条、防水油膏，在墙体外表面一般用金属板做盖缝处理，墙体内表面可以采用金属板或木质盖板做盖缝处理。

外墙伸缩缝、防震缝的构造处理，如图 2.8.5 所示。

外墙沉降缝的构造处理，如图 2.8.6 所示。

内墙伸缩缝、防震缝的构造处理，如图 2.8.7 所示。

2. 楼地层变形缝

楼地层变形缝内常用沥青麻丝填缝，用油膏或金属调节片封缝，用钢板、混凝土、橡胶、木质盖缝板等盖缝，如图 2.8.8 所示。

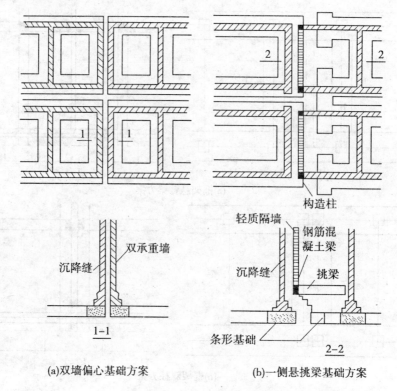

(a)双墙偏心基础方案   (b)一侧悬挑梁基础方案

图 2.8.3 基础沉降缝设置

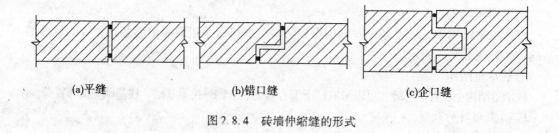

(a)平缝   (b)错口缝   (c)企口缝

图 2.8.4 砖墙伸缩缝的形式

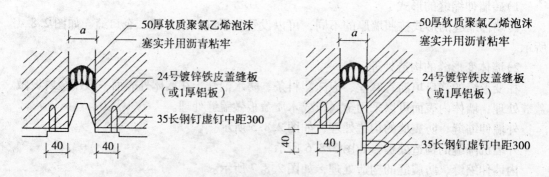

图 2.8.5 外墙伸缩缝、防震缝构造

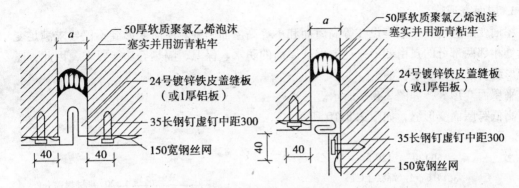

图 2.8.6　外墙沉降缝构造

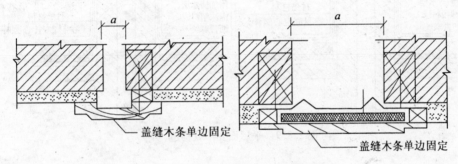

图 2.8.7　内墙伸缩缝、防震缝构造

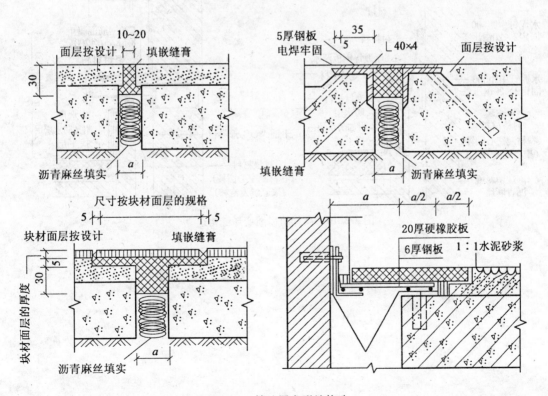

图 2.8.8　楼地层变形缝构造

3. 屋面变形缝

屋面变形缝位置一般有设在等高屋面和不等高屋面两种。屋面变形缝不仅要求满足变形缝处相邻两部分的自由变形，还要保证屋面的防水、保温、隔热等功能要求，因此，屋面变形缝的处理是多层次的。

平屋面变形缝，如图 2.8.9 所示。

高低跨屋面变形缝，如图 2.8.10 所示。

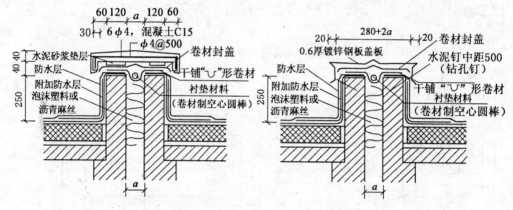

图 2.8.9　平屋面变形缝构造

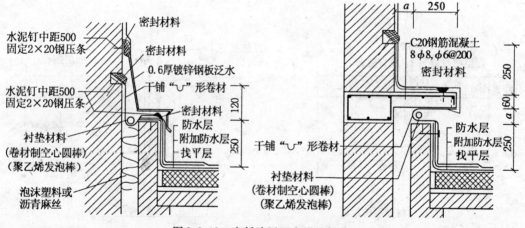

图 2.8.10　高低跨屋面变形缝构造

学习情境三　建筑施工图识读技法

任务一　建筑施工图识读基本知识

【知识目标】
　　1. 熟悉施工图的产生与分类;
　　2. 熟悉施工图识读方法与步骤。

【能力目标】
　　1. 能正确运用施工图识读方法与步骤识建筑施工图;
　　2. 能解决常见的建筑施工中的简单构造问题。

【学习重点】
　　1. 熟悉常用图例与代号的运用;
　　2. 掌握正确的施工图识读方法。

一、施工图的产生和分类

(一)施工图的产生

无论是建造高楼大厦还是工业厂房,都要经过设计和施工两个主要阶段。

设计阶段一般包括:

(1)初步设计阶段:首先提出各种初步设计方案,经多方案比较,确定设计的初步方案。画出比较简略的主要图纸,附文字说明及工程概算,经过讨论审查后,送交上级主管部门审批。

(2)施工图设计阶段:在已批准的初步设计图的基础上,综合建筑、结构、设备等工种的相互配合、协调和调整。从满足施工要求的角度予以具体化,为施工提供完整、正确的建筑平、立、剖面图和必要的详图等技术资料。

对于大型的、比较复杂的工程还应采用三个设计阶段,即在以上两个设计阶段之间增加一个技术设计阶段,以用来深入解决各工种之间的协调等技术问题。

一套完整的施工图是由建筑、结构、水、暖、电、预算等工种共同配合,并经过上述的设计程序编制而成的,是进行施工的依据。

建筑施工图是房屋建筑施工时的依据,施工人员必须按图施工,不得随意变更图纸或无规则施工。因此,建筑施工人员(包括工程技术人员、技术工人、物业管理人员)都必须看懂图纸,记住图纸内容和要求,这是搞好施工和物业管理与维修的必须具备的先决条件。

(二)施工图的分类

房屋施工图根据其内容和作用的不同,一般分为建筑施工图(简称建施)、结构施工图(简称结施)、设备施工图(简称设施)等。

一套完整的房屋施工图一般应有图纸目录、施工总说明、建筑施工图、结构施工图、设备施工图等。各专业工种图纸的编排,一般是全局性图纸在前,表明局部的图纸在后;先施工的在前,后施工的在后;重要图纸在前,次要图纸在后。

二、施工图的读图方法与步骤

(一)读图应具备的基本知识

施工图是根据投影原理绘制的,用图纸表明房屋建筑的设计及构造做法,因此,要看懂施工图的内容,必须具备以下的基本知识:

(1)应掌握作投影图的原理和建筑形体的各种表达方式;

(2)熟悉房屋建筑的基本构造;

(3)熟悉施工图中常用的图例、符号、线型、尺寸和比例的意义。

(二)读图的方法与步骤

1. 读图的方法

一般是:从外向里看,从大到小看;从粗到细看,图样与说明互相看;建筑与结构对着看;先粗看了解工程概况,后细看掌握详细内容。

2. 读图的步骤

一般是:先看目录,了解是什么建筑,图纸共有多少张等;再按目录清理各类图纸是否齐全,并精读图纸。

三、常用的图例与符号

(一)常用的图例

建筑施工图中常用图例见表3.1.1、表3.1.2。

表3.1.1   总平面图常见图例

序号	名称	图例	备注
1	新建的建筑物	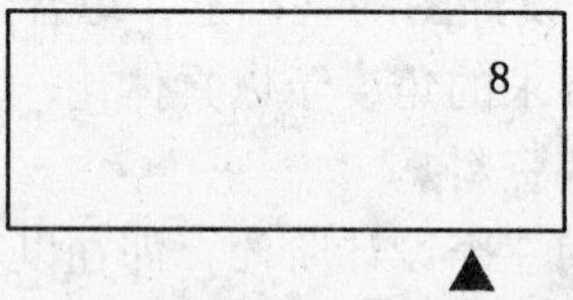 8 ▲	1. 需要时,可用▲表示出入口,可在图形内右上角用点数或数字表示层数 2. 建筑物外形用粗实线表示
2	原有建筑物	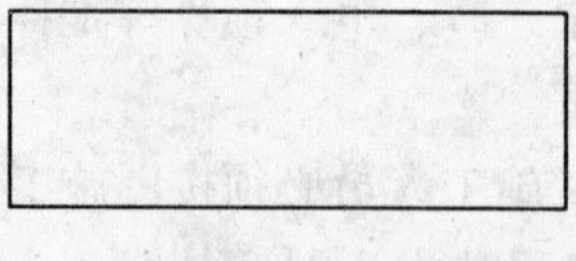	用细实线表示

序号	名称	图例	备注
3	计划扩建的预留地或建筑物		用中粗虚线表示
4	拆除的建筑物	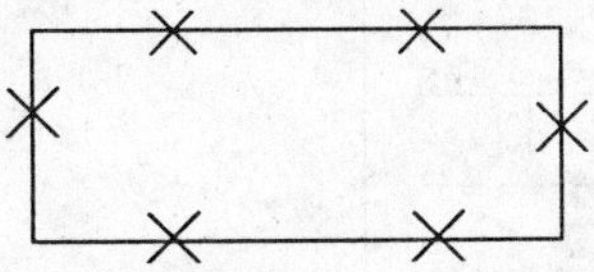	用细实线表示
5	建筑物下面的通道	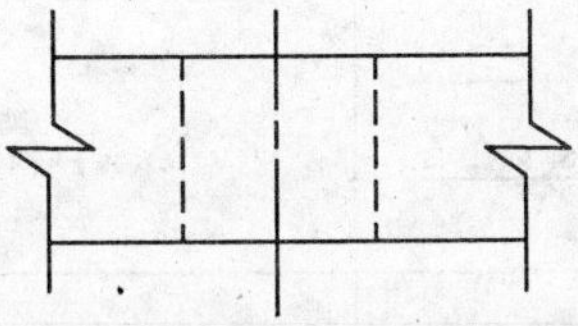	
6	散状材料露天堆场	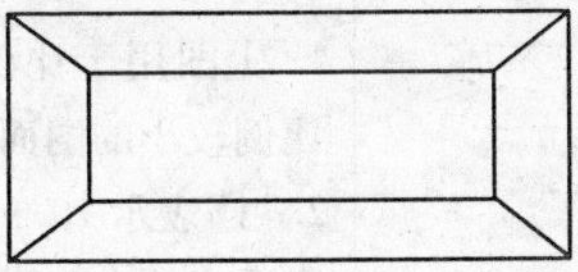	需要时可注明材料名称
7	其他材料露天堆场或露天作业场	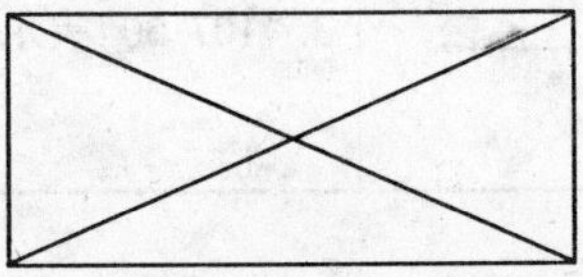	
8	铺砌场地	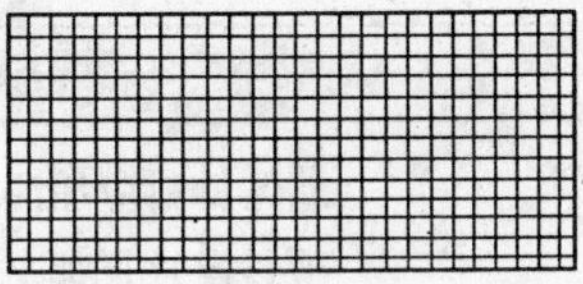	
9	敞棚或敞廊	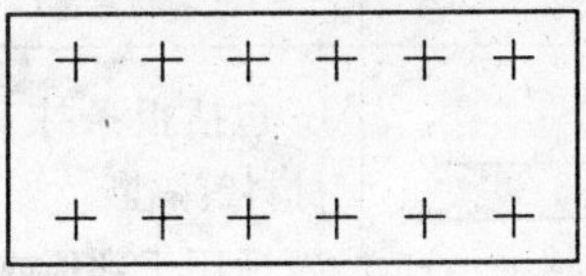	
10	围墙及大门	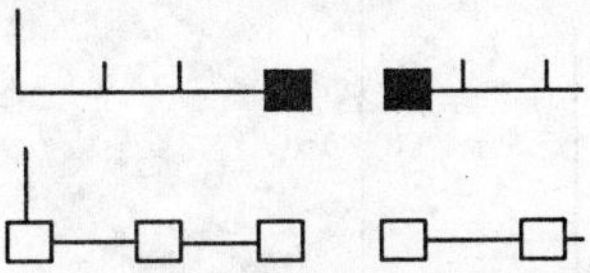	上图为实体性质的围墙，下图为通透性质的围墙，若仅表示围墙时不画大门
11	新建的道路	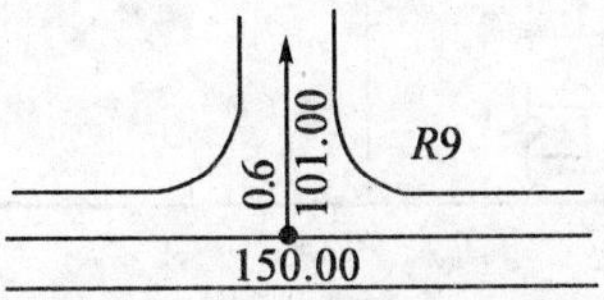	"R9"表示道路转弯半径为9m，"150.00"为路面中心控制点标高，"0.6"表示0.6%的纵向坡度，"101.00"表示变坡点间距离

续表

序号	名称	图例	备注
12	原有道路		
13	计划扩建的道路		
14	拆除的道路	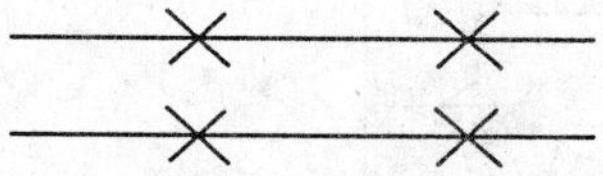	
15	排水明沟	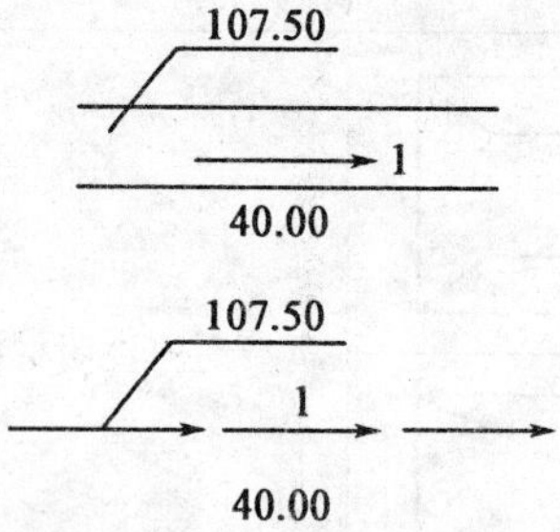 107.50 1 40.00 107.50 1 40.00	1. 上图用于比例较大的图面，下图用于比例较小的图面 2. "1"表示1%的沟底纵向坡度，"40.00"表示变坡点间距离，箭头表示水流方向 3. "107.50"表示沟底标高

表 3.1.2　　　　　　　　常用构造及配件图例

序号	名称	图例	备注
1	墙体	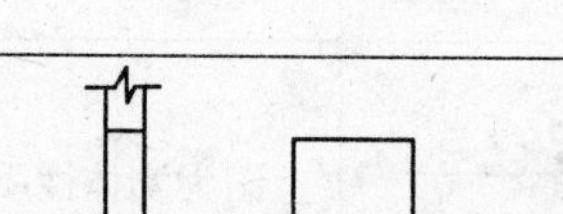	墙体材料应加注文字或填充图例表示，在项目设计图纸说明中列材料图例表给予说明
2	隔断		1. 包括板条抹灰、木制、石膏板、金属材料等隔断 2. 适用于到顶或不到顶隔断
3	空门洞		

序号	名称	图例	备注
4	单扇平开门（包括平开或单面弹簧）	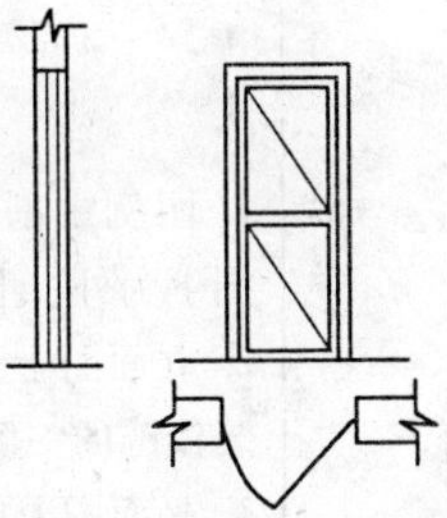	1. 图例中剖面图左为外、右为内，平面图下为外、上为内 2. 立面图上开启方向线交角的一侧为安装铰链的一侧，实线为外开，虚线为内开 3. 平面图上门线应90°或45°开启，开启弧线宜绘出 4. 立面图上的开启方向线在一般设计图中可不表示，在详图及室内设计图上应表示 5. 立面形式应按实际情况绘制
5	双扇平开门（包括平开或单面弹簧）	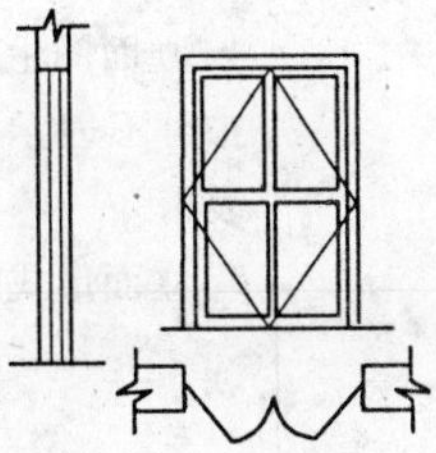	
6	对开折叠门	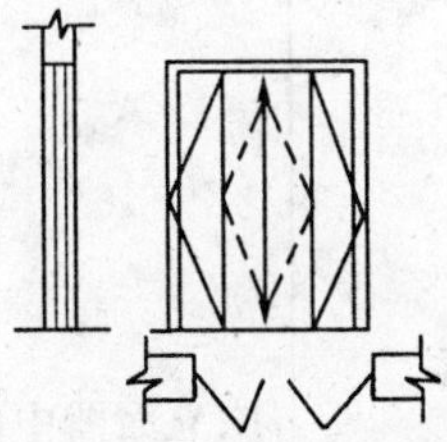	
7	推拉门	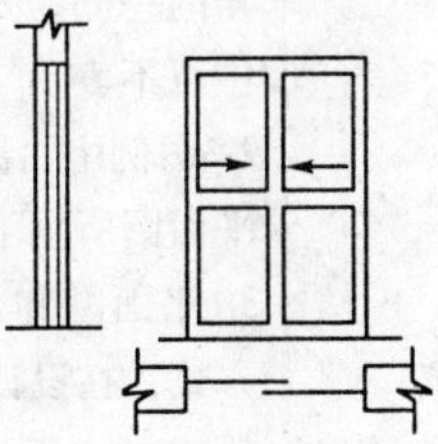	1. 图例中剖面图左为外、右为内，平面图下为外、上为内 2. 立面形式应按实际情况绘制
8	墙外双扇推拉门	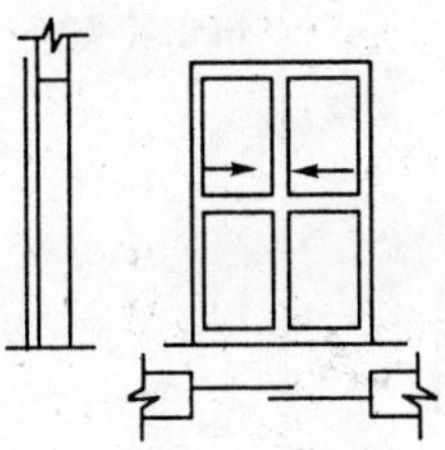	

序号	名称	图例	备注
9	单扇双面弹簧门	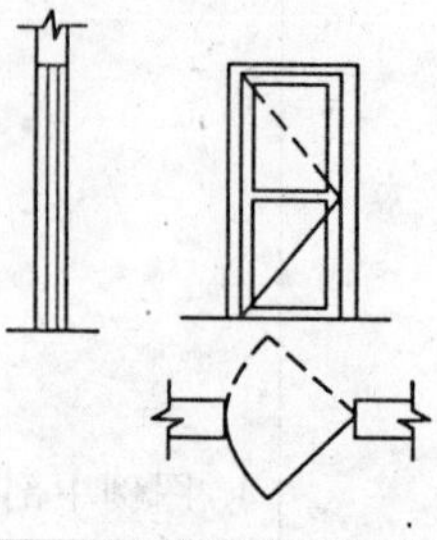	1. 图例中剖面图左为外、右为内，平面图下为外、上为内 2. 立面图上开启方向线交角的一侧为安装铰链的一侧，实线为外开，虚线为内开 3. 平面图上门线应 90° 或 45° 开启，开启弧线宜绘出 4. 立面图上的开启方向线在一般设计图中可不表示，在详图及室内设计图上应表示 5. 立面形式应按实际情况绘制
10	双扇双面弹簧门	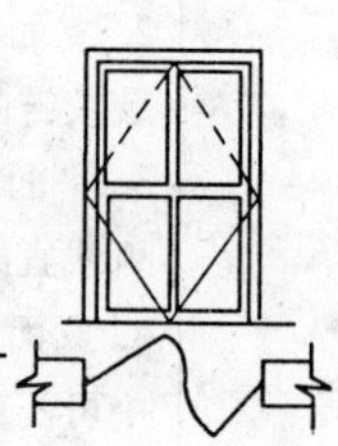	
11	单层外开平开窗	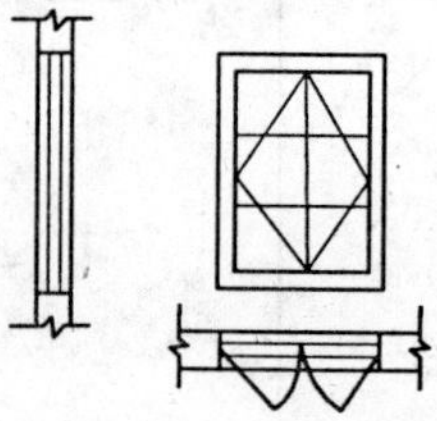	1. 立面图中的斜线表示窗的开启方向，实线为外开，虚线为内开；开启方向线交角的一侧为安装铰链的一侧，一般设计图中可不表示 2. 图例中，剖面图所示左为外、右为内，平面图所示下为外、上为内 3. 平面图和剖面图上的虚线仅说明开关方式，在设计图中不需表示 4. 窗的立面形式应按实际绘制 5. 小比例绘图时平、剖面的窗线可用单粗实线表示
12	双层内外开平开窗	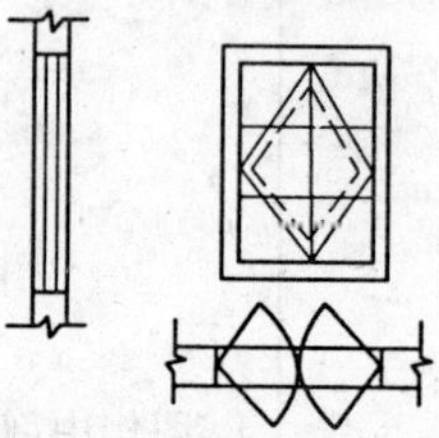	
13	推拉窗	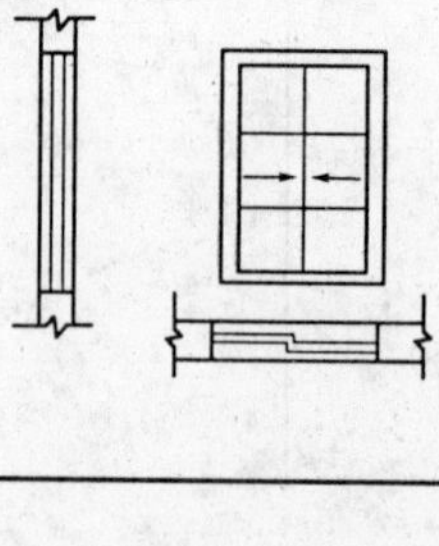	

序号	名称	图例	备注
14	楼梯	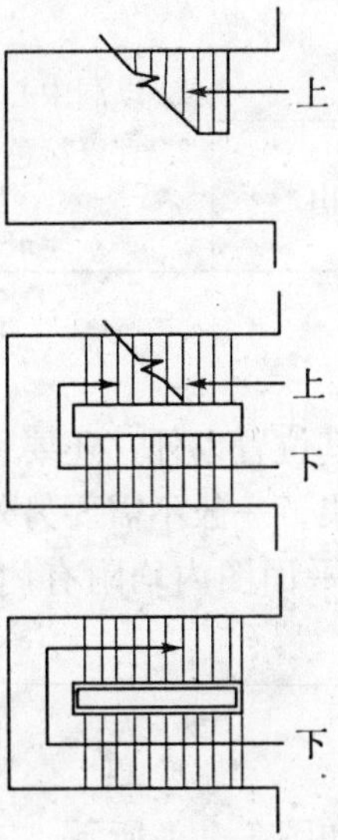	1. 上图为底层楼梯平面，中图为中间层楼梯平面，下图为顶层楼梯平面 2. 楼梯及栏杆扶手的形式和楼梯段踏步数应按实际情况绘制
15	坡道	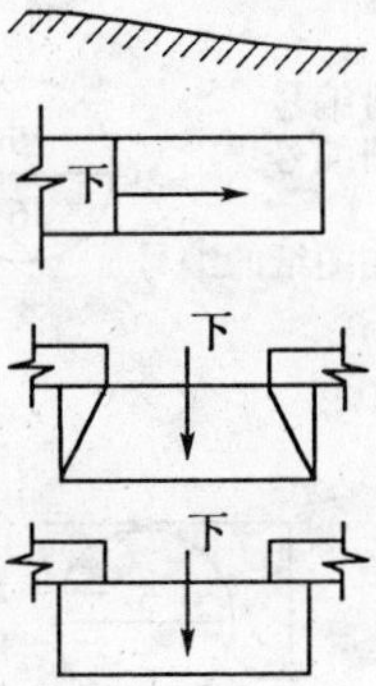	上图为长坡道；下图为门口坡道
16	检查孔	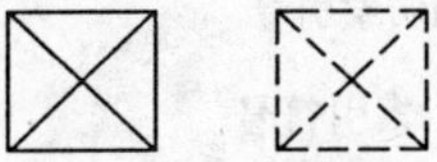	左图为可见检查孔；右图为不可见检查孔
17	孔洞		阴影部分可以涂色代替
18	坑槽	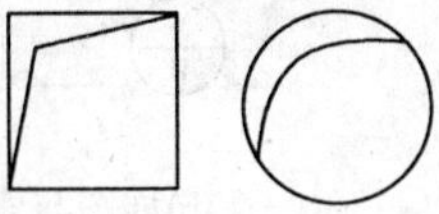	

续表

序号	名称	图例	备注
19	墙预留洞	宽×高或 ϕ 底(顶或中心)标高	1. 以洞中心或洞边定位 2. 宜以涂色区别墙体和留洞位置
20	墙预留槽	宽×高×深或 ϕ 底(顶或中心)标高山	

(二)门窗的代号

建筑施工图上，门窗除了在图中表示出其位置以外，还要用符号表示门窗的型号与编号。门窗的图纸基本上采用设计好的标准图集，一般不需要另外绘制。

为了便于施工，一般在首页图上或在本平面图内均附有门窗表，以表明门窗的具体情况。

(三)索引符号与详图符号

1. 索引符号

索引符号有详图索引和局部索引之分，如图 3.1.1 所示。

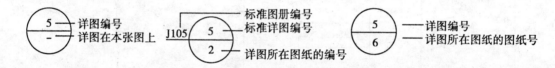

(a)详图索引号

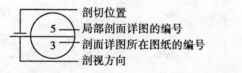

(b)局部剖切索引号

图 3.1.1　索引符号

2. 详图符号

索引出的详图画好之后，应在详图下方编上号，称为详图符号。详图符号应以粗实线绘制，直径为 14mm，如图 3.1.2 所示。

图 3.1.2　详图符号

（四）标高符号

标注标高，要用标高符号表示，如图 3.1.3 所示。

(a)标高符号画法   (b)总平面图标高符号   (c)一个符号同时标注几个标高

图 3.1.3 标高符号

标高数字以 m 为单位，一般图中标注到小数点后第三位。在总平面图中注写到小数点后第二位。零点标高的标注方式是：

正数标高不注写"+"号，例如 3m，标注成：

负数标高在数值前加一个"−"号，例如−0.6m，标注成：

标高一般有相对标高与绝对标高之分，还有建筑标高与结构标高之分，识图时一定要注意。

在建筑施工图中标注的标高称为建筑标高，标注的高度位置是建筑物某部位装修完成后的上表面或下表面的高度；结构施工图中的标高称为结构标高，它标注结构构件未装修前的上表面或下表面的高度。图 3.1.4 中，我们可以看到建筑标高和结构标高的区别。

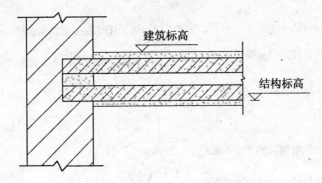

图 3.1.4 建筑标高与结构标高

（五）其他代号

1. 指北针

在《房屋建筑制图统一标准》(GB/T50001—2010) 中规定用细线绘制，圆的直径为24mm，指北针尾部为 3mm，指针指向北方，标记为"北"或"N"，如图 3.1.5 所示。

2. 风向频率图

风由外面吹过建设区域中心的方向称为风向。风向频率是在一定的时间内某一方向出现风向的次数占总观察次数的百分比，一般用风向频率玫瑰图表示，如图3.1.6所示。风向频率玫瑰图中，实线表示全年的风向频率，虚线表示夏季(6月、7月、8月)的风向频率。

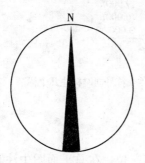

图 3.1.5　指北针

图 3.1.6　风向频率玫瑰图

在施工图中，除了上述介绍的符号、代号以外，还有其他的构配件的符号或代码，如在结构图上，用"L"表示梁、板的跨度，用"H"表示层高或柱高，用"@"表示相等中心距离，用"φ"表示圆的形体。在图纸中有时会加以文字说明，只要我们掌握了大量的常用习惯表示方法，就可以顺利地看图了。

（六）定位轴线

凡是主要的墙、柱、梁的位置都要用轴线来定位。根据《房屋建筑制图统一标准》（GB/T50001—2010）规定，定位轴线用细点画线绘制。编号应写在轴线端部的圆圈内，圆圈直径应为8mm，详图上用10mm，如图3.1.7所示。

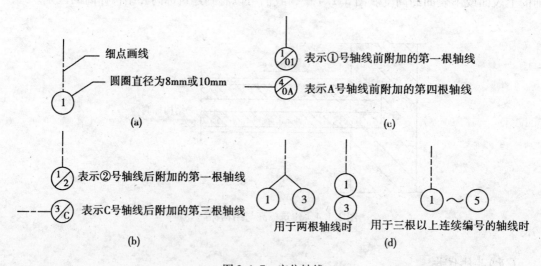

图 3.1.7　定位轴线

（1）横向编号应用阿拉伯数字标写，从左至右按顺序编号；

（2）竖向编号应用大写拉丁字母，从前至后按顺序编号；

（3）拉丁字母中的 I、O、Z 不能用于轴线号，以避免与 1、0、2 混淆；

（4）通用详图的定位轴线只画圆圈，不标注轴线号。

任务二 建筑平面图识读

【知识目标】

1. 熟悉建筑平面图、设计总说明的形成与作用；
2. 掌握建筑平面图、设计总说明的图示内容与要求。

【能力目标】

1. 能按照制图标准和要求，正确识读建筑平面图，理解设计意图，按图施工；
2. 能正确编制简单的建筑设计总说明。

【学习重点】

1. 掌握建筑平面图、设计总说明的图示内容与要求；
2. 能正确运用识图的方法与步骤识读建筑平面图。

【识图案例】

某高校学生公寓。

一、建筑总平面图识读

(一)建筑总平面图的形成

建筑总平面图是在建筑场地上空用俯视方法，将场地周边、场地内地物和地貌向水平投影面正投影所得的图样。

地物主要是指地面房屋、道路、湖泊、河流、植被和绿化等。

地貌主要是指地表起伏的地形等。

总平面图有土建总平面图和水电总平面图之分。土建总平面图又分为设计总平面图和施工总平面图。

本书介绍的是土建总平面图中的设计总平面图，简称总平面图。

(二)建筑总平面图的作用

总平面图用来表明一个工程所在位置的总体布置，包括建筑红线，新建建筑物的位置、朝向，新建建筑物与原有建筑物的关系以及新建筑区域的道路、绿化、标高等方面内容。总平面图是新建房屋与其他相关设施定位的依据，也是室外管线设施布置的依据。

(三)建筑总平面图的图示要求

1. 比例

按《总图制图标准》(GB/T50103—2010)(以下简称"总图标准")中规定，绘制建筑总平面图时，比例一般选用1:500、1:1000、1:2000。在实际工作中，选用1:500这一比例的居多。

由于总平面图所要表达的范围较广、采用的比例较小，各种有关形体均不能按照投影关系如实反映出来，而只能用图例的形式进行绘制。

2. 图线

按总图标准中规定的图线要求绘制。新建建筑用粗线(1.0b)绘制，拟建建筑用中粗线(0.7b)绘制，其他用细线(0.25b)绘制。

3. 图例

因总平面的比例一般很小，要想如实反映地物详细情况很困难，一般都是用规定的图例来表达。如果采用了总图标准规定外的图例，则必须在图中附图例表说明。

4. 标注

建筑总图中的标注一般有两项：标高和定位尺寸。

1）标高

建筑总平面图中应标注室内外地坪标高。一般用绝对标高标注，如用相对标高标注，则还应标明相对标高与绝对标高之间的换算关系。

2）定位尺寸

新建筑物的定位一般采用两种方法：一是按原有建筑物或原有道路定位，也称相对尺寸定位法，它是扩建中常用的一种方法；二是按坐标定位，常用于新建区域，它有测量坐标定位和施工坐标定位两种，用这种方法标定建筑物或道路的位置，主要是为了保证在复杂的地形中施工放线更准确，它可以选其一也可以二者都标注。如图 3.2.1 所示。

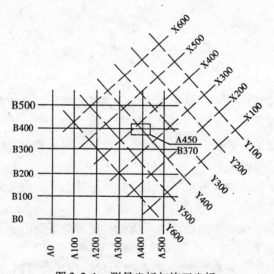

图 3.2.1　测量坐标与施工坐标

测量坐标定位法是根据我国的大地坐标系统上的数值标注。测量坐标网通常用100m×100m 或 50m×50m 的细线方格网表示，坐标代号用 X、Y 表示。

施工坐标定位法是以建筑场地某一点为原点建立的坐标网数值标注。施工坐标网通常用 100m×100m 或 50m×50m 的细线方格网表示，坐标代号用 A、B 表示。

若坐标值为负数时，应在数字前面加"–"，正数前面可不加"+"。

建筑物的标注部位通常应选择在定位轴线或外墙面。一般建筑物的定位应标注三个角点的坐标值，如果建筑物与某坐标轴平行时，可用对角点坐标值标注。

在建筑总平面图中，标高、坐标和定位尺寸单位均为 m，并至少取小数点后两位，不足时用"0"补齐。

（四）建筑总平面图的图示内容

下面以图 3.2.2 为例说明总平面图主要的内容。

1. 建筑红线

各地方国土管理部门提供给建设单位的地形图为蓝图，在蓝图上用红色笔画定的土地使用范围的线称为建筑红线。任何建筑物在设计和施工中均不能超过此线，如图 3.2.1 所示，双粗点画线即为建筑红线。

用地红线是各类建筑工程项目用地权限范围的边界线，也称用地范围线。

2. 新旧建筑物

在总平面图上，一般将建筑物分成五种情况：新建的建筑物、原有的建筑物、计划扩建的预留地或建筑物、拆除的建筑物和新建的地下建筑物或构筑物，阅读总平面图时一定要注意区分。

3. 标高

主要反映室外、室内设计标高和自然标高，一般按绝对标高和相对标高来表示。

4. 道路

总平面图上的道路只能表示出道路与建筑物的关系，不能作为道路施工的依据。一般标注出道路中心控制点，以表明道路的标高及平面位置即可。

5. 风向频率玫瑰图

该图用以表达建筑区的常年风向和夏季风向、房屋的朝向等。

6. 主要技术经济指标

（1）用地面积：用地范围内的土地面积。

（2）建筑总面积：用地范围内建筑物各层建筑面积总和，分地上与地下分列计算。

（3）底层建筑面积：与地面接触的建筑物外墙勒脚线以上或结构外围水平投影面积，不包括雨篷、挑阳台、室外楼梯和无永久性顶盖的架空走廊面积。

（4）容积率：建筑总面积与之比值。在计算容积率时，一般只计算地面以上部分的总建筑面积，地面以下部分不予考虑。

容积率的大小反映土地利用率的高低。

（5）建筑密度：底层建筑面积占用地面积的比例，用% 表示。在满足建筑物使用功能和日照、防火、通风、交通安全等需要的前提下，适当提高建筑密度，有利于节约用地。

（6）绿地率：绿地面积占用地面积的比例，用% 表示。

7. 其他

除上述外，还有挡土墙、围墙、绿化等与工程有关的内容。

（五）建筑总平面图的识读方法与步骤

下面以图 3.2.2 为例说明建筑总平面图的识读。

（1）看图名，了解比例、图例等。图名为某高校学生公寓总平面图，比例为 1∶1000。

（2）看总体布局，了解工程性质、用地范围、地形地貌等。该案例是公寓区，地势平坦，布置规划整齐合理。

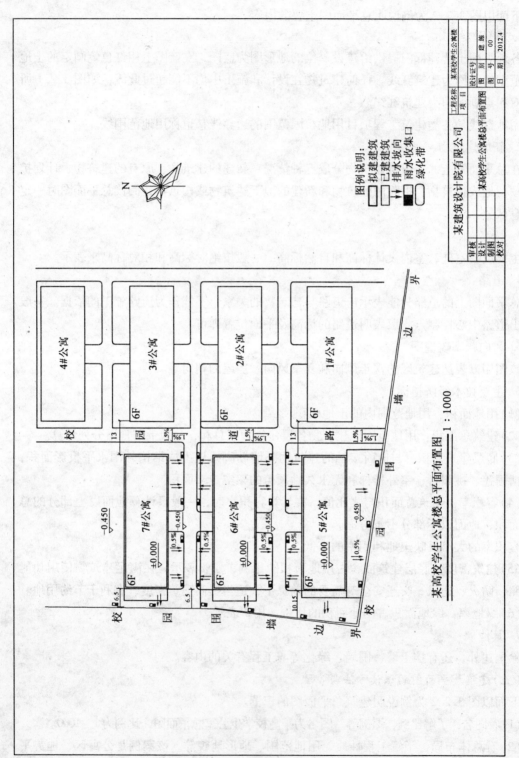

某高校学生公寓楼总平面布置图
1:1000

图3.2.2 建筑总平面

（3）看新建工程，了解工程规模，朝向和风向，相邻建筑及周围环境等。新建工程为5层公寓，主要出入口向北，相邻建筑分道路两旁建设，绿地规划合理。

（4）看平面布局与定位，了解新建建筑的定位方式方法、道路、标高等。新建建筑将按照与原有建筑之间的关系定位，室外设计地面低于室内设计地面1m。

（5）看经济指标，了解建筑总面积、单体工程面积等。绿地率为35%。

（6）看其他，了解建筑物周围的给水排水、供暖供电等。

二、建筑设计总说明

（一）建筑设计总说明的形成

建筑设计总说明是以文字方式来表达图纸中无法表达清楚的带有全局性的内容，主要包括设计依据、工程概况和建筑构造做法等。

（二）建筑设计总说明的作用

建筑设计总说明是反映新建工程的总体施工要求，为施工人员尽快了解设计意图提供依据，对施工过程具有控制性的指导作用。

（三）建筑设计总说明的主要内容

1. 设计依据

本工程施工图设计的依据性文件、批文和相关国家与地方法规等。

2. 工程概况

一般应包括建筑名称、建设地点、建设单位，工程性质、建筑面积、使用年限、设计层数与总高度、防火、防水和抗震设防等。

3. 设计标高

反映本工程的绝对标高与相对标高的关系。

4. 建筑构造做法

主要表述室内外各分部工程的构造做法、用料说明和门窗统计表。

5. 其他

对于上述没有表述的又必须说明的问题都放在这里一并表述。

（四）建筑设计总说明的阅读

建筑设计总说明的阅读没有捷径可走，必须逐字逐句阅读。下面以图3.2.3、图3.2.4（见插页）为例说明阅读方法与步骤。

（1）看设计依据，了解设计依据性文件、批文和相关规范文件。

（2）看工程概况，了解工程名称、建设地点、建筑面积和层数等。

（3）看设计标高，了解本工程绝对标高与相对标高的关系。

（4）看构造做法，了解室内外装饰装修做法。

（5）看门窗表，了解门窗在尺寸、性能、用料、颜色等方面的设计要求。

（6）看其他，了解对特殊建筑造型、新技术、新材料做法等方面的说明。

三、建筑平面图识读

（一）建筑平面图的形成

假想用一个水平剖切平面沿门窗洞口以上适当位置将房屋剖切开，移去剖切平面及其以上部分，将余下部分按正投影的原理作出的水平投影图称为平面图。

在多层和高层建筑中一般有底层平面图、标准层平面图、顶层平面图和屋顶平面图四个。此外，有的建筑还有地下层(±0.000 以下)平面图。

（二）建筑平面图的作用

在施工过程中，建筑平面图是施工放线、砌墙浇柱、安装门窗等的依据。

建筑平面图主要表示房屋的平面布置情况，包括可见的建筑构造及必要的尺寸、标高和被剖切到的墙、柱、门窗等构件的断面情况。

屋顶平面图主要表示屋顶形状、屋面排水组织及各构配件的布置情况。

（三）建筑平面图的图示要求

1. 比例

建筑平面图的常用比例有 1：50、1：100、1：200 等，特殊情况下可采用 1：150、1：300等。

2. 定位轴线

凡是开间或进深，墙柱、梁或屋架等承重构件都要绘制定位轴线已确定其位置。对于一般部位或非承重构件，可以根据需要绘制定位轴线或只标注与附近定位轴线之间的位置关系。

定位轴线一般用 0.25b 宽的细单点长画线绘制。

3. 图线

为了使图面清晰美观、主次分明，常采用粗细不同的线型来表达建筑物各部分的轮廓，以强化图示表达效果。

（1）粗实线(1.0b)：剖切到的主要轮廓线，如墙、柱等；剖切位置线。

（2）中粗线(0.5 ~ 0.7b)：次要轮廓线、未被剖切到的可见轮廓线，如阳台、雨篷、台阶等；门窗开启方向线、尺寸起止符等。

（3）细实线(0.25 ~ 0.35b)：粉刷层、其他图形线、图例线、引出线、尺寸线、轴线圈等。

4. 图例

建筑平面图中常用的图例有：

（1）门窗代号：通常用"M"表示门，如 M1 或 M-1；通常用"C"表示窗，如 C1 或 C-1。

（2）指北针：表示房屋朝向的指北针只在一层绘制，其他楼层平面图中不绘制。

（3）楼梯：按照标准规定绘制，注意底层、中间层和顶层表达不一样，提醒注意。

（4）剖切符号：在底层平面图中必须绘制剖切符号，以确定剖面图的剖切位置和剖视方向。

（5）材料图例：凡是被剖切到的部分都应绘制材料图例，但比例较小的平面图中可以不绘制材料图例，一般以 1：50 为界。

（6）详图索引符号：凡是需要另详图表达的部位，都要绘制详图索引符号。

5. 标注

在建筑平面图中一般应标注三种尺寸：外墙尺寸、局部尺寸和主要部位标高。

1）外墙尺寸

一般应在图形的左侧或下方标注三道尺寸，如果图形不对称时，应在平面图四周标注尺寸。

（1）外包尺寸：最外一道尺寸，表示建筑物的总长与总宽；

（2）中间尺寸：轴线间的尺寸，表示房屋的开间与进深；

（3）构件尺寸：最里面的一道尺寸，表示门窗洞口或洞间墙的尺寸。

2）局部尺寸

这是指三道尺寸以外需要标注的尺寸，如墙体厚度、台阶、花台、散水尺寸，内墙上的门窗洞口尺寸，以及检修孔等某些固定设备的定位尺寸等。

3）主要部位标高

平面图中，还需要标注楼地面、台阶顶面、楼梯平台面和室外地面标高等。

平面图中，标高单位为 m，并保留小数点后三位，不足的用"0"补齐，其余的均以 mm 为单位。

（四）建筑平面图的图示内容

1. 底层平面图

底层平面图是房屋建筑施工图中最重要的图纸之一，是施工组织设计、备料、施工放线、砌墙、安装门窗及编制概、预算的重要依据。

下面以图 3.2.5（见插页）为例说明底层平面图的主要内容。

1）建筑物朝向

朝向在底层平面图中用指北针表示。建筑物主要入口在哪面墙上，就称建筑物朝哪个方向，如建筑物的主要出入口向南，就是人们常说的"坐南朝北"。

2）平面布置

平面布置是平面图的主要内容，它着重表达各种用途房间与走道、楼梯、卫生间的关系，房间之间一般用墙体分隔。

3）定位轴线

定位轴线主要用来确定建筑物及各构件之间的位置关系。

4）标高

除总平面图外，施工图中所标注的标高均为相对标高。在平面图中，因为各种房间的用途不同，房间的高度不都在同一个水平面上，所以标高也会不同。

5）墙或柱

建筑物中墙、柱是承受建筑物垂直荷载的重要结构，墙体又起着分隔房间的作用，为此它的平面位置、尺寸大小都非常重要。柱在图中必须标注出柱的断面尺寸及与轴线的关系。

6）门和窗

在平面图中，只能反映出门、窗的平面位置，洞口宽度及与轴线的关系。在平面图中窗洞位置若画成虚线，则表示为高窗（一般高窗是指窗洞下口高度高于 1500mm），因高窗在剖切平面上方，不能直接投射到本层平面图上，但为了施工和阅图的方便，国标规定把高窗画在所在楼层并用虚线表示。

7）楼梯

建筑平面图比例较小，楼梯在平面图中只能示意楼梯的投影情况。在平面图中，表示的是楼梯设在建筑中的平面位置、开间和进深大小，楼梯的上下方向及上一层楼的步级数。

8）平面尺寸

主要是三道尺寸：外包尺寸，定位尺寸(开间与进深尺寸)和细部尺寸。

9）其他

除以上内容外，根据不同的使用要求，在建筑物的内部还设有壁柜、吊柜、厨房设备等。在建筑物外部还设有花池、散水、台阶、雨水管等附属设施。附属设施只能在平面图中表示出平面位置，具体做法应查阅相应的详图或标准图集。

2. 标准层平面图

以图3.2.6、图3.2.7和图3.2.8(见插页)为例说明其他楼层平面图与底层平面图的区别，主要体现在以下几个方面：

1）房间布置

标准层平面图的房间布置与底层平面图不同的，必须表示清楚。

2）墙体的厚度(柱的断面)

由于建筑材料强度或建筑物的使用功能不同，建筑物墙体厚度往往也不一样，墙厚变化的位置一般在楼板的下一皮。

3）建筑材料

建筑材料的强度要求、材料质量好坏应在相应的说明中叙述清楚。

4）门与窗

标准层平面图中门与窗的设置与底层平面图往往不完全一样，在底层建筑物的入口为大门，而在标准层平面图中相同的平面位置一般情况下都改成了窗。

3. 屋顶排水平面图

以图3.2.9(见插页)为例说明屋顶排水平面图，主要反映三个方面的内容：

(1)屋面排水情况：如排水分区、天沟、屋面坡度、雨水口的位置等。

(2)突出屋面的构件：如电梯机房、楼梯间、水箱、天窗、烟囱、检查孔、屋面变形缝等的位置。

(3)屋面细部做法：主要包括高出屋面墙体的泛水、天沟、变形缝、雨水口等。

(五)建筑平面图的阅读方法与步骤

1. 底层平面图的识读方法与步骤

从平面图的基本内容来看，底层平面图涉及的内容最全面，为此，我们阅读建筑平面图时，首先要读懂底层平面图。当读懂底层平面图后，阅读其他各层平面图就容易多了。读底层平面图的方法步骤如下：

(1)看图名、比例，熟悉识读对象；

(2)看朝向、形状，熟悉主要房间的功能布置及相互关系；

(3)看各部位的尺寸，熟悉定位轴线及相互间的尺寸关系；

(4)看相对标高，熟悉各房间和室外地面标高与建筑总平面图中的标高关系；

(5)看细部构造，熟悉门窗樘数、台阶、散水、管道等布置与定位；

(6)看剖切位置与索引，了解详图情况；

(7)看文字说明，了解施工及材料的要求。

2. 其他层平面图的识读

如在熟练阅读底层平面图的基础上，阅读其他各层平面图要注意以下几点：

(1) 查各房间的布置与底层的异同；

(2) 查墙身厚度与底层的异同；

(3) 查门窗与底层的异同，是否有安全措施；

(4) 查建筑材料规格、强度等级与底层的异同；

(5) 查功能、造型与底层的异同；

(6) 查其他与底层的异同，如标高、细部构造等。

3. 屋顶平面图的识读

屋顶平面图识读时主要注意以下两点：

(1) 屋面的排水方向、排水坡度及排水分区；

(2) 结合有关详图阅读，弄清分格缝、女儿墙泛水、高出屋面部分的防水、泛水做法。

任务三　建筑立面图识读

【知识目标】

　　1. 熟悉建筑立面图的形成与作用；

　　2. 掌握建筑平面图的图示内容与要求。

【能力目标】

　　1. 能结合建筑平面图，正确识读建筑立面图，理解设计意图，按图施工；

　　2. 养成良好的读图习惯。

【学习重点】

　　1. 掌握建筑立面图的图示内容与要求；

　　2. 能正确运用识图的方法与步骤识读建筑立面图。

【识图案例】

　　某高校学生公寓。

一、建筑立面图的形成

反映建筑物外墙面特征的正投影图称为立面图，它是施工中外墙面造型、外墙面装修、工程概预算、施工备料的依据。

建筑立面图的命名方法如下：

(1) 按方位命名：如正立面图、背立面图、侧立面图，侧立面图又分左侧立面图和右侧立面图等。

(2) 按方向命名：如南立面图、北立面图、东立面图和西立面图。

(3) 按定位轴线编号命名：如①～㉜立面图、Ⓐ～Ⓔ立面图、㉜～①立面图、Ⓔ～Ⓐ立面图等。

二、建筑立面图的作用

在施工过程中，建筑立面图是明确立面门窗、阳台、雨篷、檐沟等形状与位置、外墙面装饰要求的依据。

建筑立面图主要是反映建筑物的体形和外貌，表示建筑立面各构配件之间的形状与相互关系，表达建筑立面的构造做法与装饰要求。

三、建筑立面图的图示要求

（一）比例

建筑立面图常用的比例有 1∶50、1∶100、1∶200 等，特殊情况下可采用 1∶150、1∶300等。一般要求立面图的比例要与平面图保持一致。

（二）定位轴线

只标注起止端的定位轴线及编号，以便与平面图对照阅读。同时，千万要注意定位轴线与外墙、柱外轮廓之间的尺寸关系，这是初学者最容易忽视的地方。

定位轴线一般用 0.25b 宽的细单点长画线。

（三）图线

为了使图面清晰美观、主次分明，常采用粗细不同的线型来表达建筑物各部分的轮廓，以强化图示表达效果。

加粗实线(1.4b)：室外地坪线。

粗实线(1.0b)：建筑物最外围轮廓线。

中粗实线(0.5b)：其他重要轮廓线，如有明显凹凸的门窗外框线，突出墙面的梁柱、阳台、雨篷、台阶等。

细实线(0.25b)：次要轮廓线，如门窗框框扇线、墙面分格线、图例线、引出线、尺寸线、轴线圈等。

（四）图例

因立面图所采用的比例较小，所以立面图中的门窗一般按规定的图例画出其主要轮廓线及分格线，墙面装饰做法通常用引出线说明。

（五）标注

建筑立面图中，主要表达两种尺寸：一是起止轴线间的尺寸，以 mm 为单位；二是高度方向尺寸，用标高标注，各标高整齐排列在立面图左右两侧，以 m 为单位，并保留小数点后三位，不足的用"0"补齐。

标高注写的主要部位：室内外地坪、窗台、门窗洞口顶部、阳台或雨篷底部(或顶部)、檐口底部或顶部、女儿墙顶面以及外墙面饰面分格线等。

四、建筑立面图的图示内容

下面以图 3.3.1、图 3.3.2(见插页)为例，说明立面图的主要内容。

（一）表明建筑物外部形状

主要有门窗、台阶、雨篷、阳台、烟囱、雨水管等的位置。

(二)用标高表示出各主要部位的相对高度

如室内外地面标高、各层楼面标高及檐口标高。

(三)立面图中的尺寸

立面图中的尺寸是表示建筑物高度方向的尺寸,一般用三道尺寸线表示:

(1)最外面一道为建筑物的总高。建筑物的总高是从室外地面到檐口女儿墙的高度。

(2)中间一道为层高,即下一层楼地面到上一层楼面的高度。

(3)最里面一道为门窗洞口的高度及与楼地面的相对位置。

(四)外墙面的装修

外墙面装修一般用索引符号引导查找相应的标准图集中的具体做法。

五、建筑立面图的阅读方法与步骤

(1)看图名、比例,了解立面图与平面图的关系;

(2)看建筑外形,了解建筑设计艺术;

(3)看建筑细部,熟悉装修构造做法;

(4)看标高,熟悉楼层及建筑总高度;

(5)看索引,查阅相关图集。

任务四 建筑剖面图识读

【知识目标】

1. 熟悉建筑剖面图的形成与作用;

2. 掌握建筑剖面图的图示内容与要求。

【能力目标】

1. 能结合建筑平面图、立面图,正确识读建筑剖面图,理解设计意图,按图施工;

2. 养成良好的读图习惯。

【学习重点】

1. 掌握建筑剖面图的图示内容与要求;

2. 能正确运用识图的方法与步骤识读建筑剖面图。

【识图案例】

某高校学生公寓。

一、建筑剖面图的形成

假想用一个正立投影面或侧立投影面的平行面将房屋剖切开,移去剖切平面与观察者之间的部分,将剩下部分按正投影的原理投射到与剖切平面平行的投影面上,得到的图称为剖面图,剖面图有横剖面图和纵剖面图两种。

根据建筑物的复杂程度,剖面图一般可以绘制一个或多个。剖面图应该反映通过建筑物门窗洞口的主要部位。

二、建筑剖面图的作用

建筑剖面图主要是表达建筑物的结构形式，分层情况、层高及各部位的相互关系，是施工、概预算及备料的重要依据。

三、建筑剖面图的图示要求

（一）比例

常用的比例有 1∶50、1∶100、1∶200 等，特殊情况下可采用 1∶150、1∶300 等。一般要求与平面图、立面图保持一致。

（二）定位轴线

只标注剖切到的部分两端的定位轴线及编号，以便与平面图对照确定剖面图的剖切位置及剖视方向。

定位轴线一般用 0.25b 宽的细单点长画线。

（三）图线

(1)加粗实线(1.4b)：室外地坪线。

(2)粗实线(1.0b)：剖切到的主要建筑构造部件轮廓线，如墙柱、楼板和屋面层等。

(3)中粗实线(0.5b)：剖切到的次要轮廓线，如门窗洞口、楼梯段等；未被剖切到的可见轮廓线，如台阶、阳台和雨篷等。

(4)细实线(0.25b)：粉刷层、其他图形线、图例线、引出线、尺寸线、轴线圈等。

（四）图例

因立面图所采用的比例较小，所以剖面图中的门窗一般按规定的图例绘制。

对于被剖切到的墙柱梁板等用绘制材料图例，1∶100、1∶200 等小比例图形中可以不绘制图例，但宜用涂黑或涂红表示。

（五）标注

建筑剖面图中，一般应标注三个方面的尺寸：水平方向尺寸、高度方向尺寸和主要部位标高。

(1)水平方向尺寸：剖切到的墙柱轴间尺寸。

(2)高度方向尺寸：一般沿外墙高度方向标注三道尺寸。

①建筑总高度：最外一道尺寸，表示自室外设计地坪到女儿墙压顶的尺寸。

②层高尺寸：中间一道尺寸，表示层高。

③细部尺寸：最里面一道尺寸，表示室内外高差、窗台高度、门窗高度、洞间墙高度、女儿墙高度等。

(3)主要部位标高：主要是标注室内外地面、楼层、屋面、檐沟、女儿墙压顶、出屋顶构件等的标高。

建筑剖面图中，水平方向尺寸和高度方向尺寸均以 mm 为单位；主要部位标高整齐排列在剖面图的左侧或右侧，以 m 为单位，并保留小数点后三位，不足的用"0"补齐。

四、建筑剖面图的图示内容

以图 3.4.1(见插页)为例，说明剖面图的主要内容。

（1）表示房屋内部的分层、分隔情况。

（2）反映屋顶及屋面保温隔热情况。具体做法在相应的详图中表示。

（3）表示房屋高度方向的尺寸及标高。

①高度方向的尺寸和标注方法同立面图一样，也有三道尺寸线。必要时，还应标注出内部门窗洞口的尺寸。

②每层楼地面的标高及外墙门窗洞口的标高等。

（4）其他。在剖面图中，凡是剖切到的或用直接正投影法能看到的以及台阶、排水沟、散水、雨篷等都应表示清楚。

（5）索引符号。剖面图中不能详细表示清楚的部位，必须用引出索引符号引出，另用详图表示。

五、建筑剖面图的识读方法与步骤

（1）看图名、比例，熟悉与平面图、剖切位置关系。

（2）看全貌，联想与平面图的相互关系，建立起房屋内部的空间概念；想象建筑空间关系、建筑功能关系、建筑功能关系等。

（3）看标高，熟悉建筑物总高度、层数层高及室内外高差等。

（4）看尺寸标注，熟悉细部尺寸，明确门窗、阳台栏杆等其他构件空间尺度。

（5）看索引与说明，了解楼地面、墙面、顶棚装修和屋面坡度、屋面防水、女儿墙泛水、屋面保温、隔热等的做法。

任务五 建筑详图识读

【知识目标】

1. 熟悉建筑详图的形成与作用；

2. 掌握建筑详图的图示内容与要求。

【能力目标】

1. 能结合建筑平面图、立面图和剖面图，正确识读建筑详图图，理解设计意图，按图施工；

2. 养成良好的读图习惯。

【学习重点】

1. 掌握建筑详图的图示内容与要求；

2. 能正确运用识图的方法与步骤识读建筑详图。

【识图案例】

某高校学生公寓。

一、建筑详图的形成

建筑平面图、立面图、剖面图都是采用缩小比例绘制的全局性图纸，对房屋的细部构造做法无法表示清楚，因而就需要另绘详图或选用合适的标准图来详细表达。

　　用较大比例将建筑物的细部构造尺寸、材料、做法等详细表达的图样称为建筑详图，一般有外墙身详图、楼梯详图、门窗详图、局部平面图、局部立面图和局部剖面图等。

二、建筑详图的作用

　　在施工工程中，详图是楼梯、墙身、阳台、雨棚、卫生间登高局部施工的重要依据。

　　建筑详图主要用来表达建筑局部或建筑构配件的详细构造、材料、细部尺寸和有关施工要求等内容。

三、建筑详图的图示要求

　　(一)比例

　　常用的比例有 1∶1、1∶2、1∶5、1∶10、1∶20、1∶50 等几种。

　　(二)定位轴线

　　只标注局部定位轴线及编号，以便与平面图对照确定剖面图的剖切位置及剖视方向。也可以不标注定位轴线，用索引符号代替。

　　定位轴线一般用 0.25b 宽的细单点长画线。

　　(三)图线、图例、标注

　　按不同的图示方法，分别与建筑平面图、建筑立面图和建筑剖面图图示要求相同。

　　(四)楼梯的剖切

　　楼梯平面图中被剖切到的各梯段，在平面图中均以 45°细斜折线表示在其断开位置，具体按照楼梯图例要求图示。

四、建筑外墙身详图

　　外墙身详图的剖切位置一般设在有门、窗洞口部位。它实际上是建筑剖面图的局部放大图样，一般按 1∶20 的比例绘制。

　　主要表示地面、楼面、屋面与墙体的关系，同时也表示排水沟、散水、勒脚、窗台、窗檐、女儿墙、天沟、排水口、雨水管的位置及构造做法，如图 3.5.1、图 3.5.2、图 3.5.3 所示(见插页)。

　　一般与平、立、剖面图配合使用，是施工中砌墙、室内外装修、门窗立口及概算、预算的依据。

　　(一)外墙身详图的内容

　　外墙身详图表达的基本内容有：

　　(1)表明墙厚及墙与轴线的关系；

　　(2)表明各层楼中的梁、板的位置及与墙身的关系；

　　(3)表明各层地面、楼面、屋面的构造做法；

　　(4)表明各主要部位的标高；

　　(5)表明门、窗立口与墙身的关系；在建筑工程中，门、窗立口有三种方式：平内墙面、居墙中、平外墙面；

　　(6)表明各部位的细部装修及防水防潮做法，如排水沟、散水、防潮层、窗台、窗檐、天沟等细部做法。

（二）墙身详图识读的方法与步骤

（1）看图名、比例，熟悉与平面图的对应关系。

（2）看细部，熟悉室内外地面、楼板层、阳台、雨篷、檐沟、屋顶层、女儿墙等构造做法。

（3）看构件与墙体的关系，了解房屋承重情况。

（4）看构造做法说明，对照建筑设计总说明的异同。

五、建筑楼梯详图

楼梯详图就是将楼梯的详细构造情况在施工图中表示清楚的图样，一般要有三个部分的内容，即楼梯平面图、楼梯剖面图和踏步、栏杆、扶手详图等。

（一）楼梯平面图

假设用一水平剖切平面在该层往上行的第一个楼梯段中剖切开，移去剖切平面及以上部分，将余下的部分按正投影的原理投射在水平投影面上所得到的图，称为楼梯平面图，如图3.5.4所示（见插页）。它包括底层平面图、标准层平面图、顶层平面图。

楼梯平面图用轴线编号表明楼梯间在建筑平面图中的位置，注明楼梯间的长宽尺寸、楼梯跑（段）数、每跑的宽度、踏步步数、每一步的宽度、休息平台的平面尺寸及标高等。

（二）楼梯剖面图

假想用一铅垂剖切平面，通过各层的一个楼梯段，将楼梯剖切开，向另一未剖切到的楼梯段方向进行投影，所绘制的剖面图称为楼梯剖面图，如图3.5.5所示（见插页）。

楼梯剖面图的作用是完整、清楚地表明各层梯段及休息平台的标高，楼梯的踏步步数、踏面的宽度及踢面的高度，各种构件的搭接方法，楼梯栏杆（板）的形式及高度，楼梯间各层门窗洞口的标高及尺寸。

（三）踏步、栏杆（板）及扶手详图

这部分内容同楼梯平面图、剖面图相比，采用的比例要大一些，其目的是表明楼梯各部位的细部做法。

除以上内容外，楼梯详图一般还包括顶层栏杆立面图、平台栏杆立面图和顶层栏杆楼层平台段与墙体的连接。

（四）楼梯详图的阅读方法与步骤

（1）看图名、比例，对照平面图关系。

（2）看轴线编号，了解楼梯在建筑中的平面位置和上下方向。

（3）看各部位的尺寸，熟悉各部位间的相互关系。

包括楼梯间的大小、楼梯段的大小、踏面的宽度、休息平台的平面尺寸等。

包括地面、休息平台、楼面的标高及踢面、楼梯间门窗洞口、栏杆、扶手的高度等。

（4）看节点图，了解栏杆（板）、扶手所用的建筑材料及连接做法。

（5）看细部，比照建筑设计总说明熟悉装修做法。

学习情境四　素质拓展与综合能力训练

本情境主要是通过对建筑制图基本知识的学习和经过建筑构造节点设计、施工图抄绘和识图能力训练，来提高同学们的职业素质和识图、绘图能力，培养自觉学习习惯和良好的职业素养，培养分析与处理施工中常见的简单技术问题的能力。

任务一　建筑制图的基本知识与技能

【知识目标】
1. 掌握《房屋建筑制图统一标准》(GB/T50001—2010)的主要内容；
2. 掌握手工绘图的常用仪器工具的使用与维护方法；
3. 熟悉建筑制图的一般方法与步骤。

【能力目标】
1. 能正确运用建筑制图标准绘制简单的建筑施工图；
2. 掌握基本几何作图和徒手绘图的基本技法。

【学习重点】
1. 掌握《房屋建筑制图统一标准》(GB/T50001—2010)的主要内容；
2. 掌握基本几何作图和徒手绘图的基本技法。

一、绘图工具与仪器的使用方法与技巧

工程图样绘制的质量如何与绘图工具及仪器的质量好坏有直接的关系，同时也与其使用方法的正确与否有密切的关系，下面介绍几种常用的绘图工具和仪器的使用方法与技巧。

（一）绘图板

绘图板是用来固定图纸的。板面要求平整光滑，图板四周镶有硬木边框，图板的工作边要保持平直，它是丁字尺的导边。在图板上固定图纸时，要用胶带纸贴在图纸四角上，并使图纸下方留有放丁字尺的位置，如图4.1.1所示。

图板的大小选择一般应与绘图纸张的尺寸相适应（表4.1.1）。

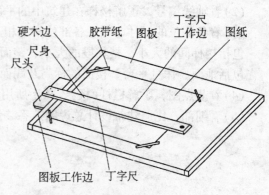

图4.1.1　图板、丁字尺

表 4.1.1 图板规格

图板代号	0	1	2
尺寸规格(长 mm×宽 mm)	900×1200	600×900	450×600
适用范围	适于绘制 A0 图纸	适于绘制 A1 图纸	适于绘制 A2 及以下图纸

（二）丁字尺

丁字尺主要用于画水平线，它由尺头和尺身两部分组成，尺头与尺身垂直并连接牢固，尺身沿长度方向带有刻度的一侧为工作边。使用时，左手握尺头，使尺头紧靠图板左边缘。

尺头沿图板的左边缘上下滑动到需要画线的位置，即可从左向右画水平线，如图4.1.1 所示。应注意，尺头不能靠图板的其他边缘滑动画线。丁字尺不用时应挂起，以免尺身翘起变形。

（三）三角板

三角板一般由两块组成（即 45°尺和 60°尺），主要与丁字尺配合使用画垂直线与倾斜线。画垂直线时，应使丁字尺尺头紧靠图板工作边，三角板一边紧靠丁字尺的尺身，然后用左手按住丁字尺和三角板，右手握笔画线，且应靠在三角板的左边自下而上画线。画30°、45°、60°倾斜线时，均需丁字尺和三角板配合使用；当画 75°和 105°倾斜线时，需两只三角板和丁字尺配合使用画出，如图 4.1.2 所示。

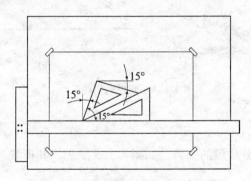

图 4.1.2 三角板和丁字尺配合画线

（四）比例尺

比例尺是用来按一定比例量取长度的专用量尺，如图 4.1.3 所示。

常用的比例尺有两种：一种外形呈三棱柱体，上面有六种不同的刻度，称为三棱尺；另一种外形像直尺，上面有三种不同的刻度，称为比例直尺。

画图时，可按所需比例，用尺上标注的刻度直接量取而不需换算。例如，按 1∶200比例，画出长度为 3600 单位的图线，可在比例尺上找到 1∶200 的刻度一边，直接量取相应刻度即可。

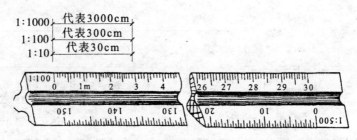

图 4.1.3　比例尺

（五）圆规和分规

1. 圆规

圆规是用来画圆及圆弧的工具。一般圆规附有铅芯插腿、钢针插腿、直线笔插腿和延伸杆等，如图 4.1.4(a)所示。

在画图时，应使针尖固定在圆心上，尽量不使圆心扩大，使圆心插腿与针尖大致等长。在一般情况下画圆或圆弧时，应使圆规按顺时针转动，并稍向画线方向倾斜，如图4.1.4(b)所示。在画较大圆或圆弧时，应使圆规的两条腿都垂直于纸面，如图 4.1.4(c)所示。

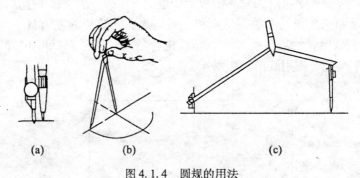

(a)　　　　　　(b)　　　　　　(c)

图 4.1.4　圆规的用法

2. 分规

分规是截取长度和等分线段的工具，如图 4.1.5 所示。其形状与圆规相似，但两腿都装有钢针。

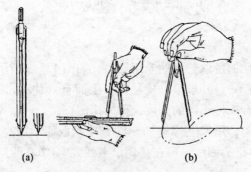

(a)　　　　　　　(b)

图 4.1.5　分规及其使用方法

为了能准确地量取尺寸，分规的两针尖应保持尖锐，使用时，两针尖应调整到平齐，即当分规两腿合拢后，两针尖必聚于一点。

等分线段时，经过试分，逐渐地使分规两针尖调到所需距离。然后在图纸上使两针尖沿要等分的线段依次摆动前进。

（六）绘图笔

1. 铅笔

铅笔是用来画图或写字的。铅笔的铅芯有软硬之分，铅笔上标注的"H"表示硬芯铅笔，"B"表示软芯铅笔，"HB"表示铅芯软硬适中。"H"前的数字越大表示铅笔越硬，"B"前的数字越大表示铅笔越软。

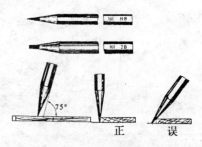

画工程图时，应使用较硬的铅笔打底稿，如3H、2H等，用HB铅笔写字，用B或2B铅笔加深图线。铅笔通常削成锥形或扁平形，笔芯露出6~8mm。画图时，应使铅笔垂直纸面，向运动方向倾斜75°，如图4.1.6所示，且用力要得当。

图4.1.6 铅笔的使用

用锥形铅笔画直线时，要适当转动笔杆，可使整条线粗细均匀；用扁平铅笔加深图线时，可磨得与线宽一致，使所画线条粗细一致。

2. 墨水笔

墨水笔如图4.1.7所示，头部装有带通针的针管，类似自来水笔，能吸存碳素墨水，使用较方便。针管笔分不同粗细型号，可画出不同粗细的图线，通常用的笔尖有粗（0.9mm）、中（0.6mm）、细（0.3mm）三种规格，用来画粗、中、细三种线型。

图4.1.7 墨水笔

（七）辅助绘图工具

1. 曲线板

曲线板是用来画非圆曲线的工具，如图4.1.8所示。

曲线板的应用：首先求得曲线上若干点，再徒手用铅笔过各点轻轻勾画出曲线，然后将曲线板靠上，在曲线板边缘上选择一段至少能经过曲线上3~4个点，沿曲线板边缘自点1起画曲线至点3与点4的中间，再移动曲线板，选择一段边缘能过3、4、5、6诸点，自前段接画曲线至点5与点6，如此延续下去，即可画完整段曲线。

2. 建筑模板

建筑模板主要用来画各种建筑标准图例和常用符号，如柱、墙、门的开启线，大便器污水盆，详图索引符号，标高符号等。模板上刻有用于画出各种不同图例或符号的孔，如图4.1.9所示。

建筑模板大小符合一定的比例，只要用铅笔在孔内画一周，图例就画出来了。使用建筑模板可提高制图的速度和质量。

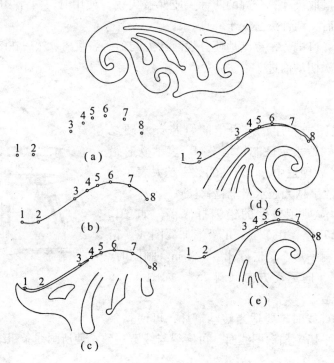

图 4.1.8　曲线板及其使用方法

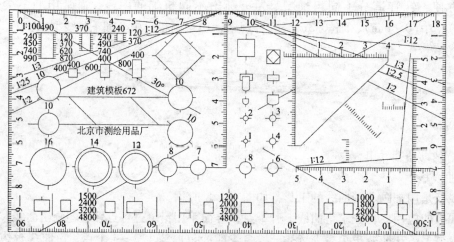

图 4.1.9　建筑模板

3. 擦图片

擦图片是用来修改图线的。当擦掉一条错误的图线时，很容易将邻近的图线也擦掉一部分，用擦图片可保护邻近的图线。擦图片用薄塑料片或薄金属片制成，上面刻有各种形状的孔槽，如图 4.1.10 所示。使用时，可选择擦图片上合适的槽孔，盖在图线上，使要擦去的部分从槽孔中露出，再用橡皮擦拭，以免擦坏其他部分的图线。

二、建筑制图标准

(一)制图标准概述

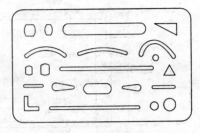

图 4.1.10 擦图片

为了使房屋建筑制图规格基本统一、图面清晰简明，有利于提高制图效率，保证图面质量，符合设计、施工、存档的要求，以适应国家工程建设的需要，根据中华人民共和国住房和城乡建设部(建标[2007]125号)的要求，由中国建筑标准设计研究院会同有关单位对原《房屋建筑制图统一标准》等以下六项标准进行修订，于 2010 年 8 月 18 日批准发布，2011 年 3 月 1 日实施，原标准同时废止。

①《房屋建筑制图统一标准》(GB/T50001—2010)；

②《总图制图标准》(GB/T50103—2010)；

③《建筑制图标准》(GB/T50104—2010)；

④《建筑结构制图标准》(GB/T50105—2010)；

⑤《给水排水制图标准》(GB/T50106—2010)；

⑥《暖通空调制图标准》(GB/T50114—2010)。

制图国家标准(简称国标)是所有工程技术人员在设计、施工、管理中必须严格执行的。我们从学习制图的第一天起，就应该严格遵守国标中的每一项规定，养成良好的习惯。

(二)主要内容

1. 图纸幅面

图纸的幅面是指图纸本身的大小规格。

图框是图纸上所供绘图范围的边线。

图纸幅面和图框尺寸应符合表 4.1.2 的规定及如图 4.1.11 所示的格式。

表 4.1.2　　　　　　　　　　幅面及图框尺寸　　　　　　　　　　(单位：mm)

尺寸代号	幅面代号				
	A0	A1	A2	A3	A4
$b \times l$	841×1189	594×841	420×594	297×420	210×297
c		10			5
a			25		

从表中可以看出，A1 幅面是 A0 幅面的对裁，A2 幅面是 A1 幅面的对裁，如此类推。表中代号的意义如图 4.1.11 所示。

图纸以短边作垂直边的，称为横式幅面，如图 4.1.11(a)所示；以短边作水平边的，称为立式幅面，如图 4.1.12(b)所示。一般 A0 ~ A3 图纸宜用横式，必要时也可立式使用。

一个专业所用的图纸，不宜多于两种幅面。目录及表格所采用的 A4 幅面不受此限。

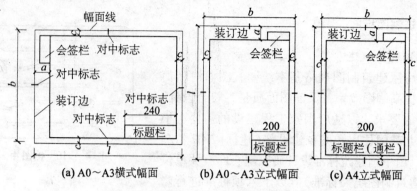

(a) A0～A3横式幅面　　(b) A0～A3立式幅面　　(c) A4立式幅面

图 4.1.11　幅面格式

图纸的长边可以加长，短边不得加长，但加长的尺寸应符合表 4.1.3 的规定。

表 4.1.3　　　　　　　　　　　　　图纸长边加长尺寸　　　　　　　　　　（单位：mm）

幅面代号	长边尺寸	长边加长后尺寸								
A0	1189	1338	1487	1635	1784	1932	2081	2230	2378	
A1	841	1051	1261	1472	1682	1892	2102			
A2	594	743	892	1041	1189	1338	1487	1635	1784	1932	2081
A3	420	631	841	1051	1261	1472	1682	1892			

注：有特殊需要的图纸，可采用 $b \times l$ 为 841mm×892mm 与 1180mm×1261mm 的幅面。

2. 标题栏与会签栏

1）标题栏

（1）图纸标题栏（简称图标）、会签栏及装订边的位置应符合下列规定：

①横式使用的图纸，应按图 4.1.11(a) 的形式布置；

②立式使用的图纸，宜按图 4.1.11(b) 的形式布置；

③立式使用的 A4 图纸，应按图 4.1.11(c) 的形式布置。

（2）图标长边的长度应为 180mm；短边的长度宜采用 40、30、50mm。

（3）图标应按图 4.1.12 的格式分区。涉外工程图标内，各项主要内容的中文下方应附有译文，设计单位名称的上方，应加"中华人民共和国"字样。

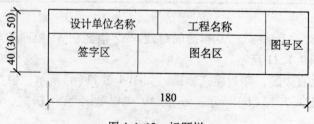

图 4.1.12　标题栏

2）会签栏

会签栏应按图 4.1.13 的格式绘制，其尺寸应为 75mm×20mm，栏内应填写会签人员所代表的专业、姓名、日期(年、月、日)；一个会签栏不够用时，可另加一个，两个会签栏应并列；不需会签栏的图纸，可不设会签栏。

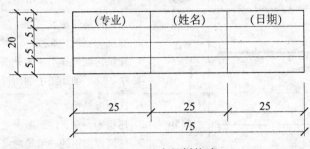

图 4.1.13　会签栏格式

3. 图线

画在图纸上的线条统称为图线，它是构成工程图样的基本元素。

1）线宽

为了图样的清晰分明，建筑制图所采用的图线有实线、虚线、点画线、折断线、波浪线之分，按线宽不同，又有粗、中、细之分。图线的宽度 b 应从表 4.1.4 线宽系列 2.0mm、1.4mm、1.0mm、0.7mm、0.5mm、0.35mm 中选取。

表 4.1.4　　　　　　　　　　　　　　线宽组

线宽比	线宽组(mm)					
b	2.0	1.4	1.0	0.7	0.5	0.35
0.5b	1.0	0.7	0.5	0.35	0.25	0.18
0.25b	0.5	0.35	0.25	0.15		

注：1. 需要缩微的图纸不宜采用 0.18mm 线宽；

2. 同一张图之内，各不同线宽组中的细线可统一采用较细线宽组的细线。

图纸的图框线和标题栏线，可采用表 4.1.5 所列的线宽。

表 4.1.5　　　　　　　　图框线、标题栏线的宽度　　　　　　　　(单位：mm)

幅面代号	图框线	标题栏外框线	标题栏分格线和会签栏线
A0、A1	1.4	0.7	0.35
A2、A3、A4	1.0	0.7	0.35

2)线型

专业制图中的各种图线线型应符合表 4.1.6 的规定。图线画法要求如下：

表 4.1.6 图 线

序号	名称	线型		线宽	用途
1	实线	粗	————————	b	1. 主要可见轮廓线 2. 被剖切到的轮廓线 3. 建筑构配件详图中的外部轮廓线 4. 平、立、剖面图中剖切符号、起止符号
		中	————————	0.5b	1. 次要可见轮廓线 2. 建筑平、立、剖面图中建筑构件轮廓线 3. 建筑详图中的一般轮廓线
		细	————————	0.25b	1. 小于 0.5b 的可见图形轮廓线 2. 图例线、尺寸线、尺寸界线、索引符号、标高符号、详图材料做法引出线
2	虚线	粗	- - - - - - - -	b	1. 不可见轮廓线 2. 平面图中的起重机(吊车)轮廓线 3. 拟扩建建筑物轮廓线
		中	- - - - - - - -	0.5b	小于 0.5b 的不可见轮廓线、投影线
		细	- - - - - - - -	0.25b	家具线、图例线
3	单点 长画线	粗	— - — - — - —	b	起重机(吊车)轨道线
		中	— - — - — - —	0.5b	见有关专业标准
		细	— - — - — - —	0.25b	中心线、对称线、定位轴线
4	双点 长画线	粗	— ·· — ·· —	b	见有关专业标准
		中	— ·· — ·· —	0.5b	见有关专业标准
		细	— ·· — ·· —	0.25b	假想轮廓线、成型前原始轮廓线
5	折断线		—————/\—————	0.25b	假想折断边缘断开界线
6	波浪线		～～～～～	0.25b	构造图中构造层次断开界线
7	地坪线		————————	1.4b	立面图中室外地坪线

（1）绘图时，每个图样应根据复杂程度与比例大小，先确定基本线宽 b，再选表 4.1.4 中适当的线宽组。

（2）在同一张图纸内，相同比例的图样应采用相同的线宽组，同类线应粗细一致。

（3）相互平行的图线，其间隙不宜小于其中的粗线宽度，且不宜小于 0.7mm。

（4）虚线、单点长画线或双点长画线的线段长度和间隔宜各自相等。虚线的线段长度为 3~6mm，单点画线的线段长度为 15~20mm。

（5）当在较小图形中绘制有困难时，单点长画线或双点长画线，可用实线代替。

（6）单点长画线或双点长画线的两端不应是点。点画线与点画线或点画线与其他线交接时，应是线段交接，如图 4.1.14(a)所示。

(a) 点画线交接　　　(b) 虚线与其他线交接

图 4.1.14　图线交接画法

（7）虚线与虚线交接或虚线与其他线交接时，应是线段交接。虚线为实线的延长线时，不得与实线连接，如图 4.1.14(b)所示。

（8）图线不得与文字、数字或符号重叠、混淆，不可避免时，应首先保证文字等的清晰，如图 4.1.15 所示。

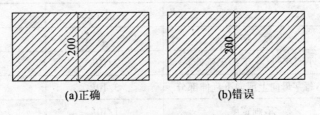

(a)正确　　　　　(b)错误

图 4.1.15　图形内尺寸数字写法

各种线型在房屋平面图上的用法如图 4.1.16 所示。

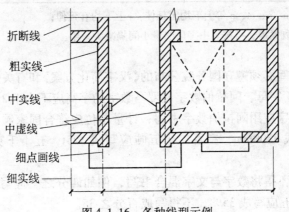

图 4.1.16　各种线型示例

4. 字体

1）书写要求

（1）图纸上所需书写的文字、数字或符号等，必须用黑墨水书写，且应笔画清晰、字体端正、排列整齐，标点符号应清楚正确。

（2）图中及说明中的汉字，应采用长仿宋体，宽度与高度的关系应符合表 4.1.7 的规定。

（3）拉丁字母、阿拉伯数字与罗马数字的书写与排列等，应符合表 4.1.8 的规定。书写时，如需写成斜体字，其斜度应是从字的底线逆时针向上倾斜 75°，斜体字的高度与宽度应与相应的直体字相等。

表 4.1.7 　　　　　　　　　　长仿宋体字高宽关系 　　　　　　　　（单位：mm）

字高	20	14	10	7	5	3.5	2.5
字宽	14	10	7	5	3.5	2.5	1.8

注：①如需书写更大的字，其高度应按 $\sqrt{2}$ 的比值递增；

②大标题、图册封面、地形图等的汉字，也可书写成其他字体，但应易于辨认。

表 4.1.8 　　　　　　　　拉丁字母、阿拉伯数字、罗马数字书写规则

		一般字体	窄字体
字母高	大写字母	h	h
	小写字母（上下均无延伸）	$7/10h$	$10/14h$
	小写字母向上或向下延伸部分	$3/10h$	$4/14h$
	笔画宽度	$1/10h$	$1/14h$
间隔	字母间隔	$2/10h$	$2/14h$
	上下行底线间最小间隔	$14/10h$	$20/14h$
	文字间最小间隔	$6/10h$	$6/14h$

注：①小写拉丁字母 a、c、m、n 等上下均无延伸，j 上下均有延伸；

②字母的间隔如需排列紧凑，可按表中字母的最小间隔减少一半。

（4）汉字的简化书写必须遵守国务院公布的《汉字简化方案》和有关规定。汉字的字高应不小于 3.5mm；拉丁字母、阿拉伯数字或罗马数字的字高应不小于 2.5mm。

（5）表示数量的数字应用阿拉伯数字书写；计量单位应符合国家颁布的有关规定，例如三千五百毫米应写成 3500mm，三百二十五吨应写成 325t，五十千克每立方米应写成 $50kg/m^3$。

（6）表示分数时，不得将数字与文字混合书写，例如四分之三应写成 3/4，不得写成 4 分之 3，百分之三十五应写成 35%，不得写成百分之 35。

（7）不够整数的小数数字，应在小数点前加 0 定位，例如 0.15 等。

2）字体、拉丁字母和阿拉伯数字书写示例

（1）长仿宋字体。长仿宋体字的书写要领：横平竖直，起落分明，填满方格，结构匀称。长仿宋体字示例如图 4.1.17 所示。

工	业	民	用	建	筑	厂	房	屋	平	立	剖	面	详	图
结	构	施	说	明	比	例	尺	寸	长	宽	高	厚	砖	瓦
木	石	土	砂	浆	水	泥	钢	筋	混	凝	截	校	核	梯
门	窗	基	础	地	层	楼	板	梁	柱	墙	厕	浴	标	号
轴	材	料	设	备	标	号	节	点	东	南	西	北	校	核
制	审	定	日	期	一	二	三	四	五	六	七	八	九	十

图 4.1.17　长仿宋体字示例

（2）拉丁字母和数字。拉丁字母及数字（包括阿拉伯数字和罗马数字及少数希腊字母）有一般字体和窄字体两种，其中又有直体字和斜体字之分。其书写方法如图 4.1.18、图 4.1.19 所示。

图 4.1.18　一般字体体例

5. 比例

（1）图样的比例应为图形与实物相对应的线性尺寸之比。比例的大小是指其比值的大小，如 1∶50 大于 1∶100。

比例应以阿拉伯数字表示，并注写在图名的右侧，与汉字的底线平齐，比例的字高应比图名字高小一号或二号，如图 4.1.20 所示。

（2）绘图所用的比例，应根据图样的用途与被绘对象的复杂程度从表 4.1.9 中选用，并应优先选用表中的常用比例。

图 4.1.19　窄字字体体例

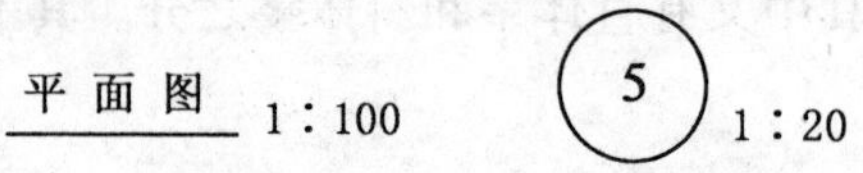

平面图 ——— 1∶100　　（5）　1∶20

图 4.1.20　比例的注写

表 4.1.9	绘图所用的比例
常用比例	1∶1、1∶2、1∶5、1∶10、1∶20、1∶50 1∶100、1∶200、1∶500、1∶1000 1∶2000、1∶5000、1∶10000、1∶20000 1∶50000、1∶100000、1∶200000
可用比例	1∶3、1∶15、1∶25、1∶30、1∶40、1∶60 1∶150、1∶250、1∶300、1∶400、1∶600 1∶1500、1∶2500、1∶3000、1∶4000 1∶6000、1∶15000、1∶30000

　　一般情况下，一个图样应选用一种比例，但根据专业制图的需要，同一图样可选用两种比例。

　　6. 尺寸标注

　　1）尺寸的组成

　　图样上的尺寸包括四个要素：尺寸界线、尺寸线、尺寸起止符号和尺寸数字，如图 4.1.21 所示。

　　（1）尺寸界线。尺寸界线应用细实线绘制，一般应与被注长度垂直，其一端应离开图样的轮廓线不小于 2mm，另一端应超出尺寸线 2~3mm。必要时，图样轮廓线、中心线及轴线可用做尺寸界线，如图4.1.22所示。

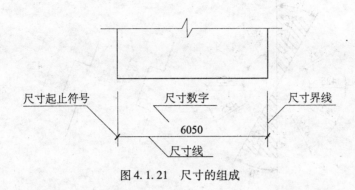

图4.1.21　尺寸的组成

（2）尺寸线。尺寸线应用细实线绘制，并与被注长度平行，与尺寸界线垂直相交，但不宜超出尺寸界线。任何图线均不得用做尺寸线。

（3）尺寸起止符号。尺寸起止符号一般用中粗短斜线绘制，其倾斜方向应与尺寸界线成顺时针45°角，长度宜为2~3mm。

半径、直径、角度与弧长的尺寸起止符号宜用箭头表示，如图4.1.23所示。

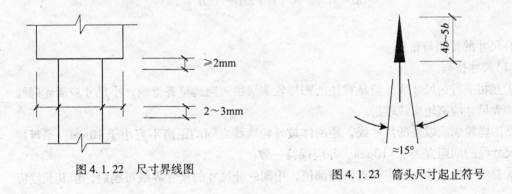

图4.1.22　尺寸界线图　　　　　　　　　图4.1.23　箭头尺寸起止符号

（4）尺寸数字。

①图样上的尺寸应以尺寸数字为准，不得从图上直接量取，它与绘图所用比例无关。

②图样上的尺寸单位，除标高及总平面图以米（m）为单位外，其余一律以毫米（mm）为单位，图上尺寸数字都不带单位符号。

③尺寸数字的读数方向应按图4.1.24（a）的规定注写。若尺寸数字在30°斜线区内，宜按图4.1.24（b）的形式注写。

④尺寸数字应依据其读数方向注写在靠近尺寸线的上方中部，如果没有足够的注写位置，两边的尺寸可以注写在尺寸界线的外侧，中间相邻的尺寸数字可以错开注写，也可以引出注写，如图4.1.25所示。

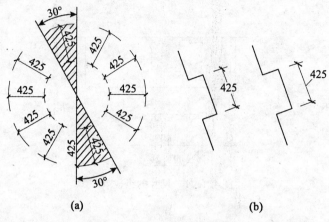

图 4.1.24　尺寸数字的读数方向

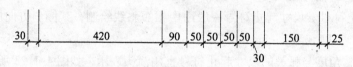

图 4.1.25　尺寸数字的注写位置

2)尺寸的排列与布置

(1)尺寸排列。

①互相平行的尺寸线,应从被注的图样轮廓线由近向远整齐排列,小尺寸应离轮廓线较近,大尺寸应离轮廓线较远。

②图样轮廓线以外的尺寸线,距图样最外轮廓线之间的距离不宜小于 10mm。平行排列的尺寸线的间距宜为 7~10mm,并应保持一致。

③总尺寸的尺寸界线应靠近所指部位,中间的分尺寸的尺寸界线可稍短,但其长度应相等。

三道尺寸排列如图 4.1.26 所示。

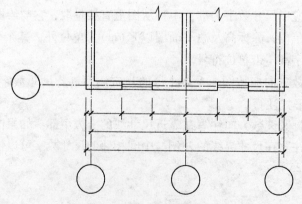

图 4.1.26　尺寸的排列

（2）尺寸布置。尺寸宜标注在图样轮廓线以外，不宜与图线、文字及符号等相交。图线不得穿过尺寸数字，不可避免时，应将尺寸数字处的图线断开，如图4.1.27所示。

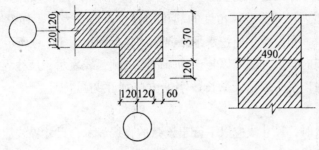

图4.1.27 尺寸布置(mm)

3）尺寸标注

（1）圆弧半径尺寸标注。半径的尺寸线应一端从圆心开始，另一端画箭头指至圆弧。半径数字前应加注半径符号"R"，如图4.1.28所示。

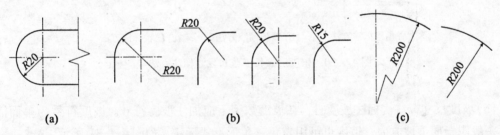

图4.1.28 半径尺寸标注方法

（2）圆的直径尺寸标注。标注圆的直径尺寸时，在直径数字前应加注符号"ϕ"。在圆内标注的直径尺寸线应通过圆心，两端箭头指向圆弧，如图4.1.29所示。

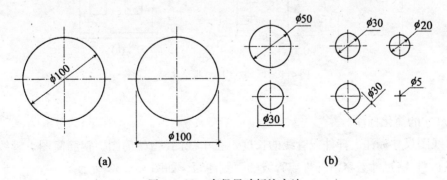

图4.1.29 直径尺寸标注方法

（3）球的尺寸标注。标注球的半径尺寸时，应在尺寸数字前面加注符号"SR"。标注球的直径时，应在尺寸数字前面加注符号"$S\phi$"。注写方法与圆弧半径和圆直径的尺寸标注方法相同。

（4）角度、弧长、弦长尺寸标注。角度尺寸线应以圆弧表示，该圆弧的圆心应是该角的顶点，角的两条边为尺寸界线。角度的起止符号应以箭头表示，如没有足够位置画箭头，可以用圆点代替，角度数字应按水平方向标注，如图4.1.30（a）所示。

标注圆弧的弧长时，尺寸线应以与该圆弧同心的圆弧线表示，尺寸界线应垂直于该圆弧的弦，起止符号应以箭头表示，弧长数字上方应加注圆弧符号"⌒"，如图4.1.30（b）所示。

标注圆弧的弦长时，尺寸线应以平行于该弦的直线表示，尺寸界线应垂直于该弦，起止符号应以中粗斜短线表示，如图4.1.30（c）所示。

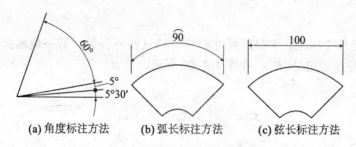

(a) 角度标注方法　　(b) 弧长标注方法　　(c) 弦长标注方法

图4.1.30　角度、弧长、弦长尺寸标注方法

（5）坡度尺寸标注。标注坡度时，在坡度数字下应加注坡度符号。坡度符号为单面箭头，一般应指向下坡方向，坡度也可用直角三角形形式标注，如图4.1.31所示。

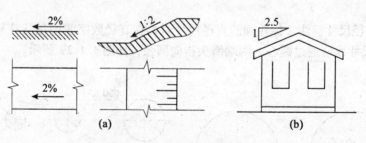

图4.1.31　坡度尺寸标注方法

（6）尺寸的简化标注。

①单线图尺寸标注。杆件或管线的长度，在单线图（桁架简图、钢筋简图、管线简图等）上，可直接将尺寸数字沿杆件或管线的一侧注写，如图4.1.32所示。

②连续等长尺寸标注。连续排列的等长尺寸可用"个数×等长尺寸＝总长"的形式标注，如图4.1.33所示。

③对称构尺寸标注。当对称构配件采用对称省略画法时，该对称构配件的尺寸线应略

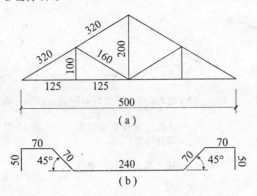

图 4.1.32　单线图尺寸标注方法

超过对称符号，仅在尺寸线的一端画尺寸起止符号，尺寸数字应按整体全尺寸注写，其注写位置宜与对称符号对齐，如图 4.1.34 所示。

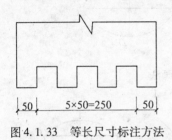

图 4.1.33　等长尺寸标注方法

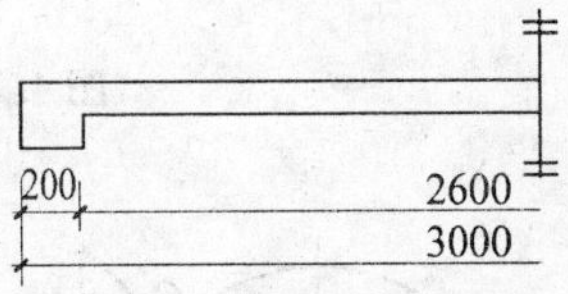

图 4.1.34　对称尺寸标注方法

④相同要素尺寸标注。构配件内的构建要素(如孔、槽等)如果相同，可仅标注其中一个要素的尺寸，如图 4.1.35 所示。

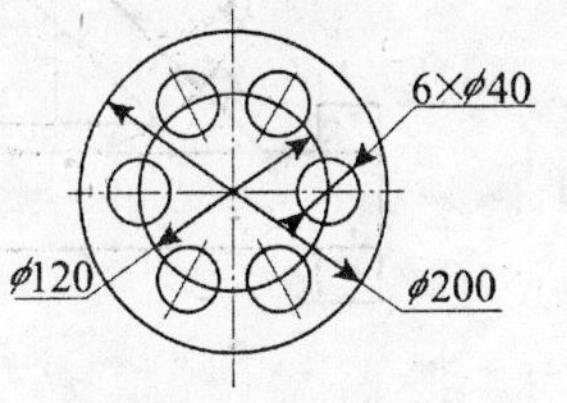

三、平面图形的画法

几何作图方法是在我们绘制平面图形的过程中时常用到，几何作图就是按照已知条件作出所需的几何图形，是学习制图必须掌握的基本技能。

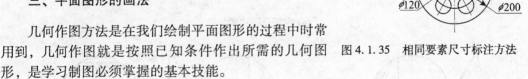

图 4.1.35　相同要素尺寸标注方法

(一)等分作图

1. 等分线段

等分线段可以采用辅助线法。如三等分已知线段 AB，作图方法如图 4.1.36 所示。这种方法还可以用来等分平行线间的距离，学会等分线段的技法主要是为后续学习绘制楼梯平面图、剖面图和楼梯详图奠定基础。

2. 等分圆周

等分圆周将在建筑施工图和园林建筑施工图绘制中运用到，常见的圆周等分方法有：

(1)用圆规和三角板三等分圆周，作圆内接正三角形，如图 4.1.37 所示。

(2)用丁字尺和三角板配合四等分、六等分圆周等，作圆内接正四边形和正六边形等，如图 4.1.38 所示。

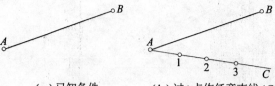
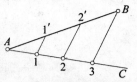

（a）已知条件　　（b）过A点作任意直线AC　（c）连3、B两点，然后分别
　　　　　　　　用直尺在AC直线上自　　过点1、2作3B的平行线，
　　　　　　　　A点依次截取三整数　　与AB相交得1'、2'
　　　　　　　　等分得点1、2、3

图 4.1.36　等分线段作图方法

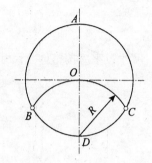
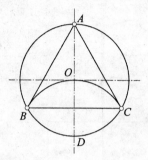

图 4.1.37　圆内接正三角形画法

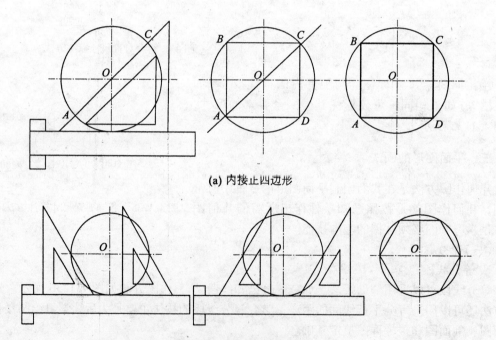

(a) 内接正四边形

(b) 内接正六边形

图 4.1.38　圆内接正多边形画法

（3）用圆规任意等分圆周，作圆内接任意多边形。作圆内接正五边形，如图4.1.39所示。作圆内接正七边形，图4.1.40所示。

 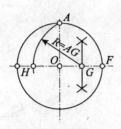 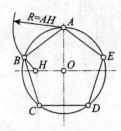

(a) 已知圆O

(b) 作出半径OF的等分点G，以G为圆心，以GA为半径作圆弧，交直径于H

(c) 以AH为半径，分圆周为五等份。顺序连接各等分点A、B、C、D、E，即为所求

图4.1.39　圆内接正五边形画法

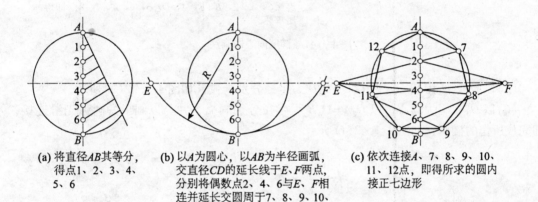

(a) 将直径AB其等分，得点1、2、3、4、5、6

(b) 以A为圆心，以AB为半径画弧，交直径CD的延长线于E、F两点，分别将偶数点2、4、6与E、F相连并延长交圆周于7、8、9、10、11、12点

(c) 依次连接A、7、8、9、10、11、12点，即得所求的圆内接正七边形

图4.1.40　圆内接正七边形画法

（二）椭圆画法

椭圆的画法将主要在今后的建筑平面图和轴测图中运用到。

1. 同心圆法

同心圆法画椭圆，如图4.1.41所示。

2. 四心圆法

四心圆法画椭圆是近似作法，作图步骤如图4.1.42所示。

（1）连接AC，在AC上截取点E，使$CE=OA-OC$，如图4.1.42(a)所示。

（2）作线段AE的中垂线并与短轴相交于点O_1，与长轴交于点O_2，如图4.1.42(b)所示。

（3）在CD上和AB上找到O_1、O_2和对称点O_3、O_4，即为四段圆弧的四个圆心，如图4.1.42(c)所示。

（4）将四个圆心点两两相连，得出四条连心线，如图4.1.42(d)所示。

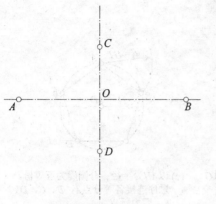

(a) 已知长轴AB、短轴CD

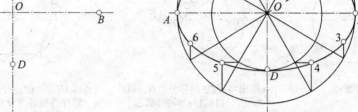

(b) 以O为圆心，以OA、OC为半径，作两个同心圆；过圆心O十二等分圆周，过圆周交点作垂线和水平线相交得1、2、3、4、5、6、7、8点；用曲线板依次光滑连接C、1、2、B、3、4、D、5、6、A、7、8，即得所求椭圆

图 4.1.41 椭圆同心圆画法

（5）以 O_1、O_3 为圆心，以 $O_1C = O_3D$ 为半径分别画弧，如图 4.1.42(e) 所示。

（6）以 O_2、O_4 为圆心，以 $O_2A = O_4B$ 为半径分别画弧，并与以画出的圆弧光滑连接，即完成所作的椭圆，如图 4.1.42(f) 所示。

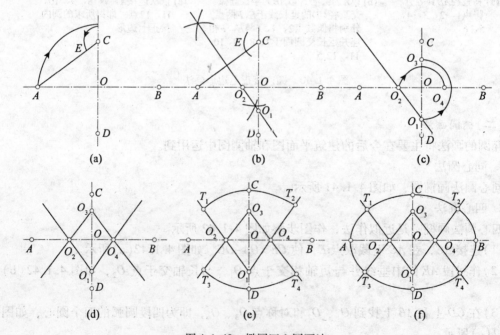

图 4.1.42 椭圆四心圆画法

3. 八点法

八点法画椭圆不太精确，作图步骤如图 4.1.43 所示。

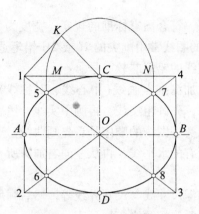

图 4.1.43 椭圆八点画法

(1)过长短轴的端点 A、B、C、D 作椭圆外切矩形 1234，连接对角线。

(2)以 $1C$ 为斜边，作 45°等腰直角三角形 $1KC$。

(3)以 C 为圆心，以 CK 为半径作弧，交 14 于 M、N；自 M、N 引短边的平行线，与对角线相交得 5、6、7、8 四点。

(4)用曲线板顺序光滑连接点 A、5、C、7、B、8、D、6、A，即得所求的椭圆。

四、制图的一般方法与步骤

(一)用工具仪器制图的方法与步骤

为了提高绘图速度，保证绘图质量，必须严格执行国家制图标准，熟练掌握工具仪器绘图的方法与技巧。

1. 准备工作

(1)收集并阅读相关资料，熟悉所绘图样的内容与要求，做到心中有数。

(2)保证有足够的光线，光线应从左前方射向桌上。绘图桌椅配置要合适，绘图姿势要正确。图板应稍向内倾斜，便于作图。

(3)准备好必要的制图工具、用品和资料。绘图前应将图板擦拭干净，绘图仪器逐件检查校正；各种制图工具、用品和资料宜放在绘图桌的右上方，以取用方便。

(4)选择合适的图幅，将图纸用胶带纸固定在图板的左下方。图纸左边距图板边缘 30~50mm，图纸下边距图板边缘的距离略大于丁字尺的宽度。

2. 制图步骤

1)图面布置

首先考虑一张图纸上要画几个图样，选择恰当的比例，然后安排各个图样在图纸上的位置，定出图形的中心线或外框线。图面布置要匀称，以获得良好的图面效果。

2)画图样底稿

通常用削尖的 2H 铅笔轻绘底稿，先画图形的基线(如对称线、轴线、中心线或主要轮廓线），再逐步画出细部。图形完成后，画尺寸界线和尺寸线。最后，对所绘图稿进行仔细校对，改正画错或遗漏的图线，并擦去多余的图线。

3）铅笔加深

铅笔加深要做到粗细分明，符合国家标准的规定，宽度为 b 和 0.5b 的图线常用 B 或 HB 铅笔加深；宽度为 0.25b 的图线常用削尖的 H 或 2H 铅笔适当用力加深；在加深圆弧时，圆规的铅芯应该比加深直线的铅笔芯软一号。

用铅笔加深时，一般应先加深细点画线（中心线、对称线）。为了使同类线型宽度粗细一致，可以按线宽分批加深，先画粗实线，再画中实线，然后画细实线，最后画双点画线、折断线和波浪线。加深同类型图线的顺序是：先画曲线，后画直线。画同类型的直线时，通常是先从上向下加深所有的水平线，再从左向右加深所有的竖直线，然后加深所有的倾斜线。

当图形加深完毕后，再加深尺寸线与尺寸界线等，然后画尺寸起止符号，填写尺寸数字和书写图名、比例等文字说明和标题栏。

4）墨线加深

正式施工图需要用墨线加深，墨线加深的步骤基本与铅笔加深步骤相同，关键在于熟悉墨线笔的使用。应特别注意防止墨水污损图面。当描图中出现错误或墨污时，应修改；修改时，宜在图纸下垫一块三角板，将图纸平放，用锋利的薄型刀片轻轻地刮掉需修改的图线或墨污，然后用橡皮擦拭，再重新绘制。

5）复核和签字

加深完毕后，必须认真复核，如发现错误，应立即改正；最后由制图者签字。

（二）铅笔徒手画图的方法与步骤

徒手画草图简便、快捷，适合现场测绘、即兴构思、设计方案等。徒手草图是不用仪器、按目测估计比例徒手绘制的工程图样，用来表达设计思想。

徒手画图的要求：图线清晰、粗细分明、各部分比例恰当、投影正确、尺寸无误。

1. 画直线

画直线时，执笔的位置不要过低，握笔不要太紧，用手腕运笔画短线；而画较长的线时，要移动手臂，眼睛看着终点，分段绘出。

2. 画制斜线

画斜线时，可按近似比例作直角三角形画出，如图 4.1.44 所示。

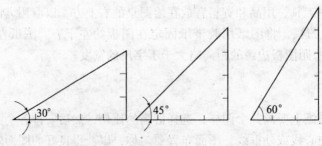

图 4.1.44　徒手画 30°、45°、60°斜线

3. 画圆

画直径较小的圆时，如图4.1.45(a)所示，在中心线上按半径目测定出四点，然后徒手连成圆。

画直径较大的圆时，如图4.1.45(b)所示，除中心线以外，再过圆心画几条不同方向的直线，在中心线和这些直线上按半径目测定出若干点，再徒手连成圆。

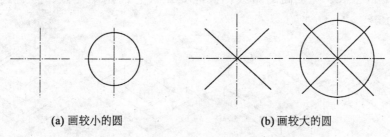

(a) 画较小的圆   (b) 画较大的圆

图 4.1.45　徒手画圆

4. 画椭圆

已知共轭直径作椭圆，如图4.1.46所示。通过已知的共轭直径 AB、CD 的端点作平行四边形 $EFGH$；然后相应地在各条半对角线上按目测取等于7∶3的点1、2、3、4；徒手顺次连接点 A、1、C、2、B、3、D、4、A，即可作出所求的椭圆。

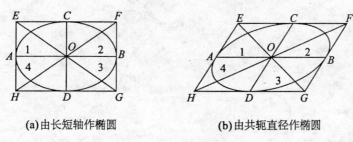

(a)由长短轴作椭圆   (b)由共轭直径作椭圆

图 4.1.46　椭圆画法

5. 画立体图

画物体的立体草图时，可将物体摆在一个可以同时看到它的长、宽、高的位置，如图4.1.47所示，然后观察及分析物体的形状。有的物体可以看成由若干个几何体叠砌而成，如图4.1.47(a)所示的模型，可以看成由两个长方体叠成。画草图时，可先徒手画出底下一个长方体，使其高度方向铅直，长度和宽度方向与水平线成30°角，并估计其大小，定出其长、宽、高，然后在顶面上另加一长方体，如图4.1.47(a)所示。

有的物体，如图4.1.47(b)所示的棱台，则可以看成从一个大长方体削去一部分而成。这时可先徒手画出一个以棱台的下底为底、以棱台的高为高的长方体，然后在其顶面画出棱台的顶面，并将上下面的四个角连接起来。

画圆锥和圆柱的草图，如图4.1.47(c)所示，可先画一椭圆表示锥或柱的下底面，然后通过椭圆中心画一铅垂轴线，定出锥或柱的高度。对于圆锥，则从锥顶作两直线与椭圆相切；对于圆柱，则画一个与下底面同样大小的上底面，并作两直线与上下椭圆相切。

画立体草图应注意以下三点：

（1）先定物体的长、宽、高方向，使高度方向铅直，长度方向和宽度方向各与水平线倾斜30°。

（2）物体上互相平行的直线，在立体图上也应互相平行。

（3）画不平行于长、宽、高的斜线，只能先定出它的两个端点，然后连线，如图4.1.47（b）所示。

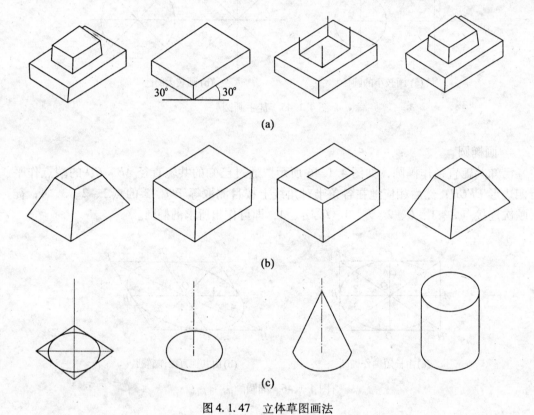

(a)

(b)

(c)

图4.1.47 立体草图画法

任务二 建筑构造节点设计训练

【训练目标】

1. 掌握建筑物各部位的构造节点处理方法与技巧；

2. 能运用正确的投影图示方法准确表达构造节点。

【能力目标】

1. 能熟练掌握各节点部位的构造做法及各种材料图例的表示方法；

2. 能按照建筑制图规范，正确绘制建筑节点构造图；

3. 学会查阅建筑构造标准图集。

【训练工具】

图板，三角板，丁字尺，2 号图纸，比例尺，2H、HB、2B 铅笔若干，圆规，分规，橡皮，模板，胶带纸等。

【能力评价】

建筑构造节点设计能力评价将根据图样完成情况，分为优秀、良好、及格和不及格四个等级进行。

1. 优秀

(1)能在规定的时间内完成任务；

(2)各部位构造做法准确无误；

(3)材料图例表达正确；

(4)图名、比例正确；

(5)线型、尺寸标注等符合制图规定；

(6)图样布局合理，图面整洁。

2. 良好

(1)能在规定的时间内完成任务；

(2)各部位构造做法基本准确无误；

(3)材料图例表达正确；

(4)图名、比例正确；

(5)线型、尺寸标注等符合制图规定；

(6)图样布局合理，图面比较整洁。

3. 合格

(1)基本上能在规定的时间内完成任务；

(2)主要部位构造做法基本准确；

(3)主要材料图例表达基本正确；

(4)比例、图名基本正确；

(5)线型有区分、尺寸标注等基本符合规定；

(6)图样布局无明显不合理。

4. 不合格

(1)不能在规定的时间内完成任务；

(2)各部位构造做法不准确；

(3)材料图例表达基本不正确；

(4)比例、图名不正确；

(5)图线粗细、线型、尺寸标注等不符合制图规范；

(6)图样布局不合理。

一、楼梯构造设计训练

(一)设计资料

(1)基本尺寸：某三层住宅楼梯间开间尺寸为 2700mm，进深尺寸为 5400mm，层高 2800mm，共五层，内、外墙 240mm，轴线居中；室内外高差 750mm。

（2）楼梯形式：封闭式一梯两户型。

（3）基本要求：楼梯间底部有出入口，门高2000mm，整体现浇式钢筋混凝土楼梯。试设计该住宅楼梯，并绘图。

（二）设计内容

（1）按1∶50的比例绘制楼梯平面图（底层、标准层、顶层）。

（2）按1∶50的比例绘制楼梯剖面图（局部）。

（3）查阅有关标准图集，绘制踏步构造节点详图。要求绘制出栏杆与踏步的连接做法、踏步面层做法及踏步的防滑处理，绘出材料图例。绘图比例为1∶5。

（三）楼梯段绘制技巧

1. 楼梯平面图中梯段绘制的方法

采取平行线间距离任意等分的方法，如图4.2.1所示。

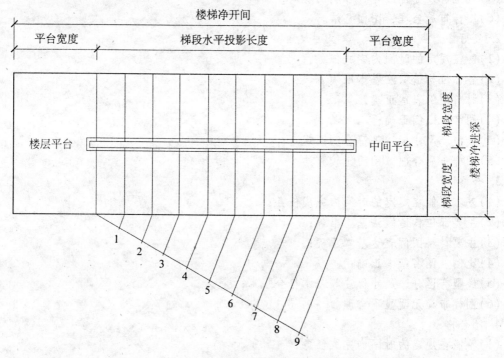

图4.2.1　楼梯梯段水平投影画法

2. 楼梯剖面图中梯段绘制的方法

采用方格网法和梯段坡度线法。

1）方格网法

将水平梯段长度按$n-1$等分，将垂直梯段（层高）n等分后，分别过等分点作垂线，形成方格网，然后在方格网中画踏步，如图4.2.2所示（b为踏步宽，h为踏步高，n为梯段踏步数）。

2）梯段坡度线法

在起步梯段的起步处画出一个步高，连接步高顶点与上一平台边缘点即形成梯段坡度

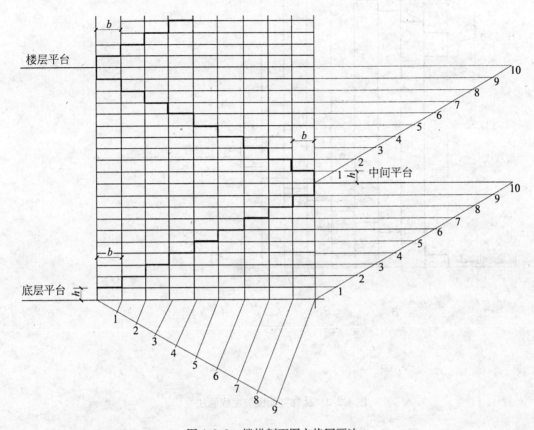

图 4.2.2　楼梯剖面图方格网画法

线，按 $n-1$ 等分该坡度线，过各等分点分别作水平线和垂线即可形成踏步，如图 4.2.3 所示。

（四）设计步骤

先绘制平面图，再绘制剖面图，最后绘制节点详图。

1. 平面图

（1）布局，绘制轴线；

（2）绘制墙线、柱子位置；

（3）确定休息平台宽度和梯段长度；

（4）绘制梯井、栏杆及梯段踏步数；

（5）绘制门、窗；

（6）绘制梯段上、下符号，标注平台标高；

（7）标注尺寸、定位轴线编号；

（8）标注 1—1 剖面符号；

（9）填充材料图例；

（10）注写图名、比例。

（11）校核后，将剖切到的线条加粗，并涂黑柱子。

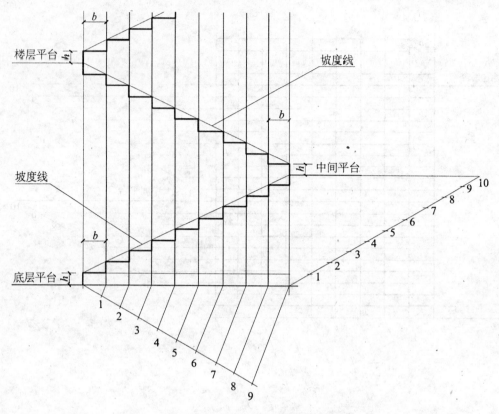

图 4.2.3 楼梯剖面图坡度线画法

2. 剖面图

(1)布局,确定定位轴线及平台标高线;

(2)确定休息平台宽度;

(3)根据踏步的宽度和高度打方格网;

(4)连接踏步线;

(5)擦去多余方格网线,根据梯段长度确定梯板厚度;

(6)绘制楼层梁、梯梁、楼层平台及休息平台;

(7)绘制墙体、窗线、栏杆及投影线;

(8)填充材料图例;

(9)标注尺寸、标高;

(10)注写图名、比例;

(11)校核后,将剖切到的线条加粗。

3. 节点详图

参照相关标准图集绘制出栏杆与踏步的连接做法、踏步面层做法及踏步的防滑处理,绘出材料图例。

二、墙体构造设计训练

(一)设计资料

(1)工程概况:某三层的砖混结构学生公寓楼,采用钢筋混凝土现浇楼板,屋顶设女儿墙外天沟，不上人架空隔热屋面，外墙有大门入口，玻璃钢悬挑雨棚，如图4.2.4所示。

（2）尺寸要求：内、外墙厚度均为240mm，室内外高差300mm，底层层高4.2m，其他楼层高为3.0m，窗台高为900mm。入口大门尺寸为3000mm×3000mm；墙上设门窗：底层门洞尺寸为1000mm×2700mm，其他楼层为1000mm×2100mm；窗洞尺寸为1800mm×1800mm，门窗材料自定。梁宽度随墙厚、高度为300mm；过梁宽度随墙厚、高度为100mm；楼板厚度为120mm。

（3）墙面装修、楼地面、散水、踢脚板等选材和做法可按建筑构造要求自定。

（4）设计过程中涉及其他未定尺寸，可按建筑构造要求自行确定。

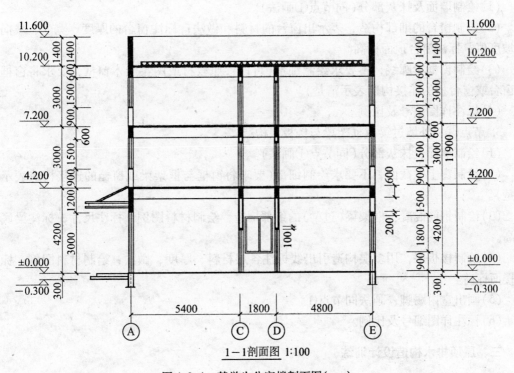

图4.2.4　某学生公寓楼剖面图(mm)

（二）设计内容

（1）试绘制Ⓔ轴墙身详图。

（2）二层楼面以下三个墙身节点详图，即墙脚、窗台、过梁（或框架梁）和楼板层节点详图，比例为1∶20。

要求按照顺序将节点①、②、③从下至上布置在同一垂直线上，共用一条轴线及编号。

（三）设计步骤

1. 节点①：外墙墙脚

（1）绘制定位轴线及编号圆圈。

（2）绘制墙身、踢脚、勒脚，应注明尺寸及构造做法，并绘出材料图例。

(3)绘制水平防潮层，注明材料和做法、防潮层标高。

(4)绘制散水和室外地面，用多层构造引出线标注其材料、厚度、做法；绘制材料图例；标注散水宽度、坡向和坡度值；标注室外地面标高；绘出并注明散水与勒脚之间的变形缝构造处理。

(5)绘制室内地面构造，用多层构造引出线标注其材料、厚度、做法；绘制材料图例；标注室内地面标高。

(6)绘制墙面内外装修的厚度及材料，注明做法。

(7)标注详图编号及比例。

2. 节点②：外墙窗台

(1)绘制墙面及抹灰部分(同节点①画法)。

(2)绘制窗台的细部构造，表示出窗台的材料和做法；标注窗台的厚度、宽度、坡向和坡度值；标注窗台顶面标高。

(3)绘制窗框轮廓线，不要求绘制细部(可以参照教材或图集绘木窗框，要求将窗框与窗台或窗台板的连接构造表示清楚)。

(4)标注详图编号及比例。

3. 节点③：外墙过梁或框架梁与楼板层构造

(1)绘制墙面及抹灰部分(同节点①画法)。

(2)绘制窗上框截面，不要求绘制细部(要求将窗框与框架梁或窗楣的连接构造表示清楚)。

(3)绘制钢筋混凝土框架梁(过梁)的细部构造，绘制材料图例，标注尺寸，标注梁底标高。

(4)绘制楼板层，用多层构造引出线标注各层材料、厚度、做法；绘制材料图例；标注楼面标高。

(5)画出室内踢脚，画法同节点①。

(6)标注详图编号及比例。

二、屋顶排水构造设计训练

(一)设计资料

(1)已知某五层学生宿舍楼，底层层高 3.6m，其他层高 3.0m，屋顶平面结构标高为15.6m，女儿墙厚度为 240mm，不上人架空隔热屋面，屋顶平面布置如图 4.2.5 所示。

(2)设计过程中涉及其他未定尺寸、女儿墙、天沟构造做法、落水构造等，可按建筑构造要求自行确定。

(二)设计内容

完成四个屋顶节点详图，即檐沟节点详图、女儿墙处泛水节点详图、雨水口节点详图、分仓缝节点详图，比例自定。

(三)设计步骤

1. 节点①：檐沟节点详图

(1)绘制定位轴线及编号圆圈。

(2)绘墙身、檐沟板、屋面板、屋顶各层构造、檐口处的防水处理，以及檐沟板与屋

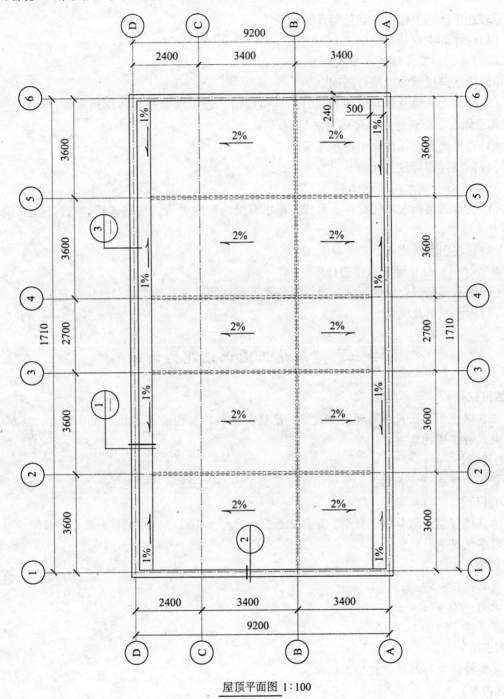

屋顶平面图 1:100

图 4.2.5 屋顶平面图实例(mm)

面板、墙、圈梁或梁的关系,标注檐沟尺寸,注明檐沟饰面层的做法和防水收头的构造做法。用多层构造引出线标注檐沟及屋顶各层材料、厚度、做法;绘出材料图例;标注屋面标高。

（3）在平面图上标注索引符号及编号。

（4）标注详图符号及比例。

2. 节点②：女儿墙泛水节点详图

（1）绘制定位轴线及编号圆圈。

（2）绘制女儿墙及其与屋面相接处的连接构造，表示清楚屋面各层构造和泛水构造，注明构造做法，标注泛水高度等有关尺寸。

（3）在平面图上标注索引符号及编号。

（4）标注详图符号及比例。

3. 节点③：雨水口节点详图

（1）表示清楚雨水口的材料、形式、雨水口处的防水处理，注明细部做法，标注雨水口等有关尺寸。

（2）标注图名及比例。

4. 节点4：分仓缝节点构造详图

（1）表示清楚分仓缝的形式、选材、防水、盖缝等处理，注明细部做法及有关尺寸。

（2）标注图名及比例。

任务三　建筑施工图识读能力训练

【训练目标】

培养学生运用正投影原理及其规律、建筑制图和建筑构造基本知识正确阅读、理解、运用建筑施工图的能力。

【能力目标】

能正确理解设计者意图，正确识读建筑施工图，能按要求正确施工。

【能力评价】

本训练题型采用单项选择题，每题 2.5 分，总分为 100 分。按分值分四个等级对学生阅读理解情况进行评价：

优秀：90 分以上；

良好：75 ~ 89 分；

及格：60 ~ 74 分；

不及格：59 分以下。

【案例图纸】

某高校学生公寓建筑施工图。

【训练内容】

主要包括：建筑设计总说明，建筑平面图、立面图、剖面图，建筑详图识读。

一、建筑施工图识读指导

根据已知的建筑形体的投影图，想象其空间形状、大小和结构的过程，称为读图，也可称为识图。只有正确地识读建筑工程施工图，才能正确地抄绘建筑工程施工图。

（一）识图的规律

根据投影图形成的原理，识图的规律可以概括为以下四点：

（1）对照投影，找线矩；

（2）找出线矩，想形状；

（3）相对关系，长宽高；

（4）综合起来，想整体。

（二）识图技法

1）形体分析法

看图时，先从图形较为清晰简单的图形着手，例如，先看视图上形状明显的、范围大的、实线表示的、单独存在的图形；再在其他视图中，找出对应的图形是什么形状，由此想象出所示的空间几何形体。

2）线面分析法

看图时，对有些不规则的图形，不能立即想象出它们所反映的几体体的形状时，可根据视图中对应的点、线、面来想象其所示的空间形状与相对位置，看它们组成什么样的平面或曲面，再围成什么样的形体。

（三）识读技巧

建筑施工图的识图方法可归纳为"由外向里看，由大到小看，由粗到细看，建施与结施对着看，设备图纸最后看"，即先看外部后看内部，先看整体后看局部，先看建筑施与结施图，后看设备施工图。

二、识图能力测试

1. 建筑设计说明识图

（1）工程中建筑的耐火等级是（　　）。

A. Ⅰ　　　　　　　B. Ⅱ　　　　　　C. Ⅲ　　　　　　D. Ⅳ

（2）工程中所有阳台楼面做法是（　　）。

A. 用 M10 的水泥砂浆　　　　　　　B. 比室内地面低 50mm

C. 比室内地面高 50mm　　　　　　　D. 设计说明中没有提到

（3）工程中窗台做法正确的是（　　）。

A. 挑出墙面 60mm　　　　　　　　　B. 窗台上部做大于 3% 的排水坡

C. 窗台下部抹平　　　　　　　　　　D. 窗台距地面高度 800mm

（4）凡设地漏的房间均不遵循的是（　　）。

A. 地面都做防水层　　　　　　　　　B. 房间内都设置排水坡

C. 在地漏周围均设置 1% 的坡度　　　D. 房间都设挡水门槛

（5）建筑外墙散水的做法（　　）。

A. 宽度为 600mm　　　　　　　　　B. 向外找坡 4%

C. 基层是素土夯实　　　　　　　　　D. 分块浇筑的长度为 4000mm

（6）卫生间楼地面的做法是（　　）。

A. 40 厚的防滑地砖　　B. 20 厚的细石混凝土保护
C. 20 厚 1∶2.5 水泥砂浆找平　　D. 纵横各设置两道防水涂料

(7) 门 M3 在第 5 层的用量为(　　)。
A. 0　　B. 2　　C. 24　　D. 26

(8) 窗 C2 所在洞口的高度尺寸是(　　)。
A. 600　　B. 1200　　C. 1800　　D. 2700

(9) 工程内墙一的做法是(　　)。
A. 防水耐用年限 10 年　　B. 采用柔性防水
C. 采用刚性防水　　D. 采用柔、刚两道防水

(10) 工程的各构造做法正确的是(　　)。
A. 内墙均采用釉面瓷砖　　B. 所有顶棚都使用了乳胶漆
C. 屋面全部采用了沥青防水卷材　　D. 踢脚均采用花岗岩

2. 建筑平面图、立面图识图

(11) 宿舍楼共有(　　)个出入口。
A. 1　　B. 2　　C. 3　　D. 5

(12) 在一层平面图中剖切面 A-A 的投影方向是向(　　)。
A. 东　　B. 西　　C. 南　　D. 北

(13) 工程散水宽度是(　　)mm。
A. 600　　B. 900　　C. 1000　　D. 1200

(14) 一层平面图中门的型号共有(　　)种。
A. 3　　B. 4　　C. 5　　D. 6

(15) 窗户 C2 在 2 号楼梯间中的剖切详图所在图纸是(　　)。
A. 3 号　　B. 4 号　　C. 11 号　　D. 14 号

(16) 工程内走廊的宽度为(　　)mm。
A. 1800　　B. 1920　　C. 2000　　D. 2200

(17) 二层比一层多(　　)间宿舍。
A. 1　　B. 2　　C. 3　　D. 4

(18) 每个宿舍的开间尺寸是(　　)mm。
A. 900　　B. 2100　　C. 3600　　D. 5100

(19) 从五层屋面图中可知本项目共安装了(　　)个 PVC 排水管。
A. 1　　B. 2　　C. 3　　D. 5

(20) 屋顶檐沟内的排水坡度是(　　)。
A. 1%　　B. 2%　　C. 3%　　D. 4%

(21) 工程屋顶排水方式采取的是(　　)。
A. 内排水　　B. 外檐沟排水　　C. 内檐沟排水　　D. 无组织排水

(22) 工程室外标高是(　　)。
A. ±0.000　　B. -1.000　　C. 0.800　　D. -0.100

(23)工程二层阳台楼地面距离室外地面的距离是(   )mm。

A. 6000　　　　　B. 6400　　　　　C. 7400　　　　　D. 8600

(24)轴立面图即为(   )立面图。

A. 东　　　　　　B. 西　　　　　　C. 南　　　　　　D. 北

(25)轴立面图所有阳台栏杆的高度是(   )mm。

A. 800　　　　　　B. 900　　　　　C. 1000　　　　　D. 1200

(26)轴立面图架空层砖贴的上边缘标高是(   )。

A. ±0.000　　　　B. 0.800　　　　C. 1.000　　　　D. 1.800

(27)轴立面图所有窗户的宽度尺寸在(   )可以找到。

A. 总平面图　　　B. 首层平面图　　C. 本图　　　　　D. 屋顶平面图

(28)立面中共有(   )种不同型号的窗。

A. 1　　　　　　　B. 2　　　　　　C. 3　　　　　　D. 4

(29)轴立面图一层的门的型号是(   )。

A. M5　　　　　　B. M3　　　　　C. M2　　　　　D. M1

(30)轴立面图也可以命名为(   )立面图。

A. 东　　　　　　B. 西　　　　　　C. 南　　　　　　D. 北

3. 建筑剖面图、详图识图

(31)工程二～五层每层层高为(   )m。

A. 3.300　　　　　B. 3.100　　　　C. 3.600　　　　D. 4.100

(32)剖面图的剖切位置在图纸(   )中。

A. 03　　　　　　B. 05　　　　　　C. 07　　　　　　D. 10

(33)剖面图中阳台门的型号是(   )。

A. M3　　　　　　B. M2　　　　　C. LMC1　　　　D. M4

(34)三层楼梯中间平台的标高为(   )。

A. 3.300　　　　　B. 4.850　　　　C. 6.400　　　　D. 7.950

(35)1#楼梯在一层每个梯段的踏步数量是(   )。

A. 9　　　　　　　B. 10　　　　　　C. 11　　　　　　D. 12

(36)建筑详图不常用的比例是(   )。

A. 1:20　　　　　B. 1:50　　　　C. 1:100　　　　D. 1:5

(37)楼梯梯井的宽度为(   )。

A. 100　　　　　　B. 3600　　　　C. 150　　　　　D. 3360

(38)阳台1的栏杆高度为(   )。

A. 1100　　　　　B. 1050　　　　C. 1200　　　　D. 900

(39)卫生间的地面比走廊低(   )mm。

A. 15　　　　　　B. 20　　　　　　C. 80　　　　　　D. 90

(40)宿舍楼所有阳台栏杆采用的是(   )。

A. 扁钢　　　　　B. 圆钢　　　　　C. 方钢　　　　　D. 铁管

任务四　建筑施工图绘制能力训练

【训练目标】

　　1. 熟悉建筑平面图、立面图、剖面图的图示内容、图示要求；

　　2. 掌握建筑平面图、立面图、剖面图的绘制方法与步骤。

【能力目标】

　　1. 能将建筑平面图上要表达的信息内容及各种图例正确地表达在施工图上；

　　2. 掌握按照建筑制图标准、规范，正确绘制建筑施工图。

【能力评价】

　　根据图样完成情况，分为四个等级进行综合评价：

　　1. 优秀

　　(1) 能在规定的时间内完成任务；

　　(2) 线型、尺寸标注等符合制图规范；

　　(3) 比例、图例表达正确；

　　(4) 图纸布局合理，图面整洁，线条美观；

　　(5) 整套图纸出错率在5%以下；

　　(6) 实训日记、总结撰写真实感人。

　　2. 良好

　　(1) 能在规定的时间内完成任务；

　　(2) 线型、尺寸标注等符合制图规范；

　　(3) 图例、比例表达正确；

　　(4) 图样布局合理，图面较整洁；

　　(5) 整套图纸出错率在8%以下；

　　(6) 实训日记、总结撰写真实感人。

　　3. 合格

　　(1) 基本上能在规定的时间内完成任务；

　　(2) 线型、尺寸标注等基本符合制图规范；

　　(3) 图例、比例表达基本正确；

　　(4) 图样布局基本合理；

　　(5) 整套图纸出错率在10%以下；

　　(6) 完成了实训日记、总结。

　　4. 不合格

　　(1) 不能在规定的时间内完成任务；

　　(2) 线型、尺寸标注等不符合制图规范；

　　(3) 图例、比例表达基本不正确；

　　(4) 图样布局不合理；

　　(5) 整套图纸出错率在10%以上；

　　(6) 实训日记、总结撰写真实感人。

【训练工具】

图板，三角板，丁字尺，2 号图纸，比例尺，2H、HB、2B 铅笔若干，圆规、分规，橡皮，模板，胶带纸等。

【案例图纸】

1. 某高校学生公寓建筑施工图；

2. 实训指导教师指定训练专用建筑施工图。

一、绘图能力训练的目的与要求

(一)训练的目的

建筑施工图实训的目的主要是通过建筑工程制图基本理论的学习和制图作业的实践，培养学生的空间想象能力和构思能力，提高学生应用国家制图标准来测绘建筑实体及识读抄绘建筑工程施工图的能力。

建筑施工图是准确地表达建筑物的外部轮廓、尺寸大小、结构构造、装修材料做法、设备管线安装等的"工程技术语言"。作为一名合格的建筑工程技术人员或技术工人，只有看得懂图纸，记得住图纸的内容和要求，才能够严格地按图纸施工，确保工程质量，准确地表达设计人员的设计意图。

为了达到这个目的，我们在绘图实训教学中，重点安排了测绘建筑物以及识读抄绘建筑工程施工图的训练，旨在通过训练，使学生能熟练地使用测绘工具来测量实物，并熟练地运用投影原理和基本作图技巧将建筑实物正确地表达在图纸上；通过识读和抄绘一套完整的建筑施工图纸，使学生既能够更清楚地了解施工图的主要内容(如图纸由哪几大部分组成，每部分有哪些图纸，每份图纸应反映出什么样的实体等)，能够正确应用绘图工具和仪器，还能够更清楚地了解国家制图标准，提高学生们的绘图技能和绘图质量。

因此，实训环节的设置是非常必要的，它在专业教学中占有相当重要的地位，也是学好"建筑施工图绘制与识读"课程的一个重要环节。

(二)训练的要求

实训的进展顺利与否，与实训要求有关，实训要求包括实训任务要求和实训纪律要求两个方面。

1. 实训任务要求

(1)实地测绘校园内一栋简单建筑物，时间为 2～3 天。记录测绘结果，绘 2～3 张草图。测绘采用分组形式，在测量时，要做到尺寸丈量准确无误。

(2)识读、抄绘一套完整的建筑施工图，时间为 5～10 天。识读、抄绘采用独立完成形式，应做到图纸内容齐全、配套，没有重复。

(3)用铅笔画出 2 号图 4～6 张。

(4)写实训日记(表 4.4.1)，填写电子表，实训结束后打印整理上交。

实训日记可以帮助记忆实训内容，积累实训资料，激发并提高思考力，培养良好的科研与工作能力。

记录与学习和实训有关的问题，如当天实训的主要工作，以及发现的某些问题或一些重要的参考数据。

记录一些对在实训中存在的问题的看法和自己认为可行的解决方法等。

记录当天的实训心得体会。

(5)实训总结，600~1000字(表4.4.2)，填写电子表，实训结束后打印整理上交。

总结就是对一定阶段工作或学习情况的全面回顾，肯定成绩，找出缺点，分析原因，从中吸取经验教训，提高认识，以利于今后的学习。实训总结一般应选取实训中重要的具有代表性的典型内容进行深入分析和总结。实训总结通常包括以下三个方面：

①标题。总结的标题要根据它的目的要求和具体内容来定，可以突出中心，也可以概括内容，如"制图实训总结"或"对××建筑物的××问题的分析总结"等。

②正文。这是总结的重点，大致包括：

介绍基本情况：包括时间、地点、实训经过及结果，并对实训的主要内容、一些基本数据(工程的结构形式、建筑面积、工程性质等)进行总的概括和介绍，使读者对全文有一个概括的了解。

实训的收获：这是核心部分，应紧紧围绕议题写对某一个专题的认识、经验总结及发现存在的问题(在测绘和识读时，对建筑物的某些结构或造型等方面的特点或不足有哪些想法，自己的分析及解决方法等)，做到言之有物，脉络分明。

今后的努力方向：这部分通常放在总结的结尾来写。

③署名和日期。个人总结署名一般写在正文的右下方，日期写在署名下。

④写总结应注意如下几点：

第一，要有正确的指导思想，要注意符合党和国家的方针政策。

第二，要掌握实训中的第一手材料，突出重点(切记不要写成流水账)。

第三，要有科学的求实精神，从总结中找出有规律性的东西。

第四，文字要求准确、简明。

上述任务必须在规定的时间内完成。

2. 实训期间纪律要求

(1)要遵守校内外的一切规章制度。

(2)不得迟到、早退，不得请假(病假除外)。

(3)旷课半天，迟到、早退两次以上，成绩降一等级。

(4)旷课两天以上(含两天)，实训成绩不记。

(5)实训成绩不及格不得补考，只能参加下一届实训。

(6)要爱护专业教室财物，损坏要照价赔偿。

(7)保持专业教室干净整洁，创造良好的实训环境。

(8)要服从实训指导教师的统一安排和管理。

表4.4.1   制图实训日记

班级		专业		姓名	
日记内容					

签名：

年 月 日

表 4.4.2 　　　　　　　　　　制图实训总结

班级		姓名		实训日期	
标题					

正

文

签名：

年　月　日

（三）训练任务

训练任务主要就是实物测绘和抄绘两大部分，可集中安排在两周时间内完成，也可以根据教学计划安排的实际，有选择地完成全部或部分内容。

二、实物建筑测绘训练

（一）训练内容

根据教学进度安排，由实训指导教师在校园内选择一栋较为简单的低层单体建筑作为实物建筑开展测绘训练。

测绘建筑物的主要任务是测绘建筑物的平面图、立面图、剖面图和楼梯详图。测绘时，按照先整体、后局部、先平面、后立面、先主要剖面、再楼梯详图的顺序进行。

（二）实物建筑测绘

1. 测绘底层平面图

（1）测绘底层平面的外轮廓轴线尺寸，并定位。包括测量总长、总宽及凹凸点的位置，并草绘出底层平面图的外轮廓线。

测量长度可用皮尺或钢尺来度量。但是，应注意按构造要求扣除找平层、面层厚度。

测量阳角、阴角时，可采用三角板拼测或利用经纬仪测量。一般情况下，阳角和阴角为直角，可以直接用三角板拼测，特殊情况下，可利用经纬仪来测量。

（2）测绘底层平面各轴线尺寸并定位，用细点画线绘出各轴线位置。但应注意，在测绘过程中要选择特定的轴线作为参照物，依次进行测量，并按测得的相互之间的尺寸来定位各轴线。

（3）测绘局部尺寸，包括各房间门窗洞口尺寸、墙厚、室内外高差、楼梯踏步板的尺寸等。用粗实线绘制墙体线，用45°的中粗实线绘制门的开启方向，对剖切到的柱截面用涂黑表示，用细实线绘出门窗、楼梯踏步板、台阶等投影线。

（4）标注尺寸、标高。尺寸标注要三道，还要画出指北针、剖切位置线、索引符号以及文字说明等。

由于每层平面图都是在窗台以上适当位置用一个水平剖切平面剖切后得到的 H 面投影图，所以底层平面图只画出第一个梯段的下半部分，并按规定用斜折线表示其折断方向。

2. 测绘二层至顶层平面图

二层至顶层平面可按上述步骤测绘。如果二层以上和顶层以下平面布置相同，仅标高存在差异，则可用标准层平面图表示。

3. 测绘立面图

（1）测绘外轮廓线、室内外地坪线和各层楼面线。测量时，总宽和总高、室内外高差等可以用钢尺度量。

（2）测绘门窗洞口尺寸及其与定位轴线之间的关系，还要测绘出窗台、雨篷等的细部尺寸。

(3)测绘其他细部并标注标高、轴线和编号以及外部装饰做法说明等。

4. 测绘剖面图

绘制剖面图一般可直接根据平面图和立面图的相对应的关系及尺寸直接绘制某一剖切面的剖面图。

5. 测绘楼梯详图

(1)用钢尺测量楼梯的梯段、平台、斜梁、平台梁的尺寸,测量楼梯间的开间、进深和楼梯栏杆扶手的细部尺寸。

(2)按照楼梯详图的绘制要求,绘制楼梯的平面和剖面详图。

通过对一个建筑物的测绘,培养学生正确使用测量工具,准确测量建筑物各部位的尺寸,并能够正确应用国家制图标准来绘图,如实地反映建筑物各部位的尺寸,提高了学生将实物测绘成图形的能力,为今后将一个图形想象成一个实物提供了感性认识。

三、建筑施工图抄绘训练

(一)训练内容

根据建筑平面图的绘图方法与步骤,正确抄绘由实训指导教师指定的以下实训内容:

(1)建筑平面图(底层平面图、标准层平面图和顶层平面图);

(2)建筑立面图(正立面图、侧立面图);

(3)建筑剖面图(正立面图、侧立面图);

(4)建筑详图(楼梯详图、墙身大样图)。

抄绘图纸可以是本教材中的图,也可以由实训指导教师指定。

(二)训练步骤

1. 选比例、定图幅、布图面

根据工程图的复杂程度及大小,选定适当的比例,确定合适的幅面及图纸数量,均匀合理地布置图面。

2. 打底稿、画图样

(1)定轴线,画墙柱,定门窗;

(2)画楼梯,画细部,标符号;

(3)查无误,搞加深,写标注。

3. 上墨描

先用较硬的铅笔(如2H、3H 铅笔)画出轻而细的底稿线,注意同一方向或相等的尺寸应尽可能地一次画出,以提高画图的速度。底稿检查无误后,选用较软的铅笔(如 B、HB 铅笔)按国家标准规定选用不同线型进行加深或上墨,加深或上墨时,一般习惯的顺序是:先上后下,先左后右,先细后粗,先数字后文字。

(三)抄绘程序

绘制施工图应遵循一定的规律和步骤,一般是按建筑施工图(平面图—立面图—剖面图—详图)、结构施工图(基础图—结构平面图—详图)的顺序来进行的。

任务五　素质拓展与综合能力测试

一、综合测试一

(一)填空题($1' \times 15 = 15'$)

1. 与各个投影面均倾斜的直线称为_____线。

2. 标高符号用_____三角形表示，高约_____mm。

3. 墙身防潮层的类型有_____防潮层和_____防潮层。

4. 比例是指图形与_____相对应的的线性尺寸之比。

5. 下室的构造组成包括_____、_____、_____、_____。

6. 建筑平面图中的三道外部尺寸为_____、_____、_____。

7. 屋顶的坡度形成办法有_____找坡和_____找坡。

(二)单项选择题($2' \times 10 = 20'$)

1. 下列建筑总平面图说法错误的是(　　　)。

A. 尺寸都以米为单位　　　　B. 尺寸都取到小数点后三位

C. 标高一般为绝对标高　　　　D. 比例尺通常小于1：100

2. 耐火极限的不同，建筑被分为(　　　)。

A. 一级　　　　　　B. 二级　　　　　　C. 三级　　　　　　D. 四级

3. 剖面图中未被剖到但投影依然看到的轮廓线用(　　)线表示。

A. 粗实线　　　　B. 中粗实线　　　　C. 细实线　　　　D. 点画线

4. 总平面图中用粗实线画出的建筑物为(　　　)。

A. 计划扩建的建筑物　　　　　　B. 原有的建筑物

C. 要拆除的建筑物　　　　　　　D. 新建的建筑物

5. 纸的幅面尺寸共有(　　　　)种。

A. 3　　　　　　B. 4　　　　　　C. 5　　　　　　D. 6

6. 建筑物的(　　)叫山墙。

A. 内横墙　　　　B. 内纵墙　　　　C. 外横墙　　　　D. 外纵墙

7. 建筑平面图中，纵向定位轴线用拉丁字母并按(　　　　)顺序编号。

A. 左向右　　　　B. 右向左　　　　C. 上向下　　　　D. 下向上

8. 从V面投影图中直接反映平面对H、W投影面的倾角，该平面为(　　　)

A. 侧垂面　　　　B. 铅垂面　　　　C. 正垂面　　　　D. 一般位置面

9. 下列不属于同一个物体的三视图关系的是(　　　)。

A. 长对正　　　　B. 高平齐　　　　C. 宽相等　　　　D. 宽平齐

10. 尺寸数字一般应注写在垂直尺寸线的(　　　)。

A. 上方中部　　　　B. 上方下部　　　　C. 左方中部　　　　D. 右方中部

(三)多项选择题($2' \times 5 = 10'$)

1. 下列属于建筑施工图的是(　　　)。

A. 设计说明　　　B. 总平面图　　　C. 立面图　　　D. 剖面图　　　E. 详图

2. 关于散水说法正确的是(　　　)。

A. 坡度一般大于5%　　　　　　　　B. 宽度一般为 600~1000mm

C. 散水和外墙之间设置伸缩缝　　　　D. 保护墙基不受雨水侵蚀

E. 外面必须设置明沟

3. 尺寸标注的要素有(　　　)。

A. 尺寸界线　　　　　　B. 尺寸线　　　　　　C. 尺寸起止符号

D. 尺寸大小　　　　　　E. 尺寸数字

4. 下列标准砖的尺寸正确的是(　　　)mm。

A. 长240　　　　　　　B. 宽115　　　　　　C. 宽120

D. 高53　　　　　　　　E. 高60

5. 根据层数不同,建筑可分为(　　　)。

A. 低层　　　　　　　　B. 中层　　　　　　　C. 中高层

D. 高层　　　　　　　　E. 超高层

(四)简答题(5′×4=20′)

1. 梁的设置要求。

2. 墙身水平防潮层的设置位置。

3. 简述组合体以及组合方式。

4. 简述明步楼梯及其特点。

(五)应用题(15′×1=15′)

已知点 $A(10,10,5)$, $B(10,10,20)$, $C(15,10,20)$,求作其三面投影,并判断重影点的可见性。

(六)能力拓展题(10′×2＝20′)

1. 刚性基础和柔性基础的区别是什么? 它们在实际中的使用情况各是什么?

2. 什么是层高? 国家相关规范对住宅层高有哪些规定?

二、综合测试二

(一)填空题(1′×15＝15′)

1. A2 图纸幅面的尺寸规格是_____×_____。

2. 组合体按组合特点分为: _____、_____、_____。

3. 建筑施工图纸包括建筑平面图、_____图、_____图、_____图和_____图等组成。

4. 定位轴线应采用_____线绘制,编号注写在轴线端部的_____内。

5. 尺寸的组成_____、_____、_____、_____。

(二)单项选择题(2′×10＝20′)

1. 基础承担了建筑物的(   )荷载。

A. 少量   B. 部分   C. 多半   D. 全部

2. 一般在底层平面图上不予以表示的是(   )。

A. 散水   B. 台阶   C. 雨篷   D. 明沟

3. 基础的埋置深度一般不小于(   )mm。

A. 500   B. 600   C. 900   D. 10000

4. 高层建筑阳台栏杆高度不小于(   )mm。

A. 900   B. 1000   C. 1050   D. 1100

5. 水平投影反映形体的(   )。

A. 底面形状和长宽两个方向的尺寸   B. 顶面形状和长宽两个方向的尺寸

C. 正面形状和高长两个方向的尺寸   D. 侧面形状和高宽两个方向的尺寸

6. 建筑平面图表达的主要内容包括(   )。

A. 平面形状、内部布置   B. 梁柱等构件的代号

C. 楼板的布置及配筋   D. 外部造型及材料

7. 建筑平面图中墙体的主要轮廓线用(   )表示。

A. 点画线   B. 中实线   C. 细实线   D. 粗实线

8. 相对标高精确到小数点后(   )位。

A. 一位   B. 两位   C. 三位   D. 零位

9. 通常情况下，楼梯由（　　）、平台、栏杆及扶手组成。

A. 踏步　　　　　　B. 踏面　　　　　　C. 踢面　　　　　　D. 梯段

10. Ⓥ 表示为（　　）。

A. 1 号轴线之前的第三根附加轴线　　B. 1 号和 2 号轴线之间的第三根附加轴线

C. 3 号轴线之前的第一根附加轴线　　D. 3 号轴线之后的第一根附加轴线

（三）多项选择题（2′×5＝10′）

1. 投影面平行线有三种不同情况，下列说法正确的有（　　）。

A. 平行于 H 面，倾斜于 V 面和 W 面　　B. 垂直于 H 面，倾斜于 V 面和 W 面

C. 平行于 V 面，倾斜于 H 面和 W 面　　D. 垂直于 V 面，倾斜于 H 面和 W 面

2. 建筑立面图的命名方式有（　　）。

A. 用朝向命名　　　　　　　　　　　B. 用特征命名

C. 用首尾轴线命名　　　　　　　　　D. 用所处地势命名

3. 建筑平面图中的尺寸除（　　）以米为单位外，其他一律以毫米为单位。

A. 标高　　　B. 细部构造　　　C. 总长　　　D. 总宽　　　E. 定位尺寸

4. 建筑平面图上的内部尺寸用来说明（　　）。

A. 室内门窗洞的大小、位置　　　　　B. 室内的墙厚

C. 固定设备的大小、位置　　　　　　D. 定位轴线之间的尺寸

5. 建筑变形缝包括（　　）。

A. 伸缩缝　　B. 分仓缝　　　C. 沉降缝　　　D. 防震防　　　E. 分隔缝

（四）简答题（5′×4＝20′）

1. 剖面和断面的区别是什么？

2. 建筑平面图是如何形成的？

3. 板式楼梯和梁式楼梯的区别是什么？

4. 简述无组织排水及其特点。

（五）应用题（15′×1＝15′）

根据给定的两视图，补画第三视图。

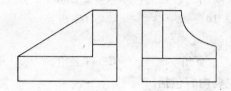

（六）能力拓展题（10′×2＝20′）

1. 以教学楼为例，说明屋面排水组织设计的方法。

2. 在学校里寻找建筑物变形缝，说明它是哪种变形缝？观察了解其构造做法。

三、综合测试三

（一）填空题（1′×15＝15′）

1. 一般把反映建筑物主要出入口的立面图称为_____图。

2. 普通砖的尺寸为_____×_____×_____。

3. 半剖面图一般应画在水平对称轴线的_____侧或竖直对称轴线的_____侧。

4. 标高应以_____为单位。_____标高以青岛附近的黄海平均海平面为零点；_____标高以房屋的室内地坪为零点。

5. 在建筑平面图中，横向定位轴线用_____从_____至_____依次编写；竖向定位轴线用_____从_____至_____顺序编写。

（二）单项选择题（2′×10＝20′）

1. 楼梯每个梯段的踏步数应为（　　）。

A. 2～10 　　　　　B. 3～18 　　　　　C. 4～16 　　　　　D. 5～20

2. 墙身水平防潮层一般低于室内地坪（　　）mm。

A. 20 　　　　　　B. 30 　　　　　　C. 40 　　　　　　D. 60

3. 开间是指建筑物相邻两道(　　)定位轴线之间的距离。

A. 横向　　　　　　B. 纵向　　　　　　C. 纵横向　　　　　　D. 不确定

4. 详图符号应以粗实线画出,直径为(　　)mm。

A. 12　　　　　　　B. 14　　　　　　　C. 16　　　　　　　D. 18

5. 标题栏应设在图框的(　　)。

A. 右下角　　　　　B. 左下角　　　　　C. 右上角　　　　　D. 左上角

6. 建筑平面图表达的主要内容包括(　　)

A. 平面形状、内部布置　　　　　　　　B. 梁柱等构件的代号

C. 楼板的布置及配筋　　　　　　　　　D. 外部造型及材料

7. 在建筑总平面图的常用图例中,对于计划扩建建筑物外形用(　　)。

A. 细实线　　　　　B. 中虚线　　　　　C. 粗实线　　　　　D. 点画线

8. 尺寸标注中,尺寸起止符号的倾斜方向应与尺寸界线成(　　)角。

A. 顺时针45°　　　B. 顺时针60°　　　C. 逆时针45°　　　D. 逆时针60°

9. 剖视方向线的长度为(　　)mm。

A. 4～6　　　　　　B. 6～8　　　　　　C. 6～10　　　　　　D. 8～10

10. 建筑剖面图的剖切位置应在(　　)中表示。

A. 总平面图　　　　B. 底层平面图　　　C. 标准层平面图　　　D. 屋顶建筑平面图

(三)多项选择题(2′×5=10′)

1. 可以作为阳台栏杆竖直杆件间的净距尺寸的有(　　)mm。

A. 60　　　　　B. 80　　　　　C. 90　　　　　D. 110　　　　　E. 120

2. 楼梯一般由(　　)组成。

A. 楼梯段　　　B. 中间平台　　C. 栏杆　　　D. 扶手　　　E. 楼层平台

3. 投影面平行面中正平面的投影特性(　　)。

A. H 面投影反映实形　　　　　　　　　B. V 面投影积聚成线

C. W 面投影积聚成线　　　　　　　　　D. V 面投影反映实形

4. 下列属于建筑平面图外部尺寸的是(　　)。

A. 房屋的开间、进深　　　　　　　　　B. 房屋内部门窗洞口尺寸

C. 建筑的总长、总宽　　　　　　　　　D. 房屋外墙的厚度

E. 相邻定位轴线的尺寸

5. 墙体在建筑中的作用是(　　)。

A. 承重　　　　B. 围护　　　　C. 分隔　　　　D. 抗震　　　　E. 防潮

(四)简答题(5′×4=20′)

1. 简述墙体防潮层的做法。

2. 简述构造柱的做法。

3. 简述泛水及其构造。

4. 板式楼梯和梁式楼梯的区别是什么？

(五) 应用题 (7′+8′=15′)

1. 绘图说明室内地坪的做法并注明材料层次。(7′)

2. 根据 H 面投影构思两个物体形状并绘制出来。(2×4′=8′)

H 面投影

(六) 能力拓展题 (10′×2=20′)

1. 发现学校内门窗的类型，并思考其在构造方面如何做到建筑节能。

2. 想要在底层楼梯平台下设置出入口，有哪些办法能使平台净高满足要求？

四、综合测试四

(一)填空题(1′×15 – 15′)

1. 工程图样中的投影方法可分为＿＿＿＿＿＿＿、＿＿＿＿＿＿＿＿。

2. 在三面投影体系中，直线与投影面之间的相对位置关系有＿＿＿＿＿＿＿、＿＿＿＿＿＿＿＿＿、＿＿＿＿＿＿＿。

3. 形体三面投影图的投影规律为＿＿＿＿＿＿＿、＿＿＿＿＿＿＿和＿＿＿＿＿＿＿。

4. 基础埋深指＿＿＿＿＿＿＿至＿＿＿＿＿的距离，一般不小于＿＿＿＿＿mm。

5. 房屋施工图按专业不同分为：＿＿＿＿＿、＿＿＿＿＿、＿＿＿＿＿、＿＿＿＿＿。

(二)单项选择题(2′×10 = 20′)

1. 组合体的组合形式有( )三种。

A. 叠加、切割、拼接 　　　　　B. 拼接、分离、合并
C. 切割、分离、合并 　　　　　D. 叠加、切割、综合

2. 物体在水平投影面上反映的方向是( )。

A. 上下、左右　　B. 前后、左右　　C. 上下、前后　　D. 上下、左右

3. 在工程制图中所采用的字体为( )。

A. 长仿宋体　　　B. 楷体　　　　C. 宋体　　　　D. 草书

4. ⑶/0A 表示为( )。

A. A 号轴线之后的第三根附加轴线　　　B. A 号轴线之前的第三根附加轴线
C. 0A 号轴线之后的第三根附加轴线　　　D. 0A 号轴线之前的第三根附加轴线

5. 表示房屋内部的结构形式、屋面形状、分层情况、各部分的竖向联系、材料及高度等的图样，称为( )。

A. 外墙身详图　　B. 建筑剖面图　　C. 楼梯结构剖面图　　D. 楼梯剖面图

6. 雨篷是建筑物上重要的附属构件，一般在( )平面图上予以表示。

A. 顶层　　　　　B. 中间层　　　　C. 二层　　　　D. 首层

7. 建筑剖面图及其详图中注写的标高为( )。

A. 建筑标高　　　B. 室内标高　　　C. 结构标高　　　D. 室外标高

8. 在建筑总平面图的常用图例中，新建建筑物外形用( )表示。

A. 细实线　　　　B. 中虚线　　　　C. 粗实线　　　　D. 点画线

9. 楼梯中间层平面图的剖切位置，是在该层( )的任意位置处，各层被切的梯段用一根 45°的折断线表示。

A. 往上走的第一梯段(休息平台下)　　　B. 往上走的第二梯段(休息平台上)
C. 建筑平面图　　　　　　　　　　　　D. 建筑剖面图

10. 定位轴线应用( )绘制。

A. 中粗实线　　　B. 细实线　　　　C. 虚线　　　　D. 细点画线

(三)多项选择题(2′×5 = 10′)

1. 投影面垂直面有三种不同情况，下列说法正确的有( )。

A. 垂直于 H 面，倾斜于 V 面和 W 面　　　B. 垂直于 H 面，平行于 V 面和 W 面

C. 垂直于 V 面，倾斜于 H 面和 W 面　　D. 垂直于 V 面，平行于 H 面和 W 面

2. 下列构造中，应在外墙身墙脚构造中表示的有(　　　)。

A. 散水　　　　　　B. 防潮层　　　　　　C. 泛水　　　　　　D. 踢脚

E. 一层地面

3. 在建筑施工图样上，尺寸的组成包括(　　　)。

A. 尺寸界线　　　　B. 尺寸线　　　　　　C. 尺寸起止符号

D. 尺寸大小　　　　E. 尺寸数字

4. 建筑施工图的图样通常包括(　　　)。

A. 首页和总平面图　B. 建筑平面图　　　　C. 建筑立面图

D. 建筑剖面图　　　E. 建筑详图

5. 一般建筑物由(　　　)及门窗等部分组成。

A. 基础　　　　　　B. 墙、柱　　　　　　C. 楼地面

D. 通气道　　　　　E. 楼梯、电梯

(四)简答题($5' \times 4 = 20'$)

1. 简述圈梁及其作用。

2. 简述墙身防潮层的做法。

3. 简述定位轴线的编号规律。

4. 简述基础埋深的影响因素。

（五）应用题（15′×1＝15′）

根据物体的两面投影，画第三面投影。

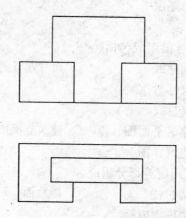

（六）能力拓展题（10′×2＝20′）

1. 建筑平面图是怎么形成的？观察你所在的教学楼，建筑平面图需要绘制几张？

2. 以你所在宿舍楼为例，说明阳台的类型以及排水构造的做法。

五、综合测试五

(一)填空题(1′×15＝15′)

1. 平行正投影的性质有：_____、_____、_____、_____、_____。

2. 正等轴测图中，轴间角为_____，轴向伸缩系数为_____。

3. 标高应以____为单位，_____标高以青岛附近的黄海平均海平面为零点；_____标高以房屋的底层室内地坪为零点。

4. 无论采用何种比例作图，图形上标注的尺寸，必须是物体的_____。

5. 建筑平面图外部三道尺寸为_____、_____、_____。

6. 详图符号应以_____线画出，直径为_____mm。

(二)单项选择题(2′×10＝20′)

1. 建筑剖面图的剖切符号在(   )中标注。

A. 总平面图   B. 底层建筑平面图

C. 标准层建筑平面图   D. 屋顶建筑平面图

2. 在三投影面体系中 X 轴方向的尺寸反映物体的(   )。

A. 长度   B. 宽度   C. 高度   D. 不确定

3. 下列构造中，不应在外墙身墙脚构造中表示的是(   )。

A. 散水   B. 防潮层   C. 泛水   D. 踢脚

E. 一层地面

4. A1 图纸幅面的尺寸规格是(   )。

A. 594mm×841mm   B. 420mm×630mm   C. 420mm×594mm   D. 297mm×420mm

5. 剖切位置线的长度为(   )。

A. 6～10mm   B. 4～6mm   C. 5～8mm   D. 3～6mm

6. 在建筑平面图中，位于 2 和 3 轴线之间的第一根分轴线的正确表达为(   )。

A. ①/2   B. ③/1   C. ②/1   D. ①/3

7. 图样中的某一局部或构件，如需另见详图，应以索引符号索引，索引符号由直径为(   )mm 的圆和水平直径组成。

A. 8   B. 10   C. 12   D. 14

8. 房间的(   )是指平面图中相邻两道横向定位轴线之间的距离。

A. 开间   B. 进深   C. 层高   D. 总尺寸

9. (   )通常标在结构施工图上。

A. 建筑标高   B. 室内标高   C. 结构标高   D. 室外标高

10. (   )不是建筑施工图中的图样。

A. 首页和总平面图   B. 建筑平面图   C. 建筑立面图   D. 基础平面图

(三)多项选择题(2′×5＝10′)

1. 同一个物体的三个投影图之间具有"三等"关系：(   )。

A. 长对正   B. 宽对齐   C. 高平齐   D. 宽相等

E. 高相等

2. 工程中常用的四种投影是(　　)和标高投影。

A. 正投影　　　　　　B. 轴侧投影　　　　　C. 多面投影　　　　D. 透视投影

3. 在建筑施工图样上，尺寸标注中要用细实线表示的部分有(　　)。

A. 尺寸界线　　　　　B. 尺寸线　　　　　　C. 尺寸起止符号　　D. 尺寸数字

4. 建筑详图通常包括(　　)。

A. 局部构造详图　　　B. 局部平面图　　　　C. 建筑剖面图　　　D. 装饰构造详图

5. 尺寸起止符号的长度为(　　)mm。

A. 3　　　　　　B. 6　　　　　　C. 2　　　　　　D. 4.5　　　　　　E. 5

(四)简答题(5′×4=20′)

1. 简述刚性防水屋面。

2. 简述基础和地基的不同。

3. 简述构造柱的构造。

4. 简述楼梯的组成。

(五)应用题(15′×1=15′)

根据给出的两面投影，求画第三面投影。

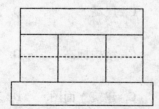 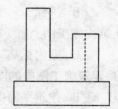

（六）能力拓展题（10′×2 = 20′）

1. 当前世界第一高楼是哪个？其材料和造价怎样？施工中克服了哪些难题？

2. 已知三点到各投影面的距离，求三面投影。

点	距 W 面	距 V 面	距 H 面
A	10	25	0
B	5	8	15
C	0	12	5

六、综合测试六

（一）填空题（1′×15 = 15′）

1. 建筑图中的尺寸除总平面图及_____以米为单位外，其他均以毫米为单位。

2. 点在 W 面上的投影，反映了点到_____面和_____面的距离。

3. 一般房屋中把反映建筑物主要出入口的立面图称为_____。

4. 若粗线宽度为 b，则中线_____，细线_____。

5. 一般房屋是由_____、_____、_____、_____、_____
等组成。

6. 投影面的垂直线有_____垂线、_____垂线、_____垂线。

（二）单项选择题（2′×10 = 20′）

1. 每张工程图纸都应在图框的右下角设置（　　）。

A. 会签栏　　　　　B. 标题栏　　　　　C. 图框线　　　　　D. 图幅线

2. 绘制半剖面图，当对称线为水平线时，将外形投影绘于水平对称线的（　　）。

A. 上方　　　　　　B. 下方　　　　　　C. 左方　　　　　　D. 右方

3. 建筑模数的基本模数 1M =（　　）mm。

A. 100　　　　　　B. 200　　　　　　C. 300　　　　　　D. 500

4. 识读三视图首先使用的读图方法是（　　）。

A. 线面分析法　　　B. 形体分析法　　　C. 线型分析法　　　D. 综合分析法

5. 建筑平面图中被剖切的主要建筑构造的轮廓线用（　　）表示。

A. 点画线　　　　　B. 中实线　　　　　C. 细实线　　　　　D. 粗实线

6. 尺寸数字一般应注写在水平尺寸线的（　　）。

A. 上方中部　　　　B. 上方下部　　　　C. 左方中部　　　　D. 右方中部

7. 反映房屋分层情况，各部分竖向联系的图样，称为（　　）。

A. 建筑平面图　　　B. 建筑剖面图　　　C. 建筑详图　　　　D. 建筑立面图

8. 建筑平面图是用一个假想的剖切平面沿略高于(　　　)的位置移去上面部分，将剩余部分向水平面作正投影所得的水平剖面图。

A. 窗顶　　　　　　　B. 窗台　　　　　　　C. 踢脚　　　　　　　D. 地面

9. (　　　)是房屋构件包括粉饰在内的、装修完成后的标高。

A. 结构标高　　　　B. 建筑标高　　　　C. 绝对标高　　　　D. 相对标高

10. 在建筑总平面图的常用图例中，对于原有建筑物外形用(　　　)表示。

A. 细实线　　　　　B. 中虚线　　　　　C. 粗实线　　　　　D. 点画线

(三)多项选择题(2'×5＝10')

1. 下列构造中，应在外墙身檐口构造中表示的有(　　　)。

A. 散水　　　　　　B. 封檐构造　　　　C. 泛水

D. 屋面保温　　　　E. 一层地面

2. 绘制建筑施工图常用的方法有(　　　)。

A. 镜像投影法　　　B. 斜投影法　　　　C. 正投影法　　　　D. 中心投影法

3. 建筑施工图的图样通常包括(　　　)。

A. 首页和总平面图　B. 建筑平面图　　　C. 建筑立面图

D. 建筑剖面图　　　E. 建筑详图

4. 铅垂线的投影特性是(　　　)。

A. H 面投影反映实长　　　　　　　　　B. V 面投影垂直于 X 轴

C. H 面投影积聚成一点　　　　　　　　D. V 面投影反映实长

5. 建筑平面图上定位轴线的编号不采用的字母是(　　　)。

A. O　　　　　　B. Y　　　　　　C. Z　　　　　　D. I　　　　　　E. S

(四)简答题(5'×4＝20')

1. 简述铅垂面的投影特点。

2. 简述组合形体的组合方式。

3. 简述定位轴线及其绘制。

4. 简述勒脚构造做法及作用。

（五）应用题（8′+7′=15′）

1. 请标注详图索引符号圆圈内编号的含义。（2′×4=8′）

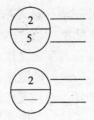

2. 绘制常用图例及符号。

（1）夯实土壤（2′）

（2）钢筋混凝土（2′）

（3）指北针（3′）

（六）能力拓展题（10′×2=20′）

1. 建筑节能有什么意义？建筑设计中有哪些节能措施？

2. 当底层楼梯中间平台下设置楼梯间入口时，为使平台净高满足要求，可以采用哪些处理方法？

七、综合测试七

(一)填空题(1′×15＝15′)

1. 建筑平面图中，外墙尺寸应标注三道，最外一道是_____尺寸，中间一道是_____尺寸，最内一道是_____尺寸。

2. 建筑图中的字体是_____，字高与字宽之比为_____。

3. 楼梯中间平台的深度不应小于_____的宽度，并不应小于_____m。

4. 工程上常用的投影图有轴测投影图、透视投影图、_____和_____。

5. 楼梯详图包括_____图、_____图和节点详图。

6. 基础埋深是指从_____到_____的距离。

7. 比例是_____与_____尺寸之比。

(二)单项选择题(2′×10＝20′)

1. 我国把主体高度超过(   )的多层建筑称为高层建筑。

A. 21m   B. 22m   C. 23m   D. 24m

2. 在三投影面体系中，Z轴方向的尺寸反映物体的(   )。

A. 长度   B. 宽度   C. 高度   D. 不确定

3. 关于墙身水平防潮层位置的描述错误的为(   )。

A. 设置在距室外地面 150mm 以上墙体内

B. 通常设置在 -0.060 处

C. 设置在首层地坪结构层之上的墙体中

D. 卷材防潮层逐步淘汰

4. 普通建筑物的设计使用年限为(   )年。

A. 50   B. 70   C. 100   D. 120

5. 建筑模数 1M＝(   )。

A. 50mm   B. 100mm   C. 150mm   D. 200mm

6. 建筑物上部结构采用墙承重时，基础通常采用的是(   )形式。

A. 独立基础   B. 条形基础   C. 筏形基础   D. 桩基础

7. 构件代号 QZ、XZ 分别表示(   )。

A. 墙梁、现浇柱   B. 墙梁、芯柱

C. 剪力墙上柱、芯柱   D. 剪力墙上柱、现浇柱

8. 房间的(   )是指平面图中相邻两道横向定位轴线之间的距离。

A. 开间   B. 进深   C. 层高   D. 总尺寸

9. 一般情况下，梁的保护层是(   )mm

A. 15   B. 20   C. 25   D. 30

10. 作为主要通行用的楼梯，在计算通行量时每股人流按(   )计算。

A. 0.55m   B. 0.60m   C. 0.55+(0~0.15)m   D. 0.65m

(三)多项选择题(2′×5＝10′)

1. 下列关于剖切符号说法不正确的是(   )。

A. 剖切位置线和投射方向线均用细实线绘制

B. 投影方向线平行于剖切位置线

C. 剖切符号可以与其他图线接触

D. 断面图的剖切符号可省略投射方向线

2. 风玫瑰用于反映建筑场地范围内(　　)主导风向。

A. 常年　　　　　　B. 夏季　　　　　　C. 冬季

D. 秋季　　　　　　E. 春季

3. 楼梯节点详图主要指(　　)。

A. 栏杆详图　　　　B. 扶手详图　　　　C. 踏步详图　　　D. 建筑详图

4. 房屋施工图按专业不同分为(　　)。

A. 首页和总平面图　B. 建筑施工图　　　C. 结构施工图

D. 设备施工图　　　E. 装饰施工图

5. 一般房屋中把反映建筑物主要出入口的图称为(　　)。

A. 平面图　　　　　B. 立面图　　　　　C. 剖面图

D. 详图　　　　　　E. 春季

(四)简答题(5′×4＝20′)

1. 剖面图和断面图是这样形成的?

2. 简述建筑总平面图的内容。

3. 简述梁的平法集中标注内容。

4. 简述影响基础埋深的因素。

（五）应用题（15′×1＝15′）

根据物体的两面投影，作出第三面投影图。

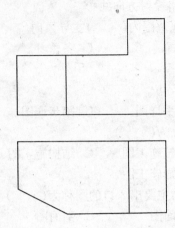

（六）能力拓展题（10′×2＝20′）

1. 你是怎样阅读建筑平面图的？步骤是什么？

2. 你怎么看建筑节能？在建筑中可以采用什么方法节能？

八、综合测试八

（一）填空题（1′×15＝15′）

1. A1 图纸幅面的尺寸规格是＿＿＿＿mm×＿＿＿＿mm。

2. 刚性防水屋面是用＿＿＿＿＿或＿＿＿＿＿＿等刚性材料做防水面层。

3. 平屋顶的隔热有＿＿＿＿隔热、＿＿＿＿隔热、＿＿＿＿隔热和＿＿＿＿隔热。

4. 在建筑施工图样上，尺寸的组成包括＿＿＿＿＿＿＿＿、＿＿＿＿＿＿＿、＿＿＿＿＿＿＿、＿＿＿＿＿＿。

5. 建筑三要素是指建筑＿＿＿＿＿、建筑＿＿＿＿＿和建筑＿＿＿＿＿。

（二）单项选择题（2′×10＝20′）

1. 建筑基本模数 1M＝（　　　）mm。

A. 100　　　　B. 200　　　　C. 300　　　　D. 500

2. 当踏面数量是 n 时，踏步的数量是(　　)。

A. n　　　　　　B. $n+1$　　　　　　C. $n-1$　　　　　　D. $n-2$

3. 关于散水的说法正确的是(　　)。

A. 宽度一般 500mm　　　　　　B. 和明沟配合使用

C. 每隔一段设置伸缩缝　　　　　　D. 向外倾斜的剖度一般大于 5%

4. H 面重影 $a(b)$ 表示 A、B 两点的空间关系为(　　)。

A. A 点在上 B 点在下　　　　　　B. A 点在下 B 点在上

C. A 点在左 B 点在右　　　　　　D. A 点在右 B 点在左

5. 索引符号由直径为(　　)mm 的圆和水平直径组成。

A. 8　　　　　　B. 10　　　　　　C. 12　　　　　　D. 14

6. 确定组成建筑形体的各基本形体大小的尺寸称为(　　)。

A. 基本尺寸　　　B. 定形尺寸　　　C. 定位尺寸　　　D. 总体尺寸

7. (　　)主要表明建筑屋顶上的布置以及屋顶排水设计。

A. 底层平面图　　B. 楼层平面图　　C. 标准层平面图　　D. 屋顶平面图

8. 在建筑总平面图的常用图例中，已建建筑物外形用(　　)。

A. 细实线　　　　B. 中虚线　　　　C. 粗实线　　　　D. 点画线

9. (　　)是表示建筑物的总体布局、外部造型、内部布置、细部构造、内外装饰、固定设施和施工要求的图样。

A. 结构施工图　　B. 设备施工图　　C. 建筑施工图　　D. 施工平面图

10. 建筑剖面图的剖切位置应在(　　)中表示。

A. 总平面图　　　B. 底层平面图　　C. 标准层平面图　　D. 屋顶平面图

(三)多项选择题($2'\times5=10'$)

1. 楼层结构平面图中对楼板 5YKB369A-2 识读正确的是(　　)

A. 该房间布置 5 块空心预制楼板　　B. 板的长度是 900mm

C. 板的宽度是 900mm　　　　　　D. 板的厚度是 180mm

E. 板的厚度是 120mm

2. 物体三面投影图之间的相互关系为(　　)。

A. 长相等　　B. 宽平齐　　C. 长对正　　D. 宽相等　　E. 高平齐

3. 楼梯节点详图主要指(　　)。

S. 栏杆详图　　　B. 扶手详图　　　C. 踏步详图

D. 楼梯建筑详图　　E. 平面详图

4. 在一套建筑施工图里，比例尺一致的有(　　)。

A. 底层平面图　　B. 建筑立面图　　C. 屋顶平面图

D. 楼梯详图　　　E. 建筑剖面图

5. 楼梯一般是由(　　)组成的。

A. 楼梯段　　B. 休息平台　　C. 栏杆　　D. 扶手　　E. 眺望窗

（四）简答题（5'×4＝20'）

1. 简述相对标高和绝对标高的区别。

2. 简述地下室的组成。

3. 简述沉降缝的设置原则。

4. 简述钢筋的保护层。

（五）应用题（15'×1＝15'）

补画形体的侧立面投影图。

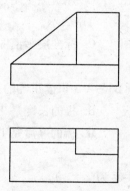

（六）能力拓展题（10'×2＝20'）

1. 说明定位轴线和附加轴线的编号及标注规律，并画图演示。

2. 观察你周围阳台的类型，并尝试绘制三种阳台平面图。

九、综合测试九

(一)填空题(1′×15＝15′)

1. 按照建筑制图标准规定，图纸幅面是指图纸本身的大小规格。A0 图纸的图幅 $b×l＝$＿＿＿mm×＿＿＿mm，图框线与图幅线之间的间隔 a 为＿＿＿＿，c 为＿＿＿。

2. 尺寸单位除标高及总平面是以＿＿＿为单位外，其他都以＿＿＿＿为单位。

3. 一般房屋中把反映建筑物主要出入口的立面图称为＿＿＿＿＿＿。

4. 剖切符号由＿＿＿＿＿和＿＿＿＿＿＿组成，他们分别用长度为＿＿＿＿mm 和＿＿＿＿mm 的粗实线来表示。

5. 房屋施工图按专业不同分为：＿＿＿＿、＿＿＿＿＿、＿＿＿＿＿、＿＿＿＿。

(二)单项选择题(2′×10＝20′)

1. 当尺寸标注与图线重合时，可省略标注( )。

A. 尺寸线　　　　B. 尺寸界线　　　　C. 尺寸起止符号　　　　D. 尺寸数字

2. 建筑物及其构配件在装修、抹灰以后表面的相对标高称为( )。

A. 建筑标高　　　B. 结构标高　　　　C. 相对标高　　　　D. 绝对标高

3. 建筑平面图是用一个假想的剖切平面沿略高于( )的位置移去上面部分，将剩余部分向水平面做正投影所得的水平剖面图。

A. 窗顶　　　　　B. 窗台　　　　　　C. 踢脚　　　　　　D. 地面

4. 某平面图形的水平投影为一直线，该平面为( )。

A. 正垂面　　　　B. 侧垂面　　　　　C. 水平面　　　　　D. 铅垂面

5. 建筑平、立、剖面图常用的比例为( )。

A. 1∶5、1∶10　　　　　　　　　B. 1∶10、1∶20

C. 1∶50、1∶100　　　　　　　　D. 1∶500、1∶1000

6. 在三投影面体系中 H 面投影能反映物体的( )。

A. 长度和宽度　　B. 高度和宽度　　　C. 长度和高度　　　D. 不确定

7. ( )是表示建筑物的总体布局、外部造型、内部布置、细部构造、内外装饰、固定设施和施工要求的图样。

A. 结构施工图　　B. 设备施工图　　　C. 建筑施工图　　　D. 施工平面图

8. 在土木工程施工图中，尺寸线应采用( )。

A. 点画线　　　　B. 细实线　　　　　C. 中实线　　　　　D. 虚线

9. 建筑剖面图的剖切位置应在( )中表示。

A. 总平面图　　　B. 底层平面图　　　C. 标准层平面图　　　D. 屋顶平面图

10. 索引符号是由直径为( )mm 的圆和水平直径组成。

A. 8　　　　　　　B. 10　　　　　　　C. 12　　　　　　　D. 14

(三)多项选择题(2′×5＝10′)

1. 产生投影必须具备的要素是( )。

A. 投影线　　　　B. 影子　　　　　　C. 投影面　　　　　D. 物体

E. 投影中心

2. 下列选项中，建筑剖面图所表达的内容的是( )。

   A. 各层梁板、楼梯的结构位置   B. 楼面、阳台、楼梯平台的标高

   C. 外墙表面装修的做法   D. 门窗洞口、窗间墙等的高度尺寸

3. 组合体尺寸种类有(   )。

   A. 定形尺寸   B. 定位尺寸   C. 总体尺寸   D. 基本尺寸

   E. 总尺寸

4. 总平图的图示内容有(   )。

   A. 新建建筑的定位   B. 相邻建筑、拆除建筑的位置

   C. 附近的地形   D. 楼层的层数   E. 外墙的厚度

5. 建筑物的(   )称为山墙。

   A. 内横墙   B. 内纵墙   C. 外横墙   D. 外纵墙

   E. 隔墙

(四)简答题(5′×4＝20′)

1. 简述墙身水平防潮层的做法。

2. 简述无筋扩展基础。

3. 简述板式楼梯和梁式楼梯的区别。

4. 简述分仓缝。

(五)应用题(15′×1＝15′)

在投影图上注明各表面的三面投影,并判断其空间位置。

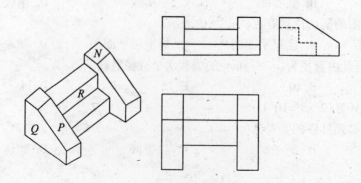

（六）能力拓展题（10′×2＝20′）

1. 绘出下列构件的 1—1 和 2—2 断面图。

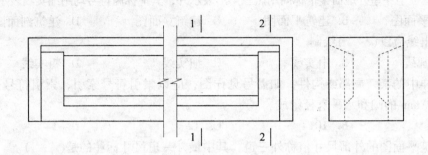

2. 了解当前市场上防水卷材的种类以及各自的施工工艺。

十、综合测试十

（一）填空题（1′×15＝15′）

1. 总平面图中尺寸标注单位是_____。

2. 定位轴线应采用_____线绘制。

3. 产生投影必须具备的三个条件是_____、_____、_____。

4. 房屋一般由基础、_____、_____、_____、_____、_____等组成。

5. 在剖面图中被剖到的轮廓线用_____线表示，未被剖到但投影依然看到的轮廓线用_____线表示。

6. 同一个物体的三视图之间的投影规律是_____、_____、_____。

（二）单项选择题（2′×10＝20′）

1. 根据国家建筑制图标准，规定图纸使用的字体是（　　）。

A. 宋体　　　　　　B. 楷体　　　　　　C. 长仿宋体　　　　　　D. 隶书

2. 关于断面图的说法错误的是（　　）。

A. 是物体经过剖切得到的　　　　　　B. 符号仅用剖切位置线表示

C. 剖切位置线用粗实线　　　　　　　D. 图上编号注写位置与投影方向无关

3. 建筑剖面图及其详图中注写的标高为（　　）。

A. 建筑标高　　　　　　　　　　　　B. 室内标高

C. 结构标高　　　　　　　　　　　　D. 室外标高

4. 墙身详图中装饰层轮廓线用（　　）绘制。

A. 粗实线　　　　　B. 细实线　　　　　C. 点画线　　　　　　D. 波浪线

5. 铅垂面的投影特性有（　　）。

A. 水平投影为平面的类似形　　　　　　　B. 正面投影积聚成一条斜直线

C. 水平投影积聚成一条斜直线　　　　　　D. 侧面投影积聚成一条斜直线

6. 除(　　)中室外地面整平标高用黑三角形表示外，其他标高符号均用细实线表示。

　　A. 总平面图　　　　B. 建筑平面图　　　　C. 建筑立面图　　　　D. 建筑剖面图

7. 引出线应以(　　)绘制。

　　A. 点画线　　　　　B. 中实线　　　　　　C. 细实线　　　　　　D. 粗实线

8. 图样中的某一局部或构件，如需另见详图，应以索引符号索引，索引符号是由直径为(　　)mm 的圆和水平直径组成。

　　A. 8　　　　　　　　B. 10　　　　　　　　C. 12　　　　　　　　D. 14

9. 建筑平面图的外部尺寸俗称外三道，其中最外一道尺寸标注的是(　　)。

　　A. 房屋的开间、进深

　　B. 房屋内墙的厚度和内部门窗洞口尺寸

　　C. 房屋水平方向的总长、总宽

　　D. 房屋外墙的墙段及门窗洞口尺寸

10. 在建筑平面图中，横向定位轴线用阿拉伯数字并按(　　　　　)顺序编号

　　A. 从左向右　　　　B. 从右向左　　　　　C. 从上向下　　　　　D. 从下向上

(三)多项选择题(2′×5＝10′)

1. 三投影面体系中，能反映物体上下方向的投影有(　　)。

　　A. H 面投影　　　　B. V 面投影　　　　C. W 面投影　　　　D. 不确定

2. 正立面投影图反映了物体的(　　)面。

　　A. 上下　　　　　　B. 左右　　　　　　　C. 前后　　　　　　　D. 全部

3. 下列属于居住建筑的是(　　)。

　　A. 宿舍　　　　B. 宾馆　　　　C. 旅店　　　　D. 公寓　　　　E. 住宅

4. 尺寸标注中用细实线表示的有(　　)。

　　A. 尺寸界线　　　B. 尺寸线　　　C. 尺寸起止符号

　　D. 尺寸数字　　·E. 全部

5. 不同建筑的耐久年限为(　　)年。

　　A. 5　　　　　　B. 20　　　　　　C. 50　　　　　D. 70　　　　　E. 100

(四)简答题(5′×4＝20′)

1. 简述重影点及可见性判断的原则。

2. 地下室的防水种类有哪些？

3. 简述楼地面的构造。

4. 简述楼梯的组成。

(五)应用题($3' \times 5 = 15'$)

画出下列相应图例。

1. 夯实土壤

2. 普通砖

3. 混凝土

4. 石材

5. 钢筋混凝土

（六）能力拓展题（10′×2＝20′）

1. 介绍你熟悉的一栋世界著名建筑（从建筑材料、建筑构造等方面）。

2. 测量并绘制你所在宿舍楼梯的首层平面图。

参 考 文 献

[1]黄正东．建筑工程基础[M]．重庆：重庆大学出版社，2006．

[2]杨波．建筑工程施工识图速成与技法[M]．南京：江苏科学技术出版社，2009．

[3]魏明．建筑构造与识图[M]．北京：机械工业出版社，2012．

[4]张小平．建筑识图与房屋构造[M]．武汉：武汉理工大学出版社，2005．

[5]赵研．建筑识图与构造[M]．北京：中国建筑工业出版社，2008．

[6]吴学清．建筑识图与构造[M]．北京：化学工业出版社，2009．

[7]夏玲涛，李燕．建筑构造与识图[M]．北京：机械工业出版社，2012．

[8]中华人民共和国住房和城乡建设部．总图制图标准(GB/T50103—2010)．北京：中国计划出版社，2010．

[9]中华人民共和国住房和城乡建设部．建筑制图标准(GB/T50104—2010)．北京：中国计划出版社，2010．

[10]中华人民共和国住房和城乡建设部．房屋建筑制图统一标准(GB/T50001—2010)．北京：中国计划出版社，2010．

[11]中华人民共和国建设部．民用建筑设计通则(GB50352—2005)．北京：中国建筑工业出版社，2005．

[12]中华人民共和国城乡建设环境保护部．建筑模数统一协调标准(GBJ2—86)．北京：中国计划出版社，1986．

[13]中华人民共和国主席令第77号．中华人民共和国节约能源法．2008．

[14]中华人民共和国建设部．建筑设计防火规范(GB50016—2006)．北京：中国计划出版社，2006．

[15]中华人民共和国住房和城乡建设部．砌体结构设计规范(GB50003—2011)．北京：中国计划出版社，2012．

[16]中华人民共和国建设部．高层民用建筑设计防火规范(GB50045—95)．北京：中国计划出版社，1995．

[17]中华人民共和国建设部．民用建筑设计通则(GB50352—2005)．北京：中国计划出版社，2005．

[18]中华人民共和国住房和城乡建设部．屋面工程质量验收规范(GB50207—2012)．北京：中国建筑工业出版社，2012．